Mathematik

Berlin/Brandenburg

5

Autoren:

Bernd Liebau
Uwe Scheele
Wilhelm Wilke

westermann

Das Buch enthält Seiten aus Mathematik 5, erarbeitet von:
Jochen Herling, Andreas Koepsell, Karl-Heinz Kuhlmann, Uwe Scheele, Wilhelm Wilke

Mitwirkende Berater für Berlin/Brandenburg: Frank Beyer, Lutz Bassin

Zum Schülerband erscheint:
Arbeitsheft 5, Bestell-Nr. 121931
Arbeitsheft zum individuellen Fördern 5, Bestell-Nr. 121932
Lösungen 5, Bestell-Nr. 121966
Rund um... Digitale Lehrermaterialien 5
Online-Jahres-Einzellizenz mit Schulbuch zur Präsentation, Bestell-Nr. 121933

Diagnostizieren. Fördern. Evaluieren.
Die OnlineDiagnose zu diesem Lehrwerk testet die wichtigsten Kompetenzen und erstellt individu-
duelle Fördermaterialien und Arbeitshefte zum Downloaden oder Bestellen. Nähere Informationen
unter **www.onlinediagnose.de**

© 2014 Bildungshaus Schulbuchverlage
Westermann Schroedel Diesterweg Schöningh Winklers GmbH,
Georg-Westermann-Allee 66, 38104 Braunschweig
www.westermann.de

Druck A[10] / Jahr 2024
Alle Drucke der Serie A sind im Unterricht parallel verwendbar.

Redaktion: Gerhard Strümpler
Herstellung: Reinhard Hörner
Typographie und Layout: Andrea Heissenberg, Braunschweig
Umschlaggestaltung: piou kunst + grafik, Jennifer Kirchhof
Satz und Repro: media service schmidt, Hildesheim
Druck und Bindung: Westermann Druck Zwickau GmbH,
Crimmitschauer Straße 43, 08058 Zwickau

ISBN 978-3-14-**121930**-2

Zur Konzeption des neuen Unterrichtswerks Mathematik

Das neue Buch **Mathematik** lädt ein zum Entdecken, Lernen, Üben und Handeln.

Jedes Kapitel beginnt mit einer offen gestalteten **Doppelseite,** die sich als Denkanstoß zum projektorientierten Arbeiten eignet und zu einem Unterrichtsgespräch anregt.

Anschließend werden die **grundlegenden Inhalte** erarbeitet und so anhand einfacher Übungsaufgaben die Grundvorstellungen bei den Schülerinnen und Schülern gefestigt.

Wichtige **Definitionen** und **Merksätze** stehen auf einem farbigen Fond, **Musteraufgaben** auf Karopapier, **Beispiele** sind hellgrün unterlegt.

Blaues **Plus-Zeichen:** Übungen auf gehobenem Niveau und Lerninhalte, die sich auf zusätzliche Kompetenzen beziehen.

Rotes **Plus-Zeichen:** Übungen auf hohem Niveau und Lerninhalte, die sich auf zusätzliche Kompetenzen beziehen.

Punkt vor der Aufgabennummer: Lösungen befinden sich unterhalb der Aufgabe.

Das **Grundwissen** enthält wichtige Ergebnisse und nützliche Verfahren des Kapitels.

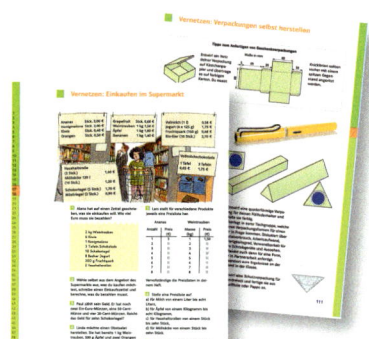

Beim **Üben und Vertiefen** wird das erworbene Wissen auf anspruchsvolle und problemhaltige Aufgaben angewendet.

Unter **Vernetzen** werden komplexe Aufgaben mit zusätzlichen mathematischen Inhalten bereitgestellt, die bisweilen auch andere Sozialformen und Unterrichtsmethoden verlangen.

Die **Lernkontrollen** ermöglichen integrierendes Wiederholen auf zwei Lernniveaus. In ihnen sind Aufgaben aus dem jeweiligen Kapitel sowie Wiederholungsaufgaben zusammengefasst. Die Lösungen sind zur Selbstkontrolle am Ende des Buches angegeben.

Das neue Buch gibt auf speziellen Seiten ausführliche Hinweise zu den **prozessbezogenen Kompetenzen,** sei es zum Modellieren (Seite 39), zur Gruppenarbeit (Seite 81), zum Anfertigen eines Lernplakats (Seite 171), zur Einführung in Geometriesoftware (Seite 105, 126, 127) und zur Präsentation von Ergebnissen (Seite 48).

In der **mathematischen Reise** können die Schülerinnen und Schüler Gesetzmäßigkeiten spielerisch entdecken.

Das Kapitel **Wiederholung** am Ende des Buches enthält wesentliche Übungsaufgaben des vergangenen Schuljahres.

Inhalt

5 Form und Veränderung: Körper und Flächen

7 Form und Veränderung: Kreis und Winkel

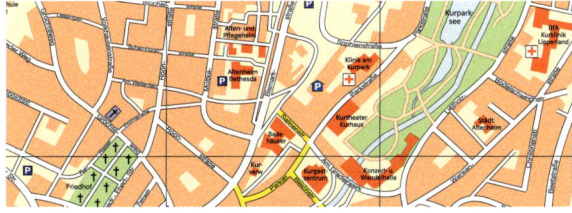

6 Form und Veränderung: Beziehungen im Raum

8 Zahlen und Operationen: Brüche

Inhalt

9 Zahlen und Operationen: Dezimalbrüche

10 Form und Veränderung: Längen, Umfang und Flächeninhalt

11 Größen und Messen: Zeit und Weg

Wiederholung

Mengen

M = {4, 5, 6, 7}   Menge aus den Elementen 4, 5, 6 und 7 in aufzählender Form

$\mathbb{N}$ = {0, 1, 2, 3, …}   Menge der natürlichen Zahlen

L   Lösungsmenge für eine Gleichung bzw. Ungleichung

{ }   leere Menge

Beziehungen zwischen Zahlen $\approx$ nahezu gleich

a = b   a gleich b   a > b   a größer als b

a ≠ b   a ungleich b   a < b   a kleiner als b

Verknüpfungen von Zahlen

a + b   Summe *(lies:* a plus b)   a · b   Produkt *(lies:* a mal b)

a – b   Differenz *(lies:* a minus b)   a : b   Quotient *(lies:* a geteilt durch b)

Rechengesetze

Vertauschungsgesetz (Kommutativgesetz)

3 + 7 = 7 + 3   3 · 7 = 7 · 3

Verbindungsgesetz (Assoziativgesetz)

3 + (7 + 5) = (3 + 7) + 5   3 · (7 · 5) = (3 · 7) · 5

Verteilungsgesetz (Distributivgesetz)

6 · (8 + 5) = 6 · 8 + 6 · 5   6 · (8 – 5) = 6 · 8 – 6 · 5

Geometrie

A, B, C, …   Punkte

$\overline{AB}$ Strecke mit den Endpunkten A und B

AB   Gerade durch die Punkte A und B

$\overrightarrow{AB}$ Strahl

g, h, k, …   Geraden

g ∥ k   g ist parallel zu k

g ⊥ h   g ist senkrecht zu h

P (3 | 4)   Punkt im Koordinatensystem mit den Koordinaten
                 3 (x-Wert) und 4 (y-Wert)

Zahlen beschreiben die Welt.
Wer die Welt kennen lernen will,
muss mit Zahlen umgehen können.
Dein Mathematikbuch zeigt dir, wie
du die Welt mit Zahlen beschreiben
kannst.

1 Natürliche Zahlen

Die Strecke vom Nordpol durch den
Mittelpunkt der Erde zum Südpol ist
12 713 Kilometer lang. Die Erdoberfläche ist 510 Millionen Quadratkilome-
ter groß.
Die Erde hat einen Umfang von rund
40 000 Kilometern.
Ihre Gestalt entspricht aber nicht
genau einer Kugel: Während der Äquator 40 075 Kilometer lang ist, beträgt
der Erdumfang über Nord- und Südpol
gemessen nur 40 008 Kilometer.

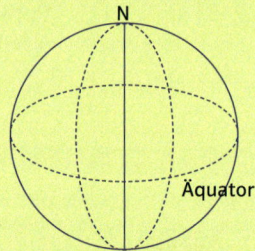

Lies den Text.
Notiere alle Zahlen, die darin vorkommen.
Gib die größte und die kleinste vorkommende Zahl an.

Die Erde ist fast fünf Milliarden Jahre alt. Spuren in Steinen weisen darauf hin, dass es schon vor einer Milliarde Jahren Lebewesen auf der Erde gegeben hat.

Das Leben entwickelte sich zuerst im Wasser. Vor 600 Millionen Jahren gab es bereits zahlreiche Meerestiere, vor 350 Millionen Jahren traten die ersten Landwirbeltiere und Insekten auf.

Vor 150 Millionen Jahren beherrschten die riesigen Dinosaurier die Erde. Nach ihrem Aussterben vor etwa 70 Millionen Jahren setzten sich die Säugetiere durch.

Die ersten Menschen lebten vor fünf Millionen Jahren.

vor einer Milliarde Jahren	erste Lebewesen
vor 600 Millionen Jahren	

Vervollständige die Tabelle zur Entstehung des Lebens auf der Erde in deinem Heft.

Megastädte der Erde Einwohnerzahl 2010	
Buenos Aires	14 Mio 598 T
Delhi	16 Mio 980 T
Dhaka	14 Mio 620 T
Jakarta	15 Mio 200 T
Kairo	12 Mio 40 T
Kalkutta	15 Mio 540 T
Lagos	13 Mio 710 T
Los Angeles	17 Mio 800 T
Mexiko City	20 Mio 670 T
Moskau	14 Mio 927 T
Mumbai	20 Mio 30 T
New York	18 Mio 897 T
Osaka	11 Mio 300 T
Sao Paulo	19 Mio 580 T
Shanghai	15 Mio 790 T
Tokio	35 Mio 682 T

Einwohnerzahlen der 12 bevölkerungsreichsten Länder der Erde 2012 (in Millionen)			
Bangladesch	153	Japan	128
Brasilien	194	Mexiko	111
China	1358	Nigeria	170
Deutschland	82	Pakistan	180
Indien	1260	Russland	143
Indonesien	241	USA	318

Die Erdteile	Fläche km²	Einwoh- nerzahl
Europa	11 Mio	739 Mio
Nord- u. Mittelamerika	23 Mio	539 Mio
Asien	44 Mio	4157 Mio
Südamerika	18 Mio	391 Mio
Afrika	30 Mio	1030 Mio
Ozeanien	9 Mio	37 Mio
Antarktis	12 Mio	–

1 a) Suche auf der Karte die angegebenen Länder und Megastädte. Gib jeweils an, in welchem Erdteil sie liegen.
b) Ordne die Länder (die Städte) nach der Anzahl ihrer Einwohner. Schreibe die Zahlen aus.
c) Ungefähr die Hälfte der Weltbevölkerung lebt in den sechs bevölkerungsreichsten Ländern. Wie viele Menschen leben insgesamt auf der Erde?

d) Ordne die Erdteile nach ihrer Fläche (nach ihrer Bevölkerungszahl).
e) Mumbai und Sao Paulo haben ungefähr 20 Millionen Einwohner. Welche Städte haben ungefähr 15 Millionen Einwohner?
f) Haben die vier größten deutschen Städte zusammen mehr als 10 Millionen Einwohner? Informiere dich mithilfe eines Lexikons oder benutze das Internet.

Große Zahlen lesen und schreiben

Die Namen der Zahlen

eins	1
zehn	10
hundert	100
tausend	1000
zehntausend	10000
hunderttausend	100000
eine Million	1000000
zehn Millionen	10000000
hundert Millionen	100000000
eine Milliarde	1000000000
zehn Milliarden	10000000000
hundert Milliarden	100000000000
eine Billion	1000000000000
zehn Billionen	10000000000000
hundert Billionen	100000000000000

2 In der Abbildung unten siehst du eine erweiterte Stellenwerttafel. Lies die eingetragenen großen Zahlen.

Billionen			Milliarden			Millionen			Tausender					
H	Z	E	H	Z	E	H	Z	E	H	Z	E	H	Z	E
									3	0	0	0	0	0
								7	8	0	0	0	0	0
					2	0	1	4	7	0	0	0	0	0
				3	1	0	9	5	6	1	0	0	0	0
					9	0	0	0	4	7	7	3	2	2
	1	2	0	6	2	1	5	8	0	0	0	0	0	6

3 Zeichne eine Stellenwerttafel in dein Heft und trage die folgenden Zahlen ein.

a) 7 Tausend;
19 Millionen
11 Milliarden

b) 3 Billionen
82 Milliarden
400 Tausend

c) 23 Millionen 620 Tausend
34 Milliarden 320 Millionen
21 Millionen 451 Tausend

d) 12 Millionen 529 Tausend 437
61 Millionen 7 Tausend 16
3 Milliarden 83 Millionen 581

e) 92 Milliarden 53 Millionen 2 Tausend
4 Billionen 51 Milliarden 6 Millionen
9 Billionen 9 Milliarden 9 Millionen

4 Lies die Zahlen.

a)

12 700 490 000 5 110 000 432 870 8 500 000 000 25 000 012 4 852 900 54 340 800

b)

1 340 600 4 780 000 52 990 407 1 350 600 000 5 720 000 000 32 750 231 000 15 001 056 111 000 222

Warum sind die Zahlen immer in Dreierblöcken aufgeschrieben?

Billionen, Billiarden, Trillionen, Trilliarden, Quadrillionen ...

Große Zahlen lesen und schreiben

5 Lies folgende Zahlen.

a) 7 084
   5 732
   23 067
   76 004

b) 9 105
   10 750
   98 003
   700 342

c) 678 032
   652 345
   9 800 704
   3 005 412

d) 30 076 542
   83 023 012 034
   75 020 507 345
   106 780 321 623

6 Trage in eine Stellenwerttafel ein.

a) 3 720 000
   945 000
   15 698 000

b) 873 800
   2 364 050
   21 666 700

c) 9 707 825
   15 601 255
   83 670 444

d) 190 730 483
   69 770 960
   590 880 123

7 Schreibe in Ziffern.

a) 4 Millionen
   7 Milliarden
   90 Billionen

b) 17 Tausend
   36 Milliarden
   95 Billionen

c) 19 Milliarden
   97 Millionen
   480 Tausend

d) 600 Milliarden
   40 Millionen
   9 Milliarden

e) 5 Millionen 804 Tausend 500
   927 Millionen 34 Tausend 7
   719 Millionen 43 Tausend 64

f) 33 Milliarden 52 Millionen 832
   520 Milliarden 3 Millionen 5 Tausend
   80 Milliarden 530 Millionen 7

g) 6 Mio 4 T 23 E
   606 Mrd 404 Mio 23 E
   934 Mrd 885 Mio 4 T 3 E

h) 400 Mrd 200 Mio 35 T 704
   43 Mrd 67 Mio 4 T 800 E
   5 Mrd 5 Mio 5 T 5 E

i) 60 Mrd 40 Mio 23 E
   650 Mrd 230 Mio 600 T
   9 Mrd 743 T 50 E

k) siebenundvierzigtausend
   zweihundertfünfzehntausend
   neunhundertsechsundachtzigtausend

8 Lass dir die Zahlen von deinem Nachbarn vorlesen und schreibe sie in dein Heft.

a) 70 004
   240 000
   93 000

b) 629 000
   308 800
   621 045

c) 544 031
   3 200 023
   5 378 000

d) 300 060 004
   171 011 307
   890 406 520

9 Warum ist der Kaufpreis auf der Quittung auch in Worten angegeben?

Quittung
Betrag **8500,–** EUR
Betrag in Worten *achttausendfünfhundert* EUR
von *Petra Müller*
Nelkenstr. 15
16321 Bernau
für *Opel Astra, Baujahr 2009* dankend erhalten.
Bernau, den 13. 9. 2013
Ort / Datum
Tobias Schmidt
Stempel / Unterschrift des Empfängers

10 Schreibe die Zahlen in Worten.

a) 512
   720
   997

b) 3500
   2700
   8800

c) 1300
   2700
   8300

+ 11 Schreibe die Zahlen wie in den Beispielen in Worten.

> 374 000
> dreihundertvierundsiebzigtausend
>
> 2 300 000
> zwei Millionen dreihunderttausend

a) 30 000
   64 000
   99 000

b) 700 000
   250 000
   590 000

c) 45 000 000
   54 200 000
   18 600 000

Man schreibt Zahlen unter einer Million zusammen. Zahlen über einer Million schreibt man getrennt.

350 471
45 000 412
45 900
176 444 450
12 000 000 000

Zählen und Schätzen

1 Gib die Anzahl der Briefmarken (Konservendosen, Autos) an. Erkläre, wie du die Anzahl bestimmt hast.

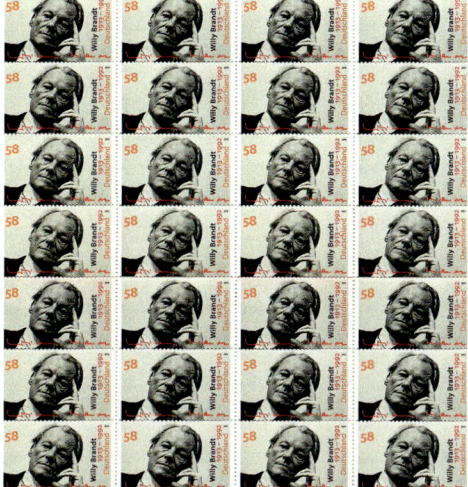

2 Jan und Mila haben jeweils die Fahrzeuge gezählt, die auf der Straße vor ihrer Wohnung vorbei gefahren sind.

	Jan	Mila
Personenwagen	IIIIIIIII	IIII IIII I
Lastwagen	IIIIII	IIII
Motorräder	III	II

a) Jan und Mila haben die Anzahl der Fahrzeuge auf verschiedene Arten notiert. Erkläre den Unterschied.
b) Wie viele Fahrzeuge sind auf der Straße vor Jans (Milas) Wohnung vorbei gefahren?
c) Wie viele Personenwagen haben sie insgesamt gezählt?

3 Elif hat vom Fenster ihrer Wohnung aus die Fahrzeuge auf ihrer Straße beobachtet.

```
P P P P L M P P P P P P L P L
P L L P P P P P P P P P P P L
P L P P P P L P L P P P P P L L
P M P P P P P M M M L P P P P
P P P P L P P L P L P P P P P
L P P P P P P P P P L P L L P P
```

a) Erläutere, wie Elif notiert hat, ob sie einen Personenwagen, einen Lastwagen oder ein Motorrad beobachtet hat.
b) Lege eine Strichliste an.
c) Wie viele Personenwagen (Lastwagen, Motorräder) sind an Elifs Wohnung vorbei gefahren?

4 Auf der rechten Seite einer Straße stehen die Häuser mit den geraden Hausnummern, auf der linken Seite die mit den ungeraden Hausnummern.
a) Auf der Jahnstraße ist nur die linke Seite bebaut. Dort stehen die Häuser mit den Hausnummern von 23 bis 35. Wie viele Häuser gibt es auf der Jahnstraße?
b) Auf der Diemstraße gibt es auf der rechten Seite Häuser mit den Hausnummern von 2 bis 42 und auf der linken Seite Häuser mit den Hausnummern von 13 bis 41. Bestimme die Anzahl der Häuser auf der Diemstaße.

5 Schätze die Anzahl der Blumen, die auf dem Foto abgebildet sind.
Überlege, wie du dir das Schätzen erleichtern könntest.
Beschreibe, wie du vorgehen würdest.

6 a) Schätze die Gesamtzahl der Punkte. Erkläre, warum dir das Gitter dabei hilft.

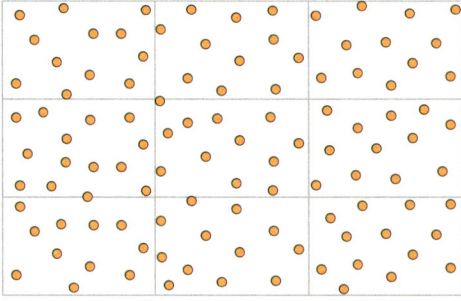

b) Warum erhältst du möglicherweise ein anderes Ergebnis als deine Mitschülerinnen und Mitschüler?

7 Schätze die Anzahl der Punkte mithilfe des Zählgitters.

a) 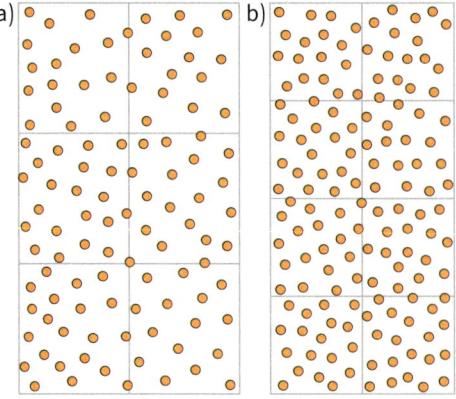 b)

8 Zeichne ein Zählgitter auf Transparentpapier und schneide es aus. Schätze damit jeweils die Anzahl der Menschen.

Zahlen anordnen

1 In der Kfz-Zulassungsstelle müssen die Kunden Nummernkärtchen ziehen. Herr Kroos hat die Nummer 79 gezogen und Herr Paul die 92.
a) Wozu dienen die Nummernkärtchen?
b) Wie viele Kunden werden zwischen Herrn Kroos und Herrn Paul bedient?

2 Welche Zahlen sind auf dem Zahlenstrahl durch Buchstaben markiert?

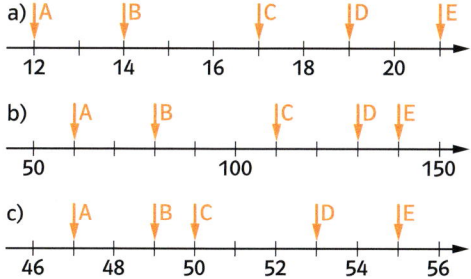

3 Wie heißen jeweils Vorgänger und Nachfolger?

23 ist der Vorgänger von 24.
25 ist der Nachfolger von 24.

a) 17   21   38   77   99   1   0
b) 132   222   999   2000   5351

4 Vervollständige die Tabelle in deinem Heft.

Vorgänger	Zahl	Nachfolger
	1 000 000	
298 721		
		2 823 721

5 Ordne in einer Kette nach der Beziehung „ist kleiner als" (1 < 2 < 3).
a) 24, 56, 37, 88, 49, 63
b) 38, 47, 33, 31, 42, 29
c) 771, 171, 717, 117, 177, 711
d) 344, 433, 343, 334, 443

6 Ordne in einer Kette nach der Beziehung „ist größer als" (3 > 2 > 1).
a) 1115, 1551, 1511, 1155, 1515, 5151
b) 9898, 8989, 9988, 9889, 8998, 8899
c) 7744, 7747, 7774, 7477, 7447, 7474
d) 589 785, 598 785, 598 875, 598 857

7 Ordne die Berge nach ihrer Höhe.

Die höchsten Berge der Alpen

Barre des Ecrins	4103 m
Finsteraarhorn	4274 m
Gran Paradiso	4061 m
Jungfrau	4158 m
Matterhorn	4477 m
Mönch	4099 m
Montblanc	4807 m
Monterosa	4634 m
Piz Bernina	4049 m

Die Menge der natürlichen Zahlen wird mit $\mathbb{N}$ bezeichnet. $\mathbb{N}$ = { 0, 1, 2, 3, 4, ...}
Die natürlichen Zahlen werden in gleichen Abständen auf dem Zahlenstrahl angeordnet.
Alle natürlichen Zahlen haben einen Nachfolger.
Alle natürlichen Zahlen außer 0 haben einen Vorgänger.

0   1   2   3   4   5   6   7   8   9   10   11   12   13   14   15   16   17   18   19   20

Auf dem Zahlenstrahl steht
3 links von 8.
3 ist kleiner als 8.
3 < 8

Auf dem Zahlenstrahl steht
18 rechts von 14.
18 ist größer als 14.
18 > 14

Zahlen runden

Welchen Umfang hat die Erde?

Rund 40 000 Kilometer.

1 Was meint Stefans Mutter mit ihrer Antwort? Ist der Umfang der Erde genau 40 000 Kilometer lang?

Runde 325 768 auf Hunderter.

325 768 ≈ ▮

Bei den Ziffern **0 1 2 3 4** runde **ab.**

Bei den Ziffern **5 6 7 8 9** runde **auf.**

H
325 768 ≈ 325 800

— Diese Stelle gibt an, ob auf- oder abgerundet wird.
— Auf diese Stelle soll gerundet werden.

325 768 ≈ 325 800

Das Zeichen ≈ bedeutet ungefähr gleich.

2 Runde jeweils auf Hunderter.

a) 4 523	b) 317 982
5 389	845 711
7 241	119 773
c) 11 568	d) 1 234 481
21 463	21 458 292
17 939	5 603 446

3 Runde

a) auf Zehner	b) auf Zehner
42	455
123	1 567
584	13 542
c) auf Tausender	d) auf Tausender
943 951	747 499
628 149	859 501
2 231 609	899 907
e) auf Zehntausender	f) auf Millionen
327 849	12 789 512
1 678 111	1 634 816
31 523 980	831 271

4 Überlege, bei welchen Zahlen du runden darfst. Begründe deine Überlegung.
a) Erkan bekommt 8,50 € Taschengeld.
b) Sonja ist 1 m und 43 cm groß.
c) Jana hat die Schuhgröße 38.
d) Omas Postleitzahl ist 22001.
e) Jonas wiegt 41 kg.
f) Das Mathematikbuch hat 256 Seiten.
g) Lauras Bruder ist 1999 geboren.
h) Herr Gau ist 28,748 km gewandert.
i) Beim Lesen bin ich auf Seite 94.
k) Der Brocken ist 1142 m hoch.
l) Der größte Blauwal ist 29 m 57 cm lang.
m) Hannover hat 525 875 Einwohner.
n) Ben hat die Telefonnummer 723491.
o) Das Auto ist 112 679 km gefahren.
p) Anna hat Kleidergröße 152.

5 Erkläre, wie gerundet wurde.

1357 ≈ 1400 auf Hunderter gerundet

a) 5249 ≈ 5200	b) 12 456 ≈ 12 000
2879 ≈ 3000	45 689 ≈ 45 700
c) 12 678 ≈ 13 000	d) 472 800 ≈ 500 000
57 423 ≈ 60 000	561 560 ≈ 560 000
e) 2191 ≈ 2200	f) 12 999 ≈ 13 000
4103 ≈ 4100	20 003 ≈ 20 000

6 Die angegebene Zahl ist durch Runden auf Hunderter entstanden. Wie könnte die genaue Zahl lauten? Gib jeweils fünf Möglichkeiten an.
a) 2300   b) 15 700
c) 4800   d) 123 000

Grundwissen: Natürliche Zahlen

Natürliche Zahlen können in eine Stellenwerttafel eingeordnet werden.

Billiarden			Billionen			Milliarden			Millionen			Tausend					
H	Z	E	H	Z	E	H	Z	E	H	Z	E	H	Z	E	H	Z	E
												8	5	2	3	8	1
											4	5	3	0	0	0	0
										2	2	5	6	9	3	5	1
							1	2	8	1	0	0	2	0	0	0	0
				2	9	4	6	0	0	0	0	0	0	0	0	0	0
	1	5	0	0	3	8	0	0	0	0	0	0	0	0	0	0	0

Die Menge der natürlichen Zahlen wird mit $\mathbb{N}$ bezeichnet. $\mathbb{N} = \{0, 1, 2, 3, 4, \ldots\}$

Alle natürlichen Zahlen haben einen Nachfolger.

4 ist Nachfolger von 3.

Alle natürlichen Zahlen außer 0 haben einen Vorgänger.

23 ist Vorgänger von 24.

Die natürlichen Zahlen werden in gleichen Abständen auf dem Zahlenstrahl angeordnet. Auf dem Zahlenstrahl liegt die kleinere Zahl links von der größeren Zahl.

0 1 2 3 4 **5** 6 7 8 9 **10** 11 **12** 13 14 15 16 17 18 19 **20** →

Auf dem Zahlenstrahl steht **5** links von **10**.

Auf dem Zahlenstrahl steht **20** rechts von **12**.

5 ist kleiner als 10.
5 < 10

20 ist größer als 12.
20 > 12

auf Hunderter gerundet

Bei den Ziffern 0, 1, 2, 3, 4 wird **ab**gerundet.

┌— Auf diese Stelle soll gerundet werden.

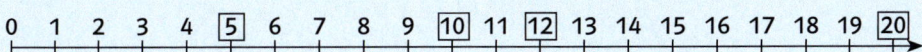

51 682 ≈ 51 700

└— Diese Stelle gibt an, ob auf- oder abgerundet wird.

Bei den Ziffern 5, 6, 7, 8, 9 wird **auf**gerundet.

auf Tausender gerundet

23 288 ≈ 23 000
167 741 ≈ 168 000

auf Millionen gerundet

13 273 800 ≈ 13 000 000
22 691 300 ≈ 23 000 000

Üben und Vertiefen

1 Schreibe in Ziffern.

a) acht Millionen neunhundert zweiundfünfzig Millionen dreihundertacht Millionen

b) vierhundertzweiundsiebzigtausend achthundertachtundachtzigtausend neuntausendachthundertsechzig

c) dreitausendsechshundertfünfzig elftausendvierundachtzig zweihundertdreißig Millionen

➕ d) vierundsiebzig Milliarden dreihundertvierundfünfzig Millionen einhundertachttausendsiebenhundertneunzehn

2 Wie heißen die markierten Zahlen?

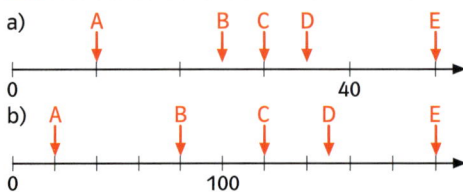

3 Gib den Vorgänger und den Nachfolger an.

a) 123 789
   56 820
   905 010

b) 2 456 830
   987 999
   6 000 999

c) 999 999
   50 800
   100 000

d) 500 301 200
   23 000 090
   201 000 000

4 Gib alle natürlichen Zahlen an, die zwischen den beiden angegebenen Zahlen liegen.

a) 1 999 997   und   2 000 004
b) 6 009 993   und   6 010 002
c) 2 999 989   und   3 000 002

5 Ordne die Zahlen der Größe nach. Verwende das <-Zeichen.

a) 97, 56, 23, 74, 88, 49, 75, 55, 98, 29, 11, 33
b) 998, 978, 879, 977, 899, 798, 888, 997, 987, 897
c) 1122, 2121, 2221, 1221, 1211, 2211, 2112, 1222, 2122, 1212
d) 10 011, 11 011, 11 101, 10 101, 10 111, 10 001, 11 001, 11 100, 10 110, 11 010

6 Tabea schätzt, dass insgesamt 39 Punkte vorhanden sind. Tom behauptet, es seien 27. Warum sind die Schätzungen unterschiedlich? Welche Schätzung ist genauer?

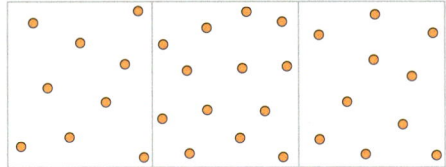

7 Schätze die Anzahl der Punkte mithilfe des Zählgitters.

a)

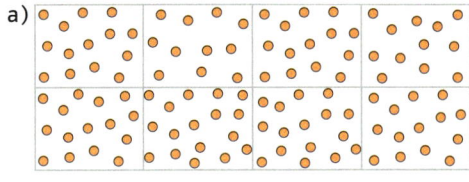

b)

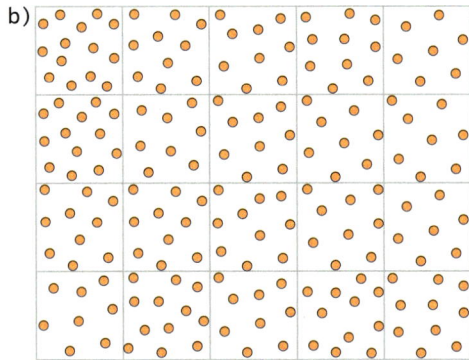

➕ **8** Schätze die Anzahl der Blumen. Was musst du beachten?

Üben und Vertiefen

9 Welche Zahl ist
a) die kleinste dreistellige?
b die größte dreistellige?
c) die zweitgrößte vierstellige?
d) die zweitkleinste fünfstellige?
e) die drittgrößte vierstellige?
f) die zweitkleinste dreistellige, die die Ziffer 0 nicht enthält?
g) die drittgrößte vierstellige, die die Ziffer 9 nicht enthält?

10 Gib alle Zahlen an, die du aus den Ziffern bilden kannst. Ordne sie der Größe nach.
a) 3, 5 und 7   b) 4, 5, 9 und 0

✚ **11** Bestimme
a) die größte Zahl, die du aus den Ziffern 4, 5, 6 und 7 bilden kannst.
b) die kleinste Zahl, die du aus den Ziffern 6, 7, 9 und 0 bilden kannst.
c) die zweitkleinste Zahl, die du aus den Ziffern 1, 2, 3 und 0 bilden kannst.
d) die größte vierstellige Zahl, die nur die Ziffern 2 und 3 enthält.
e) die kleinste vierstellige Zahl, die nur die Ziffern 8 und 0 enthält.
f) die zweitgrößte fünfstellige Zahl, die nur die Ziffern 5 und 9 enthält.

✚ **12** Wie viele natürliche Zahlen liegen zwischen den angegebenen Zahlen?
a) 34 und   60   b) 7000 und 9000
   45 und 117   5100 und 6400
   99 und 199   7350 und 7780

c) 6 500 000 und   8 000 000
   12 700 000 und   14 300 001
   10 000 000 und 100 000 000

> Wie viele natürliche Zahlen liegen zwischen 4 und 11?
>
> 4 | 5 6 7 8 9 10 | 11
>   6 Zahlen
>
> Differenz von 11 und 4: 11 – 4 = 7
> Anzahl der Zahlen zwischen 4 und 11:
>   7 – $\boxed{1}$ = 6

13 Runde
a) auf Zehner   b) auf Hunderter
     357   3451
     842   5732
    1358   23 457
   45 681   98 761

c) auf Tausender   d) auf Hundert-
                          tausender
    4634   2 345 789
   12 578   4 845 623
   23 499   12 936 778
  123 387   17 257 605

14 Die Zahlen in den Zeitungsüberschriften sind auf ganze Hunderter gerundet. Wie groß kann die tatsächliche Anzahl sein?
a) 6199 Bäume, 6248 Bäume, 6351 Bäume, 6269 Bäume
b) 1652 Wohnungen, 1638 Wohnungen, 1758 Wohnungen, 1734 Wohnungen
c) 17986 Zuschauer, 18956 Zuschauer, 18567 Zuschauer, 18456 Zuschauer
d) 1101 Arbeitsplätze, 1010 Arbeitsplätze, 982 Arbeitsplätze, 957 Arbeitsplätze
e) 3467 Demonstranten, 3722 Demonstranten, 3590 Demonstranten, 3532 Demonstranten
f) 9338 €, 9478 €, 9355 €, 9440 €

6300 Bäume im Nordpark gepflanzt

18 500 Zuschauer beim Spiel des TSV

1700 Wohnungen stehen leer

Bankräuber erbeutete 9400 Euro

1000 Arbeitsplätze fallen weg

3500 Menschen demonstrieren

15 Durch den Kuchenverkauf am Elternsprechtag haben die Schüler des 5. Jahrgangs 284,50 € eingenommen.

Das sind rund 300 €.

Das sind rund 280 €.

Wer hat recht?

3 a) Lege die abgebildeten Dreiecksfiguren mit Streichhölzern und füge die beiden nächstgrößeren Figuren hinzu. Wie viele Streichhölzer sind für die sechste (siebte, achte) Figur notwendig?

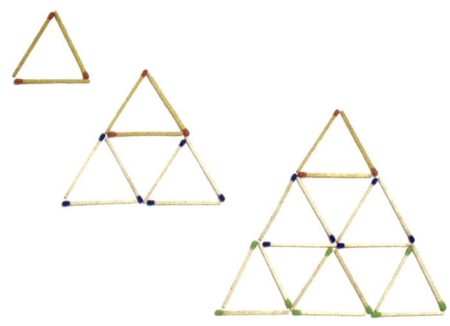

b) Versuche das nächstgrößere Kartenhaus zu bauen. Wie viele Spielkarten sind dazu notwendig? Wie viele brauchst du, um ein Kartenhaus mit 5 (6, 7, 8, 9, 10) Stockwerken herzustellen?

1 a) Zeichne die Quadratmuster in dein Heft und füge die drei nächstgrößeren Quadrate hinzu.
b) Aus wie vielen kleinen Quadraten besteht jedes der großen Quadrate?

2 a) Zeichne die nächste Treppe in dein Heft. Erkläre, wie du dabei vorgegangen bist.
b) Aus wie vielen Würfeln besteht die übernächste Treppe?
c) Vervollständige die Tabelle in deinem Heft.

	Würfel insgesamt
1. Treppe	1
2. Treppe	3
3. Treppe	▪
⋮	
8. Treppe	▪

c) Lege mit Streichhölzern weitere Folgen von Figuren und baue weitere Türme mit Spielsteinen oder Spielkarten. Notiere jeweils, wie viele Streichhölzer (Spielsteine, Spielkarten) du gebraucht hast.

Eine Menge von Zahlen mit festgelegter Reihenfolge heißt **Zahlenfolge.**

0, 4, 8, 12, 16, …
1, 2, 4, 8, 16, …

4 Ergänze jeweils die fehlenden Zahlen.

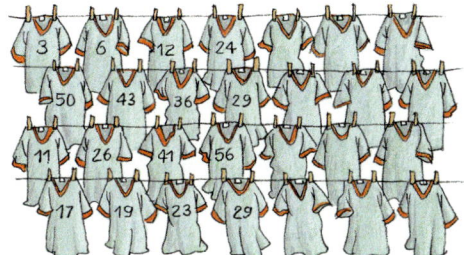

5 a) Übertrage die Figuren in dein Heft und füge die beiden nächstgrößeren Figuren hinzu. Bestimme jeweils die Anzahl der Quadrate und notiere dann die dazugehörende Zahlenfolge.

b) Stelle weitere Zahlenfolgen mithilfe ähnlicher Muster dar. Bitte eine Mitschülerin oder einen Mitschüler die Zahlenfolge fortzusetzen.

6 Bestimme die nächsten drei Zahlen der Folge und gib eine Regel an, nach der sie gebildet wird.

a) 2, 7, 12, 17, …   b) 50, 47, 44, 41, …
5, 14, 23, 32, …   192, 96, 48, 24, …
2, 15, 28, 41, …   113, 99, 85, 71, …

c) 20, 17, 16, 13, 12, … d) 1, 10, 100, 1000, …
3, 7, 5, 9, 7, 11, …   1, 11, 111, 1111, …
4, 9, 5, 10, 6, 11, …   1, 12, 121, 1212, …

7 Sina und Tim setzen die Zahlenfolge 3, 5, 7, 6 … um sechs Zahlen fort.
Sina schreibt: 3, 5, 7, 6, 5, 7, 9, 8, 7, 9, …
Tim schreibt: 3, 5, 7, 6, 8, 10, 9, 11, 13, 12, …
Welche Regel hat Sina (Tim) angewendet? Überlege, ob einer von ihnen einen Fehler gemacht hat.

8 Gib die ersten sechs Zahlen der Folge an.
a) Die erste Zahl ist 4. Jede nachfolgende Zahl ist um 10 größer als ihr Vorgänger.
b) Die Folge fängt mit 3 an. Wenn du zu einer Zahl der Folge 7 addierst, erhältst du die nächste Zahl.
c) Die Folge beginnt mit 1. Jede nachfolgende Zahl ist doppelt so groß wie ihr Vorgänger.
d) Wenn du eine Zahl der Folge mit 3 multiplizierst, erhältst du die nächste Zahl. Die erste Zahl ist 2.
e) Die erste Zahl ist 256. Jede nachfolgende Zahl ist halb so groß wie ihr Vorgänger.
f) Jede Zahl ist um 9 kleiner als ihr Nachfolger. Die Folge beginnt mit 100.
g) Jede Zahl ist halb so groß wie ihr Nachfolger. 5 ist die erste Zahl der Folge.

9

Kannst du diese Folgen jeweils um drei Zahlen fortsetzen?

a) 2, 12, 120, 130, 1300, 1310, …
b) 1, 1, 2, 6, 24, 120, …
c) 1, 1, 2, 3, 5, 8, 13, 21, …

1 Während der Inflation 1923 verlor das Geld in Deutschland an Wert. Die Preise waren unvorstellbar hoch. Die Währung hieß damals Reichsmark (RM).

1 kg Roggenbrot kostete

im Dezember	1920	2,30 RM
im Dezember	1921	4,10 RM
im Dezember	1922	165,00 RM
im Januar	1923	263,00 RM
im März	1923	470,00 RM
im Juni	1923	1440,00 RM
im August	1923	70 500,00 RM
im September	1923	1 621 000,00 RM
im Oktober	1923	1 825 000 000,00 RM
im November	1923	195 000 000 000,00 RM

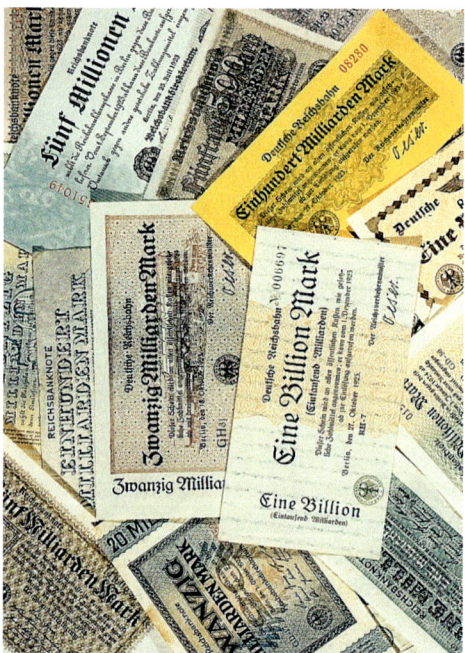

a) Eine Familie mit drei Personen braucht in der Woche 10 kg Brot. Wie viel Geld musste sie dafür im Januar (Juni, September, November) 1923 pro Woche ausgeben?
b) Wie viele der abgebildeten Geldscheine musste jemand im September (im Oktober, im November) 1923 mitnehmen, wenn er mit möglichst wenigen Scheinen auskommen wollte, um 1 kg Roggenbrot zu kaufen?
c) Welche Probleme entstehen, wenn der Brotpreis so schnell steigt?

Die türkische Lira verliert 6 Nullen

Am 1. Januar 2005 wird in der Türkei die neue türkische Lira eingeführt. Sie ersetzt die alte Lira. Eine neue Lira entspricht einer Million alter Lira. Durch die starke Inflation hatte die alte Lira einen starken Wertverlust erlitten. Der größte Geldschein im Wert von 20 Millionen Lira war umgerechnet nur noch 10 € wert.

Aus einer Zeitung vom 15.12.2004

2 a) Warum wurde in der Türkei die neue Lira eingeführt?
b) In Istanbul kostete im Jahr 2004 ein Kilogramm Brot 5 000 000 Lira. Wie viel kostet es im Jahr 2005? Wie viel Euro sind das?

3 Bei der Einführung des Euro wurden drei Milliarden 10-Euro-Scheine in Umlauf gebracht.
a) Wie viel 100-Euro-Scheine (200-Euro-Scheine, 500-Euro-Scheine) sind genauso viel wert wie alle 10-Euro-Scheine zusammen?
b) Wie viele 1-Euro-Münzen (2-Euro-Münzen, 10-Cent-Münzen, 5-Cent-Münzen) hätten denselben Wert?

1 a) Zähle bis hundert und miss mit einer Uhr, wie lange du dazu gebraucht hast. Achte darauf, dass du alle Zahlwörter verständlich aussprichst.

b) Schätze, wie lange es dauert, laut bis tausend zu zählen. Beachte, dass du zum Aussprechen der Zahlwörter bei großen Zahlen mehr Zeit benötigst als bei kleinen Zahlen.

c) Wie lange dauert es, bis eine Million zu zählen? Nimm an, dass du für einstellige Zahlen eine Sekunde, für zweistellige Zahlen zwei Sekunden, für dreistellige Zahlen drei Sekunden usw. benötigst.

2 a) Wie viele Ein-Euro-Münzen passen auf ein DIN-A4-Blatt? Überlegt in Gruppen, wie ihr die Anzahl schätzen könnt.

b) 10 000 Ein-Euro-Münzen sollen ausgelegt werden. Wie groß muss die Fläche sein, die dazu benötigt wird?

c) Welche Fläche ist nötig, um eine Million Ein-Euro-Münzen auszulegen?

Lernkontrolle 1

1 Schätze jeweils die Anzahl der Punkte.

a)
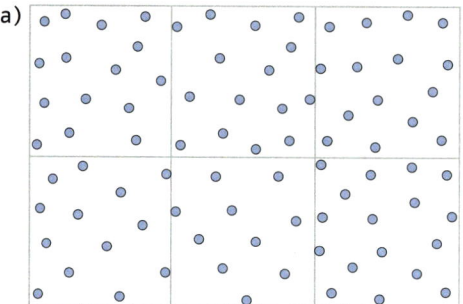

b)
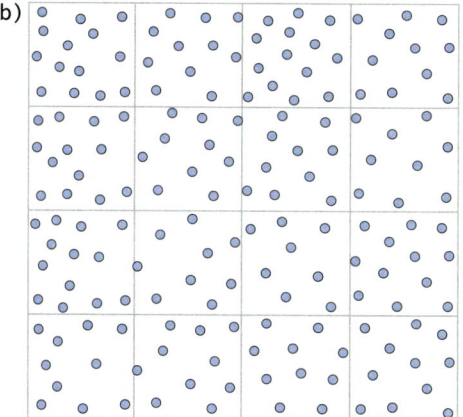

2 Trage in eine Stellenwerttafel ein.
a) 4 534 045
   752 001
b) 3 450 000 002
   14 890 200
c) fünfundsiebzig Millionen
vierhundertzweiunddreißig Millionen
d) dreihundertvierzehntausend
zwei Millionen sechshunderttausend
e) neunundsiebzigtausendvierhundert
achttausendsiebenhundertzwölf

3 Gib drei Zahlen an, die zwischen den beiden angegebenen Zahlen liegen.
a) 4 578 und 4 587
b) 10 998 und 11 002
c) 1 234 677 und 1 243 650

4 Welche Zahl ist
a) die kleinste dreistellige
b) die größte vierstellige
c) die zweitkleinste sechsstellige?

5 a) Runde auf Hunderter.
8258, 4513, 2789, 57 467, 33 292
b) Runde auf Tausender.
58 799, 98 233, 980 543, 1 456 378

6 Ordne der Größe nach. Verwende das Zeichen <.
a) 459, 549, 495, 594, 945
b) 6457, 6475, 6547, 6574, 6754
c) 1701, 1710, 1107, 1071, 1017
d) 55 454, 45 455, 54 554, 54 545, 45 545

7 a) Ordne die Flüsse nach ihrer Länge.
b) Runde die Länge der Flüsse auf hundert Kilometer.

Die längsten Flüsse der Erde

Amazonas	6518 km
Amur	4440 km
Jangtsekiang	5632 km
Lena	4264 km
Mekong	4500 km
Mississippi	5970 km

Wiederholung

1 Prüfe, ob die Linien parallel zueinander sind.

a)
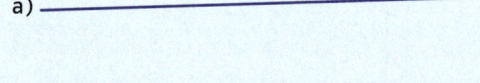

b)
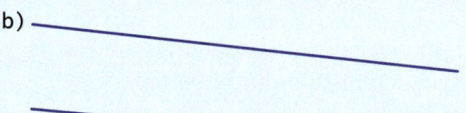

2 Prüfe, ob die Linien senkrecht zueinander sind.

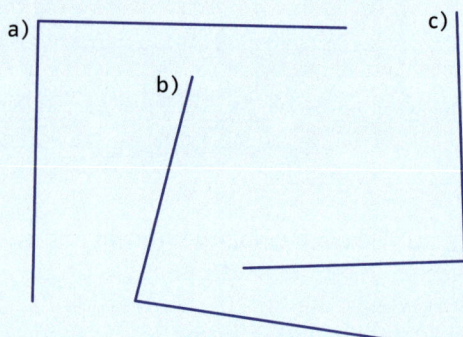

Bundesland	Einwohnerzahl am 31.12.2011
Baden-Württemberg	10 786 227
Bayern	12 595 891
Berlin	3 501 872
Brandenburg	2 495 635
Bremen	661 301
Hamburg	1 798 836
Hessen	6 092 126
Mecklenburg-Vorpommern	1 634 734
Niedersachsen	7 913 502
Nordrhein-Westfalen	17 841 956
Rheinland-Pfalz	3 999 117
Saarland	1 013 352
Sachsen	4 137 051
Sachsen-Anhalt	2 313 280
Schleswig-Holstein	2 837 641
Thüringen	2 221 222

1 a) Ordne die Bundesländer nach der Zahl ihrer Einwohner.
b) Runde die Einwohnerzahl der Bundesländer auf Hunderttausend.

2 Die folgenden Zahlen wurden gerundet. Wie groß waren sie vor dem Runden? Gib jeweils zwei Möglichkeiten an.
a) 5 700   b) 1 500 000
c) 47 000   d) 4 307 800

3 a) Runde die Uhrzeiten auf volle Stunden.
17.23 Uhr   15.44 Uhr   13.31 Uhr
b) Beschreibe eine Situation, in der du Uhrzeiten nicht runden darfst.

4 a) Bestimme die größte (kleinste) Zahl, die du aus den Ziffern 2, 3, 7 und 8 bilden kannst.
b) Gib alle Zahlen an, die aus den Ziffern 0, 2, 5, 9 bestehen.

5 Setze die Folgen um drei Zahlen fort.
a) 63, 74, 85, 96, 107, …
b) 5, 6, 8, 11, 15, 20, …
c) 8, 18, 16, 26, 24, 34, …
d) 2, 6, 18, 54, …
e) 512, 256, 128, 64 …
f) 2, 4, 14, 28, 38, 76 …

6 Wie heißen die markierten Zahlen?

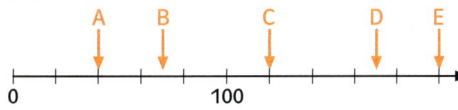

7 Zeichne einen Zahlenstrahl und markiere die folgenden Zahlen.
a) 800; 900; 1100; 1300; 1450
b) 10 000; 15 000; 17 000; 20 000

8 Eine Ein-Euro-Münze hat einen Durchmesser von 25,75 mm. Sie ist 2,2 mm dick und wiegt 7,5 g.
a) Eine Million Ein-Euro-Münzen werden in einer geraden Linie nebeneinander gelegt. Wie viele Kilometer lang ist die Strecke?
b) Wie viele Meter hoch ist ein Turm aus einer Million Ein-Euro-Münzen?
c) Wie schwer sind eine Million Ein-Euro-Münzen? Kannst du dieses Gewicht tragen?

9 Bestimme die Anzahl aller zweistelligen (dreistelligen, sechsstelligen) Zahlen.

1 a) Übertrage die Punkte in dein Heft. Verbinde sie so, dass ein Viereck entsteht.
b) Zeichne zueinander parallele Linien mit der Farbe nach.
c) Wie viele rechte Winkel hat jede Figur?

A
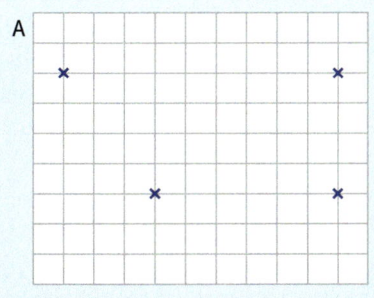

B
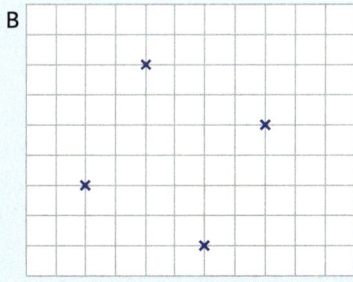

Römische Zahlzeichen

1 Die Römer hatten keine besonderen Zeichen für die Zahlen. Um Zahlen zu schreiben, verwendeten sie einzelne Buchstaben des Alphabets. Suche an Gebäuden in deinem Heimatort nach römischen Zahlzeichen.

Grundzahlen	I	X	C	M
	1	10	100	1000
Zwischenzahlen	V	L	D	
	5	50	500	

Die römischen Zahlen werden nach festen Regeln gebildet:

1. Gleiche Ziffern nebeneinander werden addiert. Es dürfen höchstens drei Grundzahlen nebeneinander stehen.

   III = 3

2. Kleinere Ziffern rechts von größeren werden addiert, links von größeren subtrahiert.

   XI = 11
   IX = 9

   Zwischenzahlen dürfen nicht subtrahiert werden.

   XLV = 45

3. Die Grundzahlen I, X, C dürfen nur von der nächsthöheren Zwischen- oder Grundzahl subtrahiert werden.

   CD = 400
   CM = 900

2 Übersetze.

a) X
   IV
   CC
   LV

b) XXXVIII
   LXXXII
   XLI
   CXCV

c) XXII
   LII
   MCD
   CDX

d) CCXC
   MMMCCCXXIII
   CCCXX
   CCXXXIII

e) MLI
   MCM
   MCDXC
   XLIII

f) MMMDCLX
   MDLXVI
   MCCCLXXXVII
   CCCXXXIII

3 Übertrage in römische Zahlzeichen.

a) 38
   64
   41

b) 550
   240
   912

c) 2000
   1970
   2583

4 Schreibe dein Geburtsjahr mit römischen Zahlzeichen.

5 Kannst du durch Umlegen eines Streichholzes eine größere Zahl darstellen? Es gibt mehrere Möglichkeiten.

a)

b)

„Es dauerte ungefähr 20 Jahre, die Pyramide zu erbauen." So berichtet der griechische Geschichtsschreiber Herodot. Während der Bauzeit musste eine große Anzahl von Arbeitern mit Kleidung, Nahrung und Geräten versorgt werden. Dazu brauchten die Ägypter Zahlzeichen, mit denen sie bequem rechnen konnten.

Zur Darstellung von Zahlen benutzten sie sieben verschiedene Bildzeichen, Hieroglyphen genannt, mit denen sie jeweils eine Zehnerpotenz ausdrückten. Die Schreiber konnten diese Zeichen von links nach rechts oder umgekehrt von rechts nach links schreiben, manchmal wurden die Zahlzeichen auch übereinander angeordnet.

𝍩	eine Kerbe auf dem Kerbholz	= 1
∩	das Joch des Zugochsen	= 10
℮	das Maßband des Landvermessers	= 100
⚘	eine Lotosblüte	= 1000
⌇	ein Schilfkolben	= 10 000
⤳	ein Nilfrosch (Landplage)	= 100 000
⚜	ein Schutzgeist	= 1 000 000

1 Lies folgende Zahlen.

a)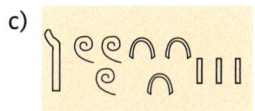

b)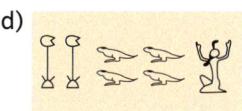

c)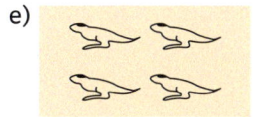

d)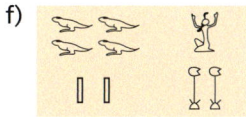

e)

f)

2 Diese Zahl steht auf dem Sockel einer 5000 Jahre alten Statue, die zu Ehren des Pharaos Chasechem errichtet wurde. Sie gibt die Anzahl der Feinde an, die der Pharao besiegt hat.

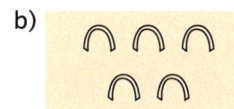

3 Schreibe die Zahlen mit ägyptischen Zahlzeichen.

a) 32   b) 221   c) 53 000   d) 1433
     104   465   72 000   200 000

Albrecht Dürer, Maler, Grafiker, Kunstschriftsteller, geb. 1471 in Nürnberg, gest. 1528 in Nürnberg

Bei einem Kupferstich wird eine Zeichnung in eine Kupferplatte eingraviert. Mit der Kupferplatte kann dann gedruckt werden.

2 Addieren und Subtrahieren

In der Mitte der unteren Zeile des Zauberquadrats steht 1514, das Entstehungsjahr des Bildes und das Todesjahr der Mutter von Albrecht Dürer.
In dem Zauberquadrat gibt es Gruppen von vier Zahlen, deren Summe gleich der magischen Zahl des Quadrats ist. Versuche solche Vierergruppen zu finden.

In dem Kupferstich „Melencolia" von Albrecht Dürer ist ein Zauberquadrat zu sehen, das aus 16 Zahlen besteht. Weil es viele interessante Eigenschaften hat, beschäftigt man sich seit Jahrhunderten damit. „Melencolia" heißt Melancholie und bedeutet Trübsinn oder Niedergeschlagenheit.

In einem Zauberquadrat darf jede Zahl nur einmal vorkommen.

1 Dieses Zahlenquadrat ist ein magisches Quadrat (**Zauberquadrat**). Addiere die Zahlen in jeder Zeile, Spalte und Diagonalen. Das Ergebnis ist immer die gleiche Zahl. Sie heißt die **magische Zahl** des Zauberquadrats.

3 + 10 + 8 = ■

3	10	8
12	7	2
6	4	11

3
+ 12
+ 6
= ■

3 + 7 + 11 = ■

2 Nicht alle Quadrate hier sind auch Zauberquadrate. Verändere die Zahlen so, dass überall Zauberquadrate entstehen.

8	7	3
1	6	11
9	5	4

10	4	12
11	9	7
6	13	8

9	1	8
5	6	7
4	11	10

1	14	15	4
12	7	6	9
8	11	10	5
13	2	3	16

3 Welche Zahlen fehlen?

4	3	8
■	■	■
2	■	■

6	■	■
■	5	■
	3	4

■	■	7
■	■	■
13	8	9

9	■	8
■	6	■
■	■	3

14	■	5	4
■	8	■	■
12	13	3	6
■	■	16	■

■	13	■	17
■	■	15	9
29	■	■	■
5	3	■	31

64

4 Übertrage das Quadrat in dein Heft und füge die angegebenen Zahlen so ein, dass ein Zauberquadrat entsteht.

a) 8 ; 9 ; 10 ; 12

■	2	■
6	7	■
5	■	4

b) 4 ; 8 ; 9 ; 12

13	■	10
6	■	■
■	14	5

c) 9 ; 11 ; 13 , 14

16	4	■
8	■	■
■	18	6

d) 7 ; 11 ; 13 ; 17 ; 19

■	5	15
9	■	■
■	21	■

5 Zeichne mithilfe der angegebenen Zahlen ein Zauberquadrat in dein Heft.

a) 4 ; 6 ; 7 ; 8 ; 9 ; 10

3	17	16	■
14	■	■	11
■	12	13	■
15	5	■	18

b) 7 ; 9 ; 12 ; 14 ; 15 ; 17

2	16	■	5
13	■	8	10
■	11	■	6
■	4	3	■

c) 6 ; 9 ; 13 ; 14 ; 16 ; 17 ; 18 ; 19 ; 20

5	■	■	8
■	10	11	■
12	■	15	■
■	7	■	■

6 Es gibt auch ein magisches Sechseck mit den Zahlen 1 bis 19. Jede der Reihen hat als Summe die Zahl 38.

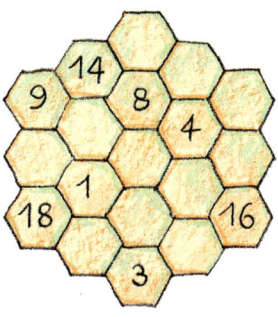

7 a) Mit den Zahlen 2, 3, 4, 6, 7, 8, 10, 11, 12 soll ein Zauberquadrat gebildet werden. Die Summe der Zahlen beträgt 63. Warum muss die magische Zahl dann 21 sein?

b) Vervollständige das Zauberquadrat in deinem Heft.

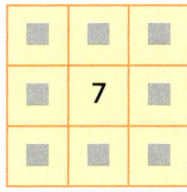

8 Die Zahlen von 1 bis 9 sollen zu einem magischen Quadrat angeordnet werden.

a) Warum muss die magische Zahl dann 15 sein?

b) Schreibe die Zahlen von 1 bis 9 auf Kärtchen. Ordne sie dann richtig an.

c) Begründe, warum die Zahl 5 in der Mitte des Quadrats stehen muss.

So kannst du 4 x 4-Zauberquadrate selbst konstruieren:

1. Schreibe die Zahlen von 1 bis 16 Zeile für Zeile in das Quadrat

2 Verändere die Zahlen in den Ecken und die vier Zahlen in der Mitte nicht. Ersetze die übrigen Zahlen jeweils durch die Zahl, die du erhältst, wenn du die Ausgangszahl von 17 subtrahierst. Du erhältst ein Zauberquadrat.

1	2	3	4
5	6	7	8
9	10	11	12
13	14	15	16

1	17 – 2 = 15	17 – 3 = 14	4
17 – 5 = 12	6	7	17 – 8 = 9
17 – 9 = 8	10	11	17 – 12 = 5
13	17 – 14 = 3	17 – 15 = 2	16

3. Weitere Zauberquadrate erhältst du, wenn du die Zahlen an den Achsen des Quadrats spiegelst.

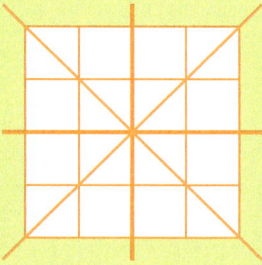

zu Beispiel:

1	15	14	4
12	6	7	9
8	10	11	5
13	3	2	16

4	14	15	1
9	7	6	12
5	11	10	8
16	2	3	13

4. Wenn du dann die gleiche Zahl zu allen Zahlen des Zauberquadrats addierst, erhältst du weitere Zauberquarate mit einer neuen magischen Zahl.

9 Konstruiert in Partnerarbeit vier neue 4 x 4-Zauberquadrate. Bereitet eine Präsentation eurer Ergebnisse für die Lerngruppe vor.

Summe und Differenz

1 Nina und Marco kaufen im Lebensmittelgeschäft ein. Sie bezahlen mit einem 10-Euro-Schein und bekommen 4,07 € zurück. Wurden alle Preise richtig eingegeben?

1 Liter Milch	500 g Brot	250 g Camembert
0,99 €	**1,65 €**	**2,89 €**

Summand		Summand		Summe
54	+	42	=	96

Auch **54 + 42** wird als **Summe** der Zahlen 54 und 42 bezeichnet.

2 a) Die Summanden heißen 58 und 26. Berechne die Summe.
b) Addiere zur Zahl 36 die Summe der Zahlen 28 und 23.
c) Addiere zur kleinsten zweistelligen Zahl die größte dreistellige Zahl.

3 a) Der erste Summand ist 54, die Summe 110. Berechne den zweiten Summanden.
b) Die Summe dreier Zahlen ist 120. Der erste Summand heißt 44, der zweite 35.

4 Die Summe aus drei Summanden hat den Wert 200. Der erste Summand ist 80, der dritte Summand ist 50. Wie heißt der zweite Summand?

5 Der erste Summand ist 48, der zweite Summand ist um 21 größer als der erste Summand, der dritte Summand ist um 19 kleiner als der erste Summand.
a) Wie groß ist der zweite Summand?
b) Wie groß ist der dritte Summand?
c) Wie groß ist die Summe?

Minuend		Subtrahend		Differenz
96	–	37	=	59

Auch **96 – 37** wird als **Differenz** der Zahlen 96 und 37 bezeichnet.

6 a) Wie heißt die Differenz der Zahlen 147 und 118?
b) Subtrahiere von der Zahl 100 die Zahlen 34 und 26.
c) Der Subtrahend lautet 38, der Minuend 91. Wie groß ist die Differenz?

7 a) Subtrahiere von der größten dreistelligen Zahl die kleinste dreistellige Zahl.
b) Wie heißt die Differenz der Zahlen 456 und 123?
c) Der Subtrahend ist 48, die Differenz 19. Wie heißt der Minuend?
d) Der Minuend ist 36, die Differenz 9. Wie heißt der Subtrahend?

8 a) Die Summe zweier Zahlen ist 23. Wie groß ist der erste Summand, wie groß der zweite? Nenne sechs unterschiedliche Möglichkeiten.
b) Die Differenz zweier Zahlen ist 12. Wie groß ist der Minuend, wie groß der Subtrahend? Nenne sechs unterschiedliche Möglichkeiten.

9 Ergänze die fehlenden Angaben.

	a)	b)	c)	d)	e)
Summand	93	▪	75	115	▪
Summand	69	21	▪	118	95
Summe	▪	87	133	▪	185

	f)	g)	h)	i)	k)
Minuend	300	220	▪	136	▪
Subtrahend	111	▪	17	84	72
Differenz	▪	95	78	▪	118

L 52 90 190 162 125 58 189 233 95 66

Addition und Subtraktion

1 Berechne im Kopf. Bei richtiger Lösung erhältst du jeweils ein Lösungswort.

a) 29 + 58 b) 62 + 36 c) 44 + 53
   35 + 65   17 + 54   71 + 96
   31 + 74   49 + 48   63 + 48
   82 + 48   33 + 38   43 + 57
   63 + 57   27 + 68   52 + 68

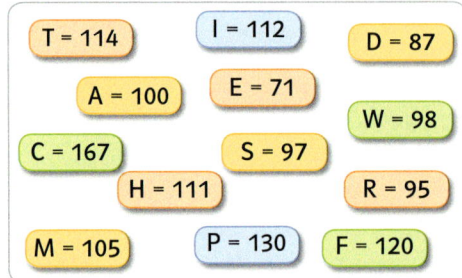

T = 114   I = 112   D = 87
   A = 100   E = 71
   W = 98
C = 167   S = 97
   H = 111   R = 95
M = 105   P = 130   F = 120

2 a) Erläutere, wie Arne gerechnet hat.

$$99 + 74$$
$$= 100 + 74 - 1$$
$$= 174 - 1$$
$$= 173$$

b) Rechne geschickt.

   99 + 26   101 + 187   199 + 216
   99 + 53   36 + 98   38 + 102
   18 + 99   99 + 443   101 + 458
  236 + 299   27 + 198   402 + 667
  903 + 238   902 + 646   153 + 399
  797 + 125   997 + 443   904 + 299

3 Berechne im Kopf.

a) 85 – 21   b) 74 – 47   c) 112 – 46
   64 – 33   95 – 68   131 – 38
   93 – 51   63 – 44   140 – 89
   79 – 46   81 – 58   163 – 57
   87 – 32   92 – 76   460 – 412
   76 – 66   55 – 36   254 – 156

4 a) Erläutere, wie Nuran gerechnet hat.

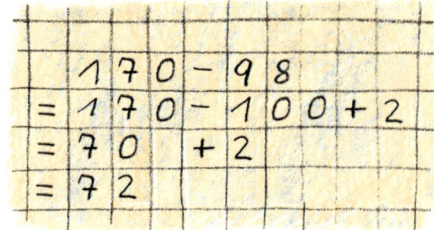

$$170 - 98$$
$$= 170 - 100 + 2$$
$$= 70 + 2$$
$$= 72$$

b) Rechne geschickt.

150 – 99   374 – 101   461 – 199
236 – 98   853 – 302   934 – 298
529 – 97   456 – 199   681 – 397

5 Ergänze zum nächsten Hunderter.

3250 + 50 = 3300

a) 154   212   541   1245
b) 3366   5147   618   7709

6 Ergänze zum nächsten Tausender.

a) 2550   3810   1099   40 628
b) 13 220   65 793   263 502 18 069

7 Bestimme die fehlende Zahl.

a) 95 + ▨ = 140   b) ▨ + 76 = 188
   140 – ▨ = 95   188 – ▨ = 76

c) 250 + ▨ = 590   d) ▨ + 1200 = 2100
   590 – ▨ = 250   2100 – ▨ = 1200

Addition und Subtraktion sind Umkehrungen voneinander.

35 + 42 = 77   77 – 35 = 42
                      77 – 42 = 35

✚ **8** a) ▨ + 56 = 199   b) ▨ – 125 = 275
         ▨ – 38 = 83   170 + ▨ = 334
         77 + ▨ = 141   680 – ▨ = 532
         ▨ – 62 = 58   245 + ▨ = 777

✚ **9** a) 159 – ▨ = 88   b) 185 – ▨ = 86
         ▨ – 102 = 174   670 – ▨ = 310
         148 + ▨ = 267   ▨ + 255 = 665
         450 – ▨ = 225   ▨ + 650 = 975

Rechnen mit Klammern

1 Für die Ferien hat Nicole 25 € Urlaubsgeld von ihren Großeltern bekommen. Davon hat sie bereits 3 € für Eis und 6,50 € für das Kino ausgegeben. Sie berechnet, wie viel noch vom Urlaubsgeld übrig geblieben ist.

$25 - (3 + 6,50)$
$= 25 - 9,50$
$= 15,50$

Beschreibe ihren Rechenweg. Gibt es noch eine andere Möglichkeit, das restliche Urlaubsgeld zu berechnen?

2 Carolin und Emma lösen zwei Subtraktionsaufgaben.

$75 - 19 - 8$	$75 - (19 - 8)$
$= 56 - 8$	$= 75 - 11$
$= 48$	$= 66$

Warum erhalten sie unterschiedliche Ergebnisse, obwohl doch die Zahlen gleich sind?

> Die Klammer wird zuerst berechnet.
>
> $67 - (23 - 9) = 67 - 14 = 53$
>
> Sind keine Klammern vorhanden, so rechnet man schrittweise von links nach rechts.
>
> $67 - 23 - 9 = 44 - 9 = 35$

3 Berechne.
a) $33 + (47 - 28)$ b) $64 - 27 + 49$
   $(81 - 54) + 73$ $100 - (19 + 65)$
   $210 + 75 - 112$ $95 - (64 - 38)$

L 16   52   69   86   100   173

4 Karim hat bei den folgenden Berechnungen Fehler gemacht. Kannst du sie finden? Bestimme das richtige Ergebnis.

	6 5	−	(1 6	+	2 9)		9 4	−	1 5	+	3 6
=	6 5	−	1 6	+	2 9	=	9 4	−	5 1		
=	4 9	+	2 9			=	4 3				
=	7 8										

	(1 3 6	−	5 2)	+	2 7		6 7	−	(3 5	−	1 9)
=	8 4					=	6 7	−	3 5	−	1 9
=	8 4	+	2 7			=			3 2	−	1 9
=	1 1 1					=	1 3				

5 Berechne.
a) $16 + 41 - 15$ b) $43 + (51 - 16)$
   $75 - (26 + 29)$ $27 + 72 - 15$
   $81 - 36 - 20$ $80 - (14 + 29)$
   $49 - (76 - 31)$ $(36 + 99) - 41$

L 4   20   25   37   42   78   84   94

6 Bei einigen Rechnungen fehlen die Klammern.
a) $45 - 25 - 8 = 12$ b) $73 - 18 + 35 = 90$
   $64 - 34 - 20 = 50$ $67 - 43 - 24 = 48$
   $73 - 23 + 13 = 63$ $80 - 35 + 45 = 0$

7 Schreibe den Rechenweg zu der folgenden Aufgabe auf. Benutze Klammern.
a) Subtrahiere von 98 die Summe der Zahlen 19 und 23.
b) Subtrahiere die Differenz aus 45 und 22 von der Zahl 73.
c) Nastasja kauft Lebensmittel für 3,50 €, 0,95 € und 4,75 € ein und bezahlt mit einem 10-Euro-Schein.
d) Simon gibt von den 12 € in seinem Portmonee 6,50 € für das Kino und 2,50 € für Popcorn aus.

Eine Schnecke klettert einen 10 m hohen Pfahl hinauf. In der Nacht schafft sie zwei Meter, am Tag rutscht sie um einen Meter hinunter. In der wievielten Nacht ist sie oben?

Rechengesetze

1 a) Beschreibe beide Rechenwege und vergleiche sie.

46 + 48 + 54	46 + 48 + 54
= 94 + 54	= 48 + 46 + 54
= 148	= 48 + 100
	= 148

b) Welchen Rechenweg würdest du auswählen? Begründe deine Antwort.
c) Schreibe beide Aufgaben mit Klammern.

2 Berechne und vergleiche.
a) 18 + (14 + 41)   b) (37 + 16) + 22
   (18 + 14) + 41   37 + (16 + 22)

c) 62 + (13 + 85)   d) (49 + 35) + 37
   (62 + 13) + 85   49 + (35 + 37)

3 Berechne und vergleiche.
a) (98 − 48) − 39   b) (71 − 49) − 15
   98 − (48 − 39)   71 − (49 − 15)

c) 83 − (47 − 25)   d) (64 − 35) − 17
   (83 − 47) − 25   64 − (35 − 17)

Assoziativgesetz

Bei der Addition darf man beliebig Klammern setzen. Das Ergebnis ändert sich dabei nicht.

$$(45 + 35) + 20 = 45 + (35 + 20)$$
$$80 + 20 = 45 + 55$$
$$100 = 100$$

$$(a + b) + c = a + (b + c)$$

Kommutativgesetz

Bei der Addition darf man die Reihenfolge der Summanden beliebig vertauschen. Das Ergebnis verändert sich dabei nicht.

$$34 + 58 = 58 + 34$$

$$a + b = b + a$$

a, b und c sind Platzhalter für beliebige natürliche Zahlen.

4 Mithilfe der beiden Rechengesetze können Additionsaufgaben oftmals vereinfacht werden. Günstig ist es dabei, Zehner- oder Hunderterzahlen zu erhalten. Setze die Klammern so, dass du vorteilhaft rechnen kannst.
a) 79 + 21 + 67   b) 46 + 54 + 43
   74 + 18 + 82   26 + 74 + 68
   26 + 74 + 33   66 + 23 + 77

L 133   143   166   167   168   174

5 Vertausche die Zahlen und setze die Klammern so, dass du vorteilhaft rechnen kannst.
a) 46 + 73 + 64   b) 47 + 35 + 33 + 65
   32 + 84 + 68   56 + 12 + 28 + 14
   51 + 111 + 39   19 + 87 + 13 + 71
   93 + 123 + 77   35 + 44 + 25 + 66

L 110   170   180   183   184   190
201   293

6 Berechne.
a) (40 − 25) + (18 − 11)
   (36 + 41) − (150 − 120)
   (17 + 78) − (75 − 68)

b) (33 − 26) + 41 − (11 + 22)
   (26 + 51) − (21 + 15) − 31
   (41 + 53) − (100 − 56) + (13 + 55)

L 10   47   118   88   15   22

7 Bei der Subtraktion dürfen Klammern nicht beliebig gesetzt oder weggelassen werden. Berechne und versuche anhand der Beispiele eine Regel zu finden.

89 − (45 + 18)   112 − (87 + 11)
89 − 45 + 18   112 − 87 + 11
89 − 45 − 18   112 − 87 − 11

97 − (48 − 32)   118 − (56 − 34)
97 − 48 − 32   118 − 56 − 34
97 − 48 + 32   118 − 56 + 34

Bei einer Treibjagd werden insgesamt 13 Hasen und Fasane erlegt. Die Tiere haben zusammen 40 Beine.

Schriftliches Addieren

Anstelle von Masse wird im Alltag auch der Begriff „Gewicht" benutzt.

Zulässige Gesamtmasse: 3,0 t
Zulässige Nutzlast: 785 kg

1 Herr Vogt muss drei Warensendungen transportieren, die 287 kg, 318 kg und 177 kg wiegen.
Um ungefähr das Gesamtgewicht zu ermitteln, macht er zunächst eine Überschlagsrechnung.

$$300 + 300 + 200 = 800$$

a) Begründe, warum Herr Vogt mit diesen Zahlen rechnet.
b) Das Ergebnis der Überschlagsrechnung liegt knapp über der zulässigen Nutzlast. Deshalb rechnet Herr Vogt noch einmal genau schriftlich nach.

```
    2 8 7
+   3 1 8
+   1 7 7
    1 2
    7 8 2
```

Überprüfe seine Rechnung. Darf er die Warensendungen auf einmal transportieren?

2 Übertrage in dein Heft und berechne.

a)   6 281
   + 3 705

b) 31 456
   + 5 986

c) 72 863
   + 16 025

d) 337 528
   + 584 697

L 37 442   88 888   9 986   922 225

3 Berechne. Mache zunächst eine Überschlagsrechnung.

a)   421
   + 336
   + 92

b)   666
   + 777
   + 888

c)   123
   + 456
   + 789

d)   445
   + 454
   + 544

e) 2371
   + 477
   +   89

f) 4625
   +   75
   + 7401

L 1443   849   1368   2331   2937   12 101

4 Bei richtiger Lösung erhältst du für jede Aufgabe den Namen eines Tieres.

a) 354 + 288 + 1324
786 + 136 + 534
975 + 1943 + 64
1653 + 77 + 1666

b) 424 + 969 + 573
2281 + 54 + 423
85 + 285 + 1596
351 + 2225 + 537

c) 959 + 399 + 2205
601 + 1634 + 1161
854 + 742 + 370

d) 2443 + 334 + 715
611 + 1665 + 482
729 + 952 + 285

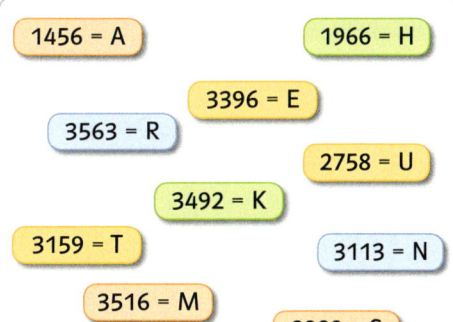

1456 = A
1966 = H
3396 = E
3563 = R
2758 = U
3492 = K
3159 = T
3113 = N
3516 = M
2982 = S

5 Bestimme die fehlenden Ziffern. Es gibt nicht immer nur eine Lösung.

a)   3 2 ■ 6
   + ■ ■ 5 ■
     7 5 6 8

b)   3 6 2 ■
   + ■ 7 ■ 5
     6 ■ 1 2

c)   ■ 8 7 ■ ■ ■
   + 2 ■ ■ 2 2 ■
     5 5 5 5 5 5

d)   6 3 9 7 ■ 9
   + ■ 4 ■ 8 6 ■
     9 ■ 7 ■ 5 4

e)   5 8 ■ ■ 4
   + ■ ■ 1 6 ■
     7 ■ 8 9 6

f)   3 ■ 7 ■ 0 0
   +   3 ■
   + 1 ■ 0 1 5
     3 5 0 3 ■ 5

Schreibe die Stellen richtig untereinander: Einer unter Einer, Zehner unter Zehner, ... Achte auf die Überträge.

1 Frau Schewe hat 52 514 € geerbt. Davon hat sie 36 973 € für die Renovierung ihres Hauses verwendet. Sie überlegt, ob sie sich von dem restlichen Geld noch ein neues Auto leisten kann.

Neupreis: 15 775 €

Dazu macht sie zunächst eine Überschlagsrechnung.

52 514 − 36 973

Überschlag:
53 000 − 37 000 = 16 000

a) Begründe, warum Frau Schewe mit diesen Zahlen rechnet.
b) Das Ergebnis der Überschlagsrechnung liegt in der Nähe des Kaufpreises. Deshalb rechnet Frau Schewe noch einmal genau schriftlich nach.

```
    5 2 5 1 4
  − 3 6 9 7 3
    1 1 1
  − 1 5 5 4 1
```

Überprüfe ihre Rechnung. Kann sie den neuen Wagen von dem restlichen Geld bezahlen?

2 Berechne. Mache zunächst eine Überschlagsrechnung, indem du mit gerundeten Zahlen rechnest.

a)   825
    − 647

b)   3512
    − 2896

c)   121 212
    −   97 683

d)   4987
    − 2443

e)   681 725
    − 350 424

f)   567 324
    − 345 210

Schreibe die Stellen richtig untereinander: Einer unter Einer, Zehner unter Zehner, ... Achte auf die Überträge.

3 a) Vergleiche die beiden Lösungswege miteinander.

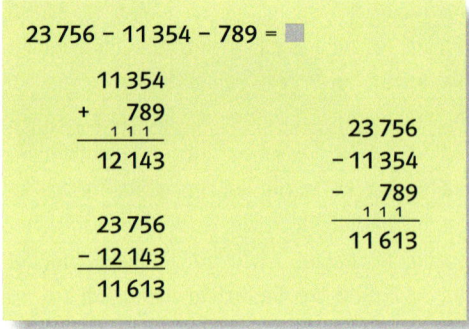

23 756 − 11 354 − 789 = ▨

```
    11 354
  +    789
     1 1 1
    12 143

    23 756
  − 12 143
    11 613
```

```
    23 756
  − 11 354
  −    789
     1 1 1
    11 613
```

b) Berechne. Wähle den für dich geeigneten Lösungsweg.
12 356 − 7865 − 3809
32 412 − 976 − 19 867
56 789 − 12 564 − 234 − 17 138

4 Bei richtiger Lösung erhältst du für jede Aufgabe den Namen eines Tieres.
a) 1074 − 683 − 18   b) 906 − 566 − 234
   2170 − 1497 − 119   6711 − 4356 − 88
   956 − 91 − 117   4147 − 3309 − 90
   1712 − 598 − 1008   2087 − 880 − 653
   2078 − 290 − 1234   1405 − 109 − 207

O = 940   M = 373   E = 554   R = 1089
S = 106   T = 2267   I = 748

5 Ordne die Ergebnisse der Größe nach. Du erhältst einen Vornamen.

6345 − 1530 A   2032 − 847 D
5207 − 1814 R   1571 − 1238 N
402 − 288 A   6517 − 6432 S

✚ 6 Bestimme die fehlenden Ziffern.

a)
```
   ▨ 1 3 ▨
 − ▨ 7 ▨ 6
   1 ▨ 5 1
```

b)
```
   1 ▨ ▨ 0
 −   7 8 ▨
     4 0 3
```

c)
```
   4 ▨ 2 ▨
 − ▨ 4 ▨ 6
     8 6 5
```

d)
```
   ▨ 2 1 9
 − 5 ▨ 6 ▨
   2 4 ▨ 0
```

Modellieren — Sachaufgaben lösen

So kannst du Sachaufgaben zur Addition und Subtraktion lösen:

Eine Schule hat in den fünften Klassen 27, 28, 29, 30 und 29 Schülerinnen und Schüler. Jeder von ihnen soll ein Informationsblatt erhalten. Wie viele Blätter müssen gedruckt werden, wenn 15 Blätter als Reserve dienen?

1. Lies die Aufgabe sorgfältig durch und notiere, was gesucht ist.

Die Anzahl der zu druckenden Blätter

2. Schreibe alle Angaben auf, die du zur Lösung der Aufgabe benötigst.

Anzahl Schüler: 27, 28, 29, 30, 29
Reserve: 15

3. Überlege, welche Berechnungen du durchführen musst.

Die Summe aller Schülerinnen und Schüler bilden und dazu 15 addieren

4. Führe die Rechnungen durch und bestimme das Ergebnis.

$27 + 28 + 29 + 30 + 29 = 143$
$143 + 15 = 158$

5. Überprüfe das Ergebnis mithilfe einer Überschlagsrechnung und formuliere eine Antwort.

158 ist mehr als $5 \cdot 30 = 150$ ✔

Es müssen 158 Blätter gedruckt werden.

---

1 Familie Wolter leiht sich für ihren Umzug einen Kleintransporter. Am ersten Tag werden 125 km zurückgelegt, am zweiten 97 km. Für wie viel Kilometer muss bei der Ausleihfirma abgerechnet werden?

2 Familie Wenzek möchte um ihren Garten einen neuen Zaun ziehen.

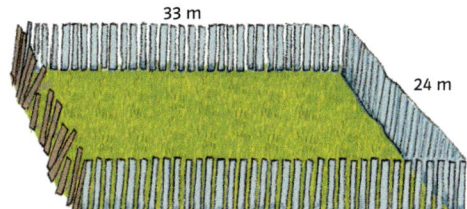

33 m

24 m

An einer der beiden kurzen Seiten soll der alte Zaun noch stehenbleiben.

3 Familie Schade kauft in einem Möbelhaus einen Schrank zum Sonderpreis von 2555 €. Der ursprüngliche Preis betrug 3470 €. Wie viel Euro konnte Familie Schade sparen?

4 Der Rhein ist um 155 km länger als die Elbe. Die Elbe ist 1165 km lang. Wie lang ist der Rhein?

5 Die vier Päckchen, die Anja zur Post gebracht hat, wiegen zusammen 7183 g.

1758 g   1935 g   1640 g   ?

Porto für Päckchen (bis 2000 g) : 4,10 €

6 Die Mieteinnahmen für vier Wohnungen betragen insgesamt 2560 €. Für die erste Wohnung werden 510 €, für die zweite 750 € und für die dritte 620 € gezahlt.

L (zu 1 bis 6)   222   1320   680   915
90   1850   16,40

Mount Everest 8848 m   Mont Blanc 4807 m   Zugspitze 2963 m   Brocken

Die Aufgaben auf diesen beiden Seiten kannst du auch in Partner- oder Gruppenarbeit bearbeiten. Beachte dazu die Hinweise auf Seite 81.

7 a) Die Zugspitze ist um 1821 m höher als der Brocken (Harz). Wie hoch ist der Brocken?
b) Berechne die Höhenunterschiede der abgebildeten Berge.

8 Familie Schminkat fährt mit dem Auto in den Urlaub. Der Urlaubsort liegt 950 km von ihrer Wohnung entfernt. Das Auto hat eine zulässige Gesamtmasse von 1720 kg und wiegt leer 1205 kg. Der Vater wiegt 83 kg, die Mutter 68 kg, Anna 43 kg und Tobias 26 kg. Wie viel Kilogramm Gepäck darf höchstens noch zugeladen werden?

9 Henrietta bekommt eine neue Zimmereinrichtung. Formuliere dazu Aufgaben und löse sie.

10 Familie Bürger hat auf dem Konto 1310 €. Frau Bürger überweist davon 16 € für ein Zeitungsabonnement und 58 € für eine Versicherung. Wie viel Euro kann sie auf das Sparbuch überweisen, wenn auf dem Konto noch 500 € bleiben sollen?

11 Welche Textaufgabe passt zu der folgenden Rechnung?

36,00 − (16,50 + 7,50 + 8,80)

a) Arne hat zum Geburtstag 36 € bekommen. Er kauft davon eine CD für 16,50 € und ein Buch für 8,80 €. Wie viel Euro hat er noch zur Verfügung, wenn er sein Taschengeld von 7,50 € dazurechnet?
b) Laura hat zum Geburtstag 36 € bekommen. Sie kauft davon eine CD für 16,50 €, ein Buch für 8,80 € und geht für 7,50 € ins Kino. Kann sie sich noch eine Zeitschrift für 3,50 € leisten?
c) Nicole hat in ihrem Sparschwein 16,50 € und noch 8,80 € von ihrem Taschengeld. Von Oma bekommt sie 7,50 € geschenkt. Kann sie sich von dem Geld einen MP-3-Player für 36 € leisten?

12 Erfinde zu der vorgegebenen Rechnung eine Textaufgabe.
a) 16,00 − (4,50 + 2,95)
b) 248,00 − 150,00 − 30,00 − 25,00
c) 12,50 + 5,00 − 6,50 − 0,95

13 Leon möchte für seine Geburtstagsfeier einkaufen. Er hat dazu die Preise in zwei Geschäften miteinander verglichen.
a) Wie soll Leon einkaufen, wenn er möglichst wenig ausgeben will?
b) Wie viel Euro kann er sparen?

Gut und Günstig	
1 Kasten Mineralwasser	8,40 €
1 Kasten Cola	11,70 €
10 Flaschen Orangensaft	9,90 €
5 Tüten Chips	2,95 €
3 Dosen Erdnüsse	3,60 €
3 Tüten Weingummi	3,30 €
2 Tüten Schokoladenkekse	7,38 €
5 Girlanden	6,75 €

Kaufhaus Pott	
1 Kasten Mineralwasser	7,60 €
1 Kasten Cola	12,10 €
10 Flaschen Orangensaft	10,00 €
5 Tüten Chips	3,45 €
3 Dosen Erdnüsse	3,75 €
3 Tüten Weingummi	3,00 €
2 Tüten Schokoladenkekse	6,98 €
5 Girlanden	7,25 €

14 Lauras Schulweg beträgt 1200 m. Welche Strecke hat sie zurückgelegt, wenn sie in der Schule ankommt?

Mein Zeichenblock! Die Hälfte der Strecke habe ich schon zurückgelegt. Jetzt muss ich noch mal nach Hause.

Trinkwasserverteilung im Haushalt (Liter pro Kopf und Tag)

WC-Spülung 39 Liter

Baden/ Duschen/ Körperpflege 44 Liter

Garten/ Sonstiges 8 Liter

Wäsche 19 Liter

Geschirr spülen 8 Liter

Trinken/ Kochen 4 Liter

Putzen 5 Liter

15 a) Berechne den täglichen Verbrauch an Trinkwasser für eine Person.
b) Ein Schwimmbecken (15 m lang, 8 m breit und 1,5 m tief) fasst 180 000 l Trinkwasser. Kommt eine vierköpfige Familie damit ein Jahr aus?
c) Bestimme mithilfe der Wasseruhr den Wasserverbrauch bei dir zu Hause an drei verschiedenen Wochentagen.

16 In einer Stadt stehen sechs Häuser dicht nebeneinander. Das erste ist 14 m lang, das zweite 7 m länger, das dritte 2 m kürzer als das zweite, das vierte ist 19 m lang, das fünfte 4 m länger als das vierte und das sechste 34 m lang. Wie lang ist die Häuserreihe?

 Jedes Zeichen steht für eine bestimmte Zahl.

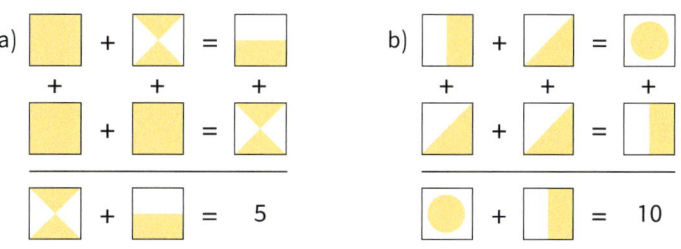

Grundwissen: Addieren und Subtrahieren

Addition

Summand		Summand		Summe
45	+	39	=	84

Subtraktion

Minuend		Subtrahend		Differenz
84	−	45	=	39

Auch 45 + 39 wird als Summe der Zahlen 45 und 39 bezeichnet.

Auch 84 − 45 wird als Differenz der Zahlen 84 und 45 bezeichnet.

Addition und Subtraktion sind Umkehrungen voneinander.

45 + 39 = 84

84 − 45 = 39
84 − 39 = 45

Die Klammer wird zuerst berechnet. Sind keine Klammern vorhanden, so rechnet man schrittweise von links nach rechts.

64 − (23 + 32) = 64 − 55 = 9
57 − (39 − 13) = 57 − 26 = 31

64 − 23 + 32 = 41 + 32 = 73
57 − 39 − 13 = 18 − 13 = 5

Bei der Addition darf man beliebig Klammern setzen. Das Ergebnis ändert sich dabei nicht.

Assoziativgesetz

(37 + 29) + 19 = 66 + 19 = 85
37 + (29 + 19) = 37 + 48 = 85

(37 + 29) + 19 = 37 + (29 + 19)

Für alle natürlichen Zahlen a, b, c gilt:

(a + b) + c = a + (b + c)

Bei der Addition darf man die Reihenfolge der Summanden beliebig vertauschen. Das Ergebnis verändert sich dabei nicht.

Kommutativgesetz

36 + 28 = 28 + 36

99 + 37 + 1 = 99 + 1 + 37

Für alle natürlichen Zahlen a, b gilt:

a + b = b + a

Bei der schriftlichen Addition und Subtraktion müssen die Zahlen stellengerecht untereinander geschrieben werden.

734 + 5604 + 88 = ▮

Überschlag: 700 + 5600 + 100 = 6400

```
   734
 +5604
 +  88
  1 1 1
 ─────
  6426
```

734 + 5604 + 88 = 6426

4065 − 1789 = ▮

Überschlag: 4100 − 1800 = 2300

```
  4065
 −1789
  1 1 1
 ─────
  2276
```

4065 − 1789 = 2276

Üben und Vertiefen

1 Lass die Schlange die Zahl 16 (38, 49) schlucken und notiere nur das Ergebnis.

2 Setze + und − richtig ein.
50 ▦ 130 ▦ 90 ▦ 10 = 100
85 ▦ 40 ▦ 25 ▦ 60 ▦ 30 = 100
63 ▦ 37 ▦ 24 ▦ 62 ▦ 12 = 100
85 ▦ 17 ▦ 23 ▦ 64 ▦ 39 = 100

3 Wahr oder falsch?
a) 34 − 8 < 50 − 25
   70 − 10 > 80 − 21
   62 − 9 = 70 − 17
   88 − 55 < 64 − 34

b) 60 − 31 < 52 − 20
   94 − 22 = 83 − 11
   48 − 16 > 73 − 41
   75 − 39 = 91 − 56

4 Rechne geschickt.
a) 98 + 54   102 + 89   197 + 56
   18 + 95   107 + 35   188 + 27
   28 + 96   99 + 112   195 + 98

b) 160 − 99   275 − 101   216 − 98
   167 − 98   287 − 103   345 − 199
   292 − 205   347 − 198   221 − 107

5 Bestimme die fehlende Zahl. Überprüfe dein Ergebnis durch eine Rechnung.
a) ▦ + 54 = 197   b) ▦ − 25 = 245
   ▦ − 34 = 73   170 + ▦ = 234
   71 + ▦ = 144   180 − ▦ = 132
   ▦ − 42 = 68   245 + ▦ = 377

6 Berechne.
a) 43 + (37 − 28)   b) 54 − 17 + 29
   (71 − 44) + 53   100 − (29 + 15)
   110 + 65 − 122   95 − (74 − 58)
   72 + (100 − 66)   67 − (85 − 53)
   117 − 89 + 22   119 − (89 + 21)

7 Mithilfe der Rechengesetze können Additionsaufgaben oftmals vereinfacht werden. Günstig ist es dabei, Zehner- oder Hunderterzahlen zu erhalten. Setze die Klammern so, dass du vorteilhaft rechnen kannst.
a) 38 + 62 + 25 + 48   b) 123 + 177 + 93 + 69
   60 + 47 + 53 + 70   39 + 64 + 111 + 89
   48 + 82 + 18 + 72   335 + 45 + 155 + 85
   48 + 49 + 51 + 84   231 + 469 + 127 + 88
   71 + 87 + 13 + 18   122 + 233 + 467 + 208

8 Rechne vorteilhaft. Vertausche dazu falls nötig die Zahlen und setze Klammern.
a) 56 + 76 + 44   b) 63 + 23 + 57 + 27
   22 + 77 + 78   88 + 32 + 12 + 68
   61 + 112 + 39   78 + 96 + 62 + 14
   83 + 33 + 67   99 + 88 + 12 + 11
   52 + 48 + 47   66 + 59 + 34 + 141

9 Setze nacheinander verschiedene Zahlen ein. Was fällt dir auf?

Die Aufgaben auf diesen drei Seiten kannst du in einer Arbeitsstunde bearbeiten.
Wähle zum Beispiel drei Aufgaben von Seite 43.
Wenn du diese erfolgreich bearbeitet hast, wähle zwei Aufgaben von Seite 44, dann eine von Seite 45.

10 a) Baue den Additionsturm fertig.

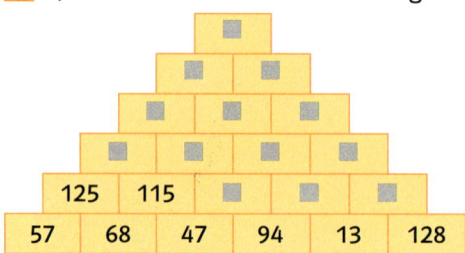

| 125 | 115 | | | | |
| 57 | 68 | 47 | 94 | 13 | 128 |

b) Hier musst du subtrahieren.

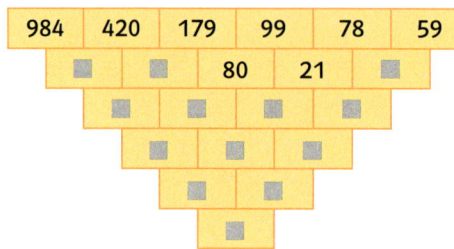

| 984 | 420 | 179 | 99 | 78 | 59 |
| | | 80 | 21 | | |

11 a) Addiere fünfhundertsiebenundzwanzig zu einhundertsechsundneunzig.
b) Subtrahiere zweitausendfünfhunderteinundsechzig von siebentausenddreihundertzwei.
c) Addiere vierzigtausendachthundertneunzehn und fünftausendsechshundertdreißig.

12 a) Addiere die größte zweistellige Zahl und die kleinste dreistellige Zahl.
b) Subtrahiere die größte vierstellige Zahl von der kleinsten sechsstelligen Zahl.
c) Subtrahiere vom Vorgänger der Zahl 1000 den Nachfolger der Zahl 888.

13 Berechne die fehlenden Zahlen.
a) 1478 + ■ = 2299
   ■ + 1188 = 2263
   ■ + 444 = 1305
   3649 + ■ = 5781

b) ■ − 2103 − 208 = 2308
   9959 − 126 − ■ = 7194
   4470 − ■ − 1175 = 2048
   ■ − 4251 − 155 = 576

L 4619 821 2639 1247 1075 861
2132 4982

14 Berechne wie im Beispiel.

```
  8 6 7 + 5 5 4 − 6 1 9 + 6 8
= 1 4 2 1 − 6 1 9 + 6 8
= 8 0 2 + 6 8
= 8 7 0
              8 6 7          1 4 2 1
          +   5 5 4      −     6 1 9
            1 1 1              1 1 1
            1 4 2 1            8 0 2
```

a) 927 + 336 − 510 + 48
672 + 281 − 864 − 47 + 136
1321 + 684 + 1776 − 94 − 1443
3729 + 582 − 634 + 433 − 1789
5145 + 38 − 799 − 3478 + 250

b) 467 + (520 − 270)
(731 − 372) − (158 + 83)
634 − 309 − (59 + 161)
(226 + 716) + (836 − 267)
(358 + 911) − (775 − 187)

L 105 118 178 717 801 1511
2244 2321 1156 681

15 Ergänze die fehlenden Ziffern.

a)
```
  3 2 ■ 6
+   ■ 5 ■
  ■ 0 2 3
```

b)
```
  5 8 ■ ■ 4
+ ■ 0 1 6 ■
  6 ■ 8 2 7
```

c)
```
  3 6 2 ■
+   7 ■ 5
  ■ ■ 3 2
```

d)
```
  ■ 8 7 ■ ■ 6
+ 2 ■ ■ 2 2 ■
  4 4 2 6 7 1
```

e)
```
  6 3 9 7 ■ 9
+ ■ 4 ■ 8 6 ■
  8 ■ 5 ■ 0 3
```

f)
```
  5 6 7 ■ ■
− ■ 2 ■ 9 5
  2 ■ 2 8 6
```

g)
```
  8 ■ 4
− ■ 3 1
  6 6 ■
```

h)
```
  7 ■ 7 2
− ■ 3 2 ■
  3 3 ■ 1
```

i)
```
  ■ 1 3
− 4 ■ 8
  2 1 ■
```

k)
```
  3 ■ 3 8
− ■ 8 7 ■
  1 3 ■ 3
```

In einer Familie sind Vater, Mutter und Tochter zusammen 120 Jahre alt. Der Vater ist viermal so alt wie die Tochter und eben so alt wie Mutter und Tochter zusammen. Wie alt ist jeder?

Addiere die Differenz der Zahlen 117 und 84 zur Summe der Zahlen 175 und 42.

$$(117 - 84) + (175 + 42)$$
$$= \quad 33 \quad + \quad 217$$
$$= \quad 250$$

16 a) Addiere zur Differenz der Zahlen 50 und 30 die Summe der Zahlen 25 und 75.
b) Subtrahiere von der Zahl 97 die Zahl 47 und die Summe der Zahlen 15 und 17.
c) Subtrahiere von der Summe der Zahlen 60 und 40 die Differenz dieser beiden Zahlen.
d) Addiere zur Summe der Zahlen 98 und 53 die Differenz der Zahlen 200 und 184.
e) Subtrahiere von der Differenz der Zahlen 100 und 53 die Differenz der Zahlen 150 und 134.

L 18   80   120   31   167

17 Schreibe zu den folgenden Aufgaben einen Text.
a) $40 + (60 - 20)$
b) $(50 + 30) - 25$
c) $98 - (62 - 15)$
d) $(88 + 20) + (45 - 30)$
e) $(101 - 71) + (35 + 58)$
f) $79 - 47 - (15 + 17)$
g) $(45 + 35) + (62 - 16) - (56 + 22)$
h) $(93 - 32) - (73 - 35) + 112$

18 Schreibe die Tabellen in dein Heft und fülle sie aus.

	x	$500 - x$	$2 \cdot x + 13$	$3 \cdot x - 68$
a)	75	425	273	157
b)				
c)			213	

	x	$4 \cdot x +$	$- x$	$5 \cdot x -$
d)	25	168		
e)			30	
f)				318

19 Löse die Aufgaben mit selbstgewählten Zahlen. Wie verändert sich die Differenz, wenn
a) der Subtrahend um 4 verkleinert wird?
b) der Minuend um 4 verkleinert wird?
c) der Minuend um 7 vergrößert wird?
d) der Subtrahend um 7 vergrößert wird?
e) der Subtrahend um 18 vergrößert wird?
f) der Minuend um 32 verkleinert wird?
g) der Minuend um 16 vergrößert wird?

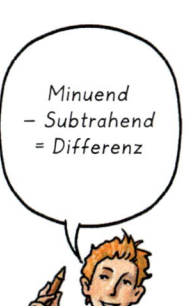

Minuend
− Subtrahend
= Differenz

20 Baue den Additionsturm so weiter, dass die Zahl in der Spitze gleich der aktuellen Jahreszahl ist.

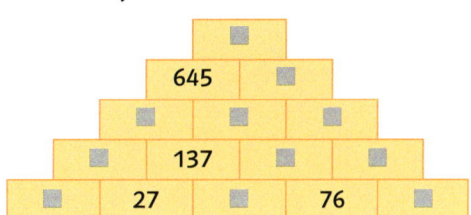

21 a) Bestimme die magische Zahl des Zauberquadrates.

2	16	15	5
13	7	8	10
9	11	12	6
14	4	3	17

b) Addiere zu jeder Zahl des Zauberquadrates die Zahl 4. Ist das neue Quadrat ebenfalls ein Zauberquadrat? Begründe deine Behauptung.
c) Kannst du noch andere Regeln angeben, wie man aus bestehenden Zauberquadraten neue Zauberquadrate macht?
d) Wie wirken sich diese Regeln auf die magische Zahl aus?

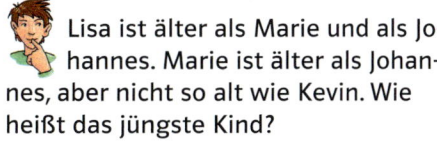 Lisa ist älter als Marie und als Johannes. Marie ist älter als Johannes, aber nicht so alt wie Kevin. Wie heißt das jüngste Kind?

45

Vernetzen: In der Zoohandlung

1 Laura und Jonas haben jeweils einen 30-Euro-Gutschein bekommen.
a) Laura wünscht sich schon lange ein Meerschweinchen. Ein Käfig ist vorhanden. Am liebsten würde sie ein Weibchen, ein Männchen und die angebotene Ausstattung kaufen. Wie viel Euro müsste sie dafür ausgeben?

Weibchen					1	5,	0	0	€
Männchen			+		1	3,	0	0	€
Streu			+			1,	9	5	€
Fressnapf			+			3,			

b) Laura entscheidet sich nur für das Weibchen (Männchen). Reicht das Geld, wenn sie auch das gesamte Zubehör kauft?
c) Berate in deiner Tischgruppe. Was würdest du auswählen?

2 a) Jonas besitzt ein 60-Liter-Aquarium mit Grundausstattung (Beleuchtung, Heizung, Pumpe und Thermometer). Er möchte gerne Grundfutter und folgende Fische kaufen: zehn Neonsalmler, zehn Zebrabärblinge, ein Guppy-Männchen, ein Guppy-Weibchen und einen Wels. Wie viel Euro müsste er dafür bezahlen?

b) Frau Müller empfiehlt ihm, noch mehr Guppies zu nehmen. Jonas nimmt noch zwei Guppies. Kommt er jetzt mit 30 € aus?
c) Berate in deiner Tischgruppe. Überlege, was du kaufen würdest. Beachte, dass du mit höchstens 25 Fischen anfangen solltest.

Hinweise zur Gruppenarbeit findest du auf Seite 81.

Goldhamster	7,50 €		Zwergkaninchen	16,50 €
Buch über artgerechte			Buch über artgerechte	
Haltung	9,95 €		Haltung	9,95 €
Hamsterkäfig	59,90 €		Kaninchenheim	39,90 €
Hamsterkletterburg	4,29 €		Schlafhäuschen	9,99 €
Laufrad	13,90 €		Fressnapf	3,29 €
Fressnapf	3,29 €		Kaninchentränke	4,50 €
Tränke	2,99 €		Transportbox	16,90 €
Transportbox	5,69 €		Rabbit Kaninchenfutter	
Hamsterschmaus (1 kg)	3,80 €		(3 kg)	7,50 €
Streu (6 l)	4,99 €		Strohstreu (60 l)	14,99 €
Nagerstein	1,29 €		Nagerstein	1,39 €
			Knabberhölzer	2,00 €

3 Nadine möchte gern einen Goldhamster als Haustier haben, Wanja ein Zwergkaninchen.
In der Zoohandlung haben sie sich jeweils nach den Anschaffungskosten für die Tiere und das mögliche Zubehör erkundigt. Sie dürfen jeweils 90 € für ihr neues Haustier ausgeben. Können sie damit alle notwendigen Anschaffungen machen? Überlegt in eurer Tischgruppe, was ihr kaufen würdet.

4 Wanja hat in einem Buch Informationen zur Haltung von Zwergkaninchen gefunden.
Benutzt die Informationen aus dem Buch, um ein Plakat anzufertigen. Das Plakat soll über die Kosten bei der Anschaffung eines Zwergkaninchens und die wichtigsten Regeln für eine artgerechte Haltung informieren.
Beachtet für die Herstellung des Plakats die Hinweise auf der nächsten Seite.

Zwergkaninchen sind gesellige Tiere. Sie werden im Durchschnitt acht bis zehn Jahre alt. Sie sollten nicht einzeln gehalten werden. Jungtiere, die gemeinsam aufgewachsen sind, verstehen sich am besten. Zwergkaninchen sind sehr bewegungsfreudig und benötigen täglich Auslauf. Dies ist nicht unproblematisch, weil vor den nageaktiven Tieren kaum ein Stromkabel sicher ist. Grundsätzlich ist eine artgerechte Haltung von Zwergkaninchen in der Wohnung nur eingeschränkt möglich, denn ein Grundbedürfnis der Kaninchen ist es, Gänge und Höhlen zu graben, was sie dort nicht können.
Auch Zwergkaninchen sind für Kinder nur bedingt geeignet, denn wie die Meerschweinchen können sie sich nicht wehren, wenn man mit ihnen nicht sorgfältig und verantwortungsbewusst umgeht.

5 Fertigt Plakate über die Kosten bei der Anschaffung eines anderen Haustieres und die wichtigsten Regeln für seine artgerechte Haltung an. Informationen dazu gibt es z. B. in der Tierhandlung, in Büchern und im Internet.

Hinweise für die Erstellung eines Plakates

1. Unterteile das Thema in verschiedene Teilgebiete.
2. Wähle eine klare Überschrift und gliedere das Plakat übersichtlich.
3. Triff eine Auswahl, damit das Plakat nicht überladen wirkt.
4. Die Schriftgröße muss groß genug sein, um das Plakat auch aus größerem Abstand lesen zu können.
5. Bei der Schriftfarbe sollte man rot, gelb und orange nur sparsam verwenden.

Der Goldhamster als Haustier

Artgerechte und abwechslungsreiche Haltung:

Hamster wollen sich putzen, fressen, klettern, laufen und dazwischen immer mal wieder ein Nickerchen einlegen.
Sie sollten nicht ununterbrochen herumgetragen und gestreichelt werden.
Unnötiges Wecken während der Schlafzeiten fördert die Aggressivität und verringert die Lebenserwartung.
Hamster sind Einzelgänger.

Anschaffungskosten:

Goldhamster	7,50 €
Buch über artgerechte Haltung	9,95 €
Hamsterkäfig	59,90 €
Hamsterkletterburg	4,29 €
Laufrad	13,90 €
Fressnapf	3,29 €
Tränke	2,99 €
Transportbox	5,69 €
Hamsterschmaus (1 kg)	3,80 €
Streu (6 l)	4,99 €
Nagerstein	1,29 €
Knabberhölzer	2,00 €

Monatliche Kosten:

Für Futter und Nistmaterial sollten pro Monat 20 € gerechnet werden. Ein Besuch beim Tierarzt erhöht die Kosten deutlich.

Tipp: Hamsterkletterburgen und -häuschen lassen sich auch leicht selber bauen.

Routenplaner	
Autobahndreieck	58 min
Pankow	45,9 km
Rostock	2 h 12 min
Überseehafen	234,4 km
Gedser	3 h 24 min
(Dänemark)	283,2 km
Malmö	5 h 13 min
Schweden	460,6 km
Hörby	5 h 58 min
	522 km

1 Familie Dietrich aus Berlin hat für den Urlaub ein Ferienhaus in Schweden gemietet. Die Fahrstrecke beträgt 522 km. Von Rostock aus wollen sie die Fähre nach Gedser nehmen. Die Fährstrecke ist 48,8 km lang.

Leermasse (kg) 1680
Zul. Gesamtmasse (kg) 2160

Herr Dietrich wiegt 85 kg, seine Frau 68 kg. Der Sohn Tobias wiegt 35 kg, die Tochter Nadine 51 kg. Der Kilometerstand zu Beginn der Fahrt beträgt 25 675 km.

Überlege dir aus den Informationen, die hier gegeben werden, eine Aufgabe. Notiere zunächst für dich eine Lösung. Stelle deine Aufgabe einem Partner und bearbeite selbst die Aufgabe deines Partners.

2 Familie Vogt aus Leipzig möchte am Gardasee in Italien Urlaub machen.

Frau Vogt hat die Fahrstrecke notiert.

Leipzig – Hof – Bayreuth – Ingolstadt – München – Innsbruck – Bozen – Garda

a) Bestimme mit deinem Partner die Längen der Fahrstrecke und der einzelnen Etappen. Gibt es noch eine andere Route?
b) Formuliert zu den gefundenen Informationen eine Aufgabe und notiert dazu eine Lösung. Stellt die Aufgabe einem benachbarten Team und bearbeitet selbst deren Aufgabe.

Lernkontrolle 1

1
a) 41 + 42 + 9
b) 200 − 17 − 98 − 31
c) 49 + 48 + 88
d) 172 − 108 − 35

2
a) 72 − (16 + 8)
b) (78 − 29) − (34 − 12)
c) 48 − (79 − 51)
d) 1000 − (25 + 47 + 43)

3
a) 402 + ■ = 518
b) ■ + 192 = 281
c) 666 + ■ = 1234
d) ■ − 565 = 2234

4 Benutze zur Lösung der folgenden Aufgaben das Assoziativ- und das Kommutativgesetz.
a) 69 + 137 + 31 + 23
b) 198 + 76 + 24 + 102
c) 238 + 147 + 132 + 323
d) 915 + 138 + 85 + 677

5
a) Addiere 54 zu der Summe von 34 und 45.
b) Subtrahiere 31 von der Differenz aus 444 und 43.
c) Addiere die Summe aus 45 und 81 zu der Differenz aus 200 und 65.
d) Subtrahiere die Summe aus 21 und 83 von der Summe aus 76 und 38.

6 Eine Kassiererin hat 247 € in ihrer Kasse. Im Laufe des Tages nimmt sie 134 €, 1359 €, 68 € und 1056 € ein. Wie viel Euro hat sie jetzt in der Kasse?

7 Ein Supermarkt bietet 5000 Tafeln Schokolade im Sonderangebot an. Davon werden von Montag bis Samstag täglich verkauft: 1317 Tafeln, 1005 Tafeln, 876 Tafeln, 519 Tafeln, 376 Tafeln, 624 Tafeln. Wie viele Tafeln bleiben am Ende der Woche übrig?

8 Herr Dengel transportiert mit seinem Pkw-Anhänger Bauschutt zur Abfallentsorgung. Die Kosten für den entsorgten Bauschutt sind vom Gewicht abhängig. Herr Dengel fährt viermal und liefert 785 kg, 917 kg, 884 kg und 679 kg ab. Wie viel Kilogramm werden ihm insgesamt berechnet?

9 Von einer 5-m-Kabelrolle werden Stücke von 75 cm, 110 cm, 34 cm und 220 cm abgeschnitten. Wie viel Zentimeter bleiben übrig?

10 Ein Parkhaus hat 1352 Plätze. Während der Nacht waren 25 Autos eingestellt. Im Laufe des Vormittags fahren 1579 Autos hinein und 428 heraus. Wie viele Plätze sind noch frei?

Wiederholung

1 Wandle in die Einheit um, die in Klammern steht.
a) 6 cm (mm)   b) 70 mm (cm)
   80 cm (mm)   190 mm (cm)

c) 60 cm (mm)   d) 5 m (cm)
   450 cm (mm)   21 m (cm)

2 a) 600 cm (m)   b) 54 000 m (km)
   1200 cm (m)   112 000 m (km)

c) 400 mm (cm)   d) 5 km (m)
   1000 mm (cm)   23 km (m)

e) 56 000 mm (m) f) 500 000 cm (km)
   135 000 mm (m)   19 km (m)

3 Wandle in die kleinste vorkommende Einheit um.
a) 6 m 8 cm   b) 12 m 6 mm
   7 m 42 cm   15 m 25 mm

c) 2 km 24 m   d) 11 m 45 cm
   12 m 56 mm   13 m 7 mm

e) 11 m 7 cm 3 mm f) 7 km 23 m 6 cm
   21 m 15 cm 9 mm   19 m 6 cm 7 mm

4 Berechne.
a) 6 m + 250 cm   b) 4 m + 130 mm
   1 m + 56 mm   123 cm + 18 mm

c) 4 km + 1500 m d) 11 m + 235 cm
   13 m + 1450 cm   12 m + 45 cm

Lernkontrolle 2

1 a) 357 980 + 6278 + 938 649
b) 400 555 678 − 8675 + 986 475 − 748
c) 6 432 840 − 71 064 − 509 867
d) 3 167 524 − 56 872 + 8135 − 600 360

2 a) 16 481 − (3648 + 7119)
b) 38 450 − (46 512 − 9107)
c) 24 646 − (5826 − 2057) + 110
d) 365 008 − (8247 + 3812) − 85

3 Benutze zur Lösung der folgenden Aufgaben das Assoziativ- und das Kommutativgesetz.
a) 156 + 336 + 664 + 348
b) 1011 + 592 + 389 + 8
c) 1709 + 219 + 291 + 781
d) 1396 + 911 + 289 + 604

4 Bestimme die fehlenden Ziffern.

a)
```
  ■ 2 ■ 8 6 ■
+ 2 5 4 ■ ■ 2
  3 ■ 9 2 0 1
```

b)
```
  ■ 5 8 ■ 7
+ 5 ■ 8 7 ■
  8 2 ■ 7 4
```

c)
```
  ■ 5 6 ■ 8 6
− 3 6 ■ 7 4 ■
  3 ■ 8 1 ■ 1
```

d)
```
  ■ 1 2 2 ■ 1
−   ■ 9 ■ 5 ■
  2 ■ 5 6 5
```

5 Frau Herbst ist dreimal so alt wie ihre Tochter Kerstin, die vier Jahre jünger ist als ihr Bruder Christian. Christian ist 35 Jahre jünger als der 53 Jahre alte Herr Herbst. Wie alt sind alle zusammen?

6 a) Vervollständige den Additionsturm in deinem Heft.
b) Du kannst 999 nicht durch jede beliebige Zahl ersetzen. Kannst du die kleinste Zahl nennen?

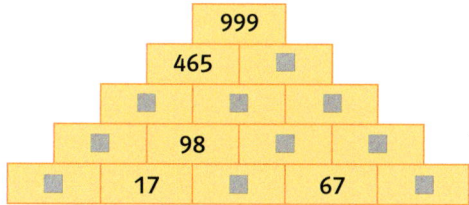

7 Bauer Harms bringt mit seinem Trecker und zwei baugleichen Anhängern Zuckerrüben zur Zuckerfabrik. Der erste Anhänger wiegt beladen 7850 kg und leer 2500 kg. Der andere Anhänger steht gerade auf der Waage. Für 100 kg Zuckerrüben erhält Bauer Harms 3,60 €.

8 Die Summe dreier Zahlen beträgt 2528. Die erste Zahl heißt 949, die zweite ist um 321 kleiner als die dritte Zahl.

---

1 Wandle in die Einheit um, die in Klammern steht.
a) 48 mm (cm)   b) 706 cm (m)
6 mm (cm)   12 cm (m)

c) 90 cm (m)   d) 4890 m (km)
170 cm (m)   754 m (km)

2
a) 4,876 km (m)   b) 3,9 m (cm)
0,809 km (m)   12,1 m (cm)

c) 7,8 cm (mm)   d) 3,14 m (cm)
0,8 cm (mm)   1,07 m (cm)

3 Gib in Metern an.
a) 2 m 36 cm   b) 6 m 15 cm 6 mm
13 m 17 cm 3 mm   7 m 1 cm 8 mm

c) 8 m 12 cm 3 mm   d) 2 m 23 cm 8 mm
18 m 56 mm   13 m 35 mm

4
Wandle in die größte vorkommende Einheit um.
a) 4 km 56 m   b) 56 cm 1 mm
1 km 200 m 20 cm   23 m 79 mm

c) 9 m 12 cm 8 mm   d) 12 km 29 m 2 cm
7 m 1 cm 8 mm   3 km 16 m 3 mm

Vor 900 Jahren lebten in Arabien, Indien und China besonders fähige Mathematiker. Diese Wissenschaftler lösten nicht nur schwierige mathematische Probleme, sondern entwickelten auch Verfahren, durch die das Rechnen einfacher und schneller wurde.

3 Multiplizieren und Dividieren

Wahrscheinlich aus Indien stammt die Idee, die Multiplikation von zwei Zahlen mithilfe eines Gitters durchzuführen. Die Beispiele zeigen, wie die Mathematiker vor 900 Jahren Multiplikationsaufgaben lösten.

54 · 261 =

54 · 261 = 14094

27 · 65 =

27 · 65 = 1755

Multiplikation mit Gittern

1 Löse die Multiplikationsaufgabe mithilfe des Gitters.

a) 52 · 34 = 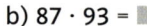   b) 87 · 93 = ▨

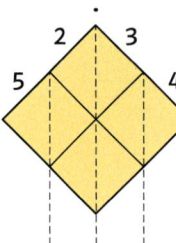

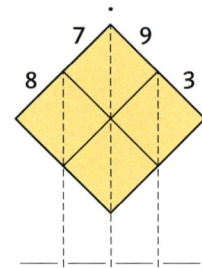

c) 47 · 88 = ▨   d) 92 · 56 = ▨

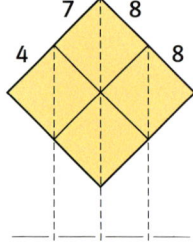

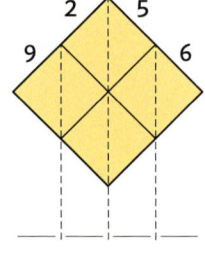

e) 42 · 357 = ▨

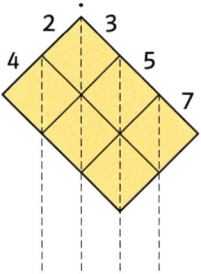

f) 579 · 427 = ▨

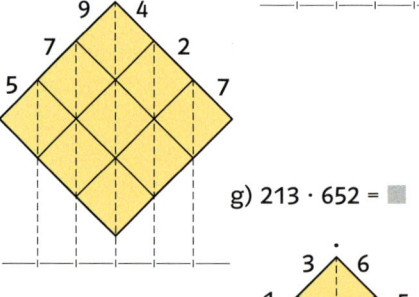

g) 213 · 652 = ▨

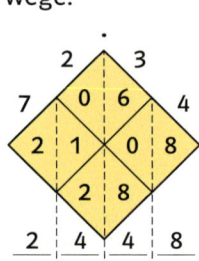

2 Bei der Multiplikation 684 · 493 wurden zwei Fehler gemacht. Schreibe das Gitter richtig in dein Heft.

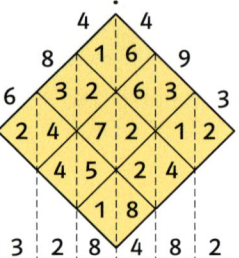

3 Welche Zahlen wurden hier multipliziert? Vervollständige jeweils die Gitter.

a) ▨ ▨ · 81 = 3645   b) ▨ ▨ · 43 = 2193

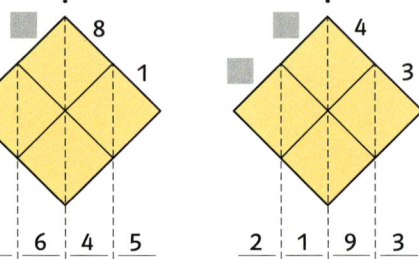

c) ▨ ▨ · 93 = 6789   d) ▨ ▨ · 37 = 1258

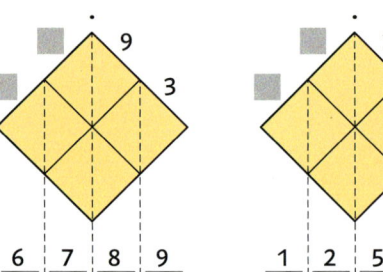

4 Im Beispiel wird die Multiplikationsaufgabe 72 · 34 auf zwei verschiedene Arten durchgeführt: mithilfe des Gitters und so, wie du es aus der Grundschule kennst. Vergleiche die beiden Lösungswege.

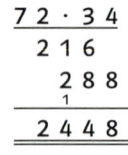

```
7 2 · 3 4
  2 1 6
    2 8 8
      1
─────────
  2 4 4 8
```

Produkt und Quotient

1 Am Wandertag besuchen die Klassen 5a und 5b das Ozeaneum in Stralsund.
a) Die Klasse 5a besteht aus 15 Schülerinnen und 11 Schülern. Wie viel Euro kostet der Eintritt?
b) Der Klassenlehrer der 5b bezahlt für den Eintritt 168 €. Wie viele Schülerinnen und Schüler sind in der Klasse?

8 € Eintritt

Faktor	Faktor	Produkt
25	· 8	= 200

Auch **25 · 8** wird als **Produkt** der Zahlen 25 und 8 bezeichnet.

2 a) Multipliziere 12 und 6.
b) Bestimme das Produkt aus 40 und 5.
c) Die beiden Faktoren sind 18 und 3. Berechne das Produkt.
d) Bestimme das Doppelte (Achtfache, Zehnfache) von 12.

3 a) Die drei Faktoren sind 11, 3 und 10. Berechne das Produkt.
b) Gib das Produkt aus 2, 7, 5 und 10 an.
c) Alle drei Faktoren eines Produkts sind gleich 5. Bestimme das Produkt.

4 a) Gib zwei Faktoren an, deren Produkt 15 (20, 23, 60) ist.
b) Gib drei Faktoren an, deren Produkt 24 (30, 40, 100) ist.

5 a) Ein Faktor ist 15, das Produkt ist 165. Wie lautet der zweite Faktor?
b) Ein Produkt aus drei Faktoren hat den Wert 135. Der erste Faktor ist 3, der zweite ist 9. Bestimme den dritten Faktor.
c) Ein Produkt aus zwei gleichen Faktoren ist 25 (64, 121). Bestimme die Faktoren.

Dividend	Divisor	Quotient
120	: 5	= 24

Auch **120 : 5** wird als **Quotient** der Zahlen 120 und 5 bezeichnet.

6 a) Dividiere 200 durch 50 (40, 20, 10, 5, 25, 4, 2).
b) Dividiere 80 (36, 48, 100, 120, 1000, 500, 280) durch 4.

7 a) Bestimme den Quotienten aus 48 und 8 (12, 2, 16).
b) Bestimme den Quotienten aus 20 (50, 100, 1000) und 5.

8 Der Quotient von zwei Zahlen ist 5 (10, 13). Wie groß ist der Dividend, wie groß der Divisor? Gib vier unterschiedliche Möglichkeiten an.

9 Ergänze die fehlenden Angaben.

	a)	b)	c)	d)	e)
Faktor	45	37	■	■	110
Faktor	12	■	11	15	20
Produkt	■	111	132	120	■

	a)	b)	c)	d)	e)
Dividend	72	120	■	168	176
Divisor	12	■	25	14	■
Quotient	■	24	11	■	16

L 3 5 6 8 11 12 16 275 540 2200

10 a) Addiere zum Quotienten aus 108 und 12 die Zahl 98.
b) Dividiere das Produkt aus 15 und 8 durch 12.
c) Multipliziere 50 mit dem Quotienten aus 100 und 5.

11 Wie heißt die Zahl?
a) Dividiere ich die Zahl durch 9, so erhalte ich 9 (7, 8, 11, 20).
b) Multipliziere ich die Zahl mit 7, so erhalte ich 56 (77, 280, 350, 4200).
c) Multipliziere ich die Zahl mit sich selbst, so erhalte ich 49 (81, 100, 121).

Multiplikation und Division

D = 10

E = 84

I = 17

U = 16

H = 51

A = 60

L = 25

T = 5

N = 70

G = 72

R = 15

S = 39

1 Berechne im Kopf. Bei richtiger Lösung erhältst du jeweils ein Lösungswort.

a) 13 · 3
60 : 12
15 · 4
45 : 3

b) 51 : 3
18 · 4
7 · 12
125 : 5

c) 17 · 3
80 : 5
5 · 14
130 : 13

2 Berechne das Produkt im Kopf.

4 · 8 = 32
also 4 · 80 = 320
und 40 · 80 = 3200

a) 8 · 70
5 · 40
9 · 30

b) 6 · 800
9 · 300
7 · 600

c) 60 · 400
400 · 30
30 · 800

d) 900 · 60
700 · 80
600 · 40

e) 80 · 9000
70 · 700
50 · 110

f) 2100 · 40
320 · 300
900 · 600

3 Berechne den Quotienten im Kopf.

a) 560 : 7
5400 : 6
6300 : 9

b) 360 : 4
750 : 5
4200 : 6

c) 6000 : 50
6000 : 300
3900 : 30

d) 45 000 : 9000
45 000 : 500
54 000 : 600

e) 120 000 : 12 000
220 000 : 11 000
720 000 : 24 000

4 Setze passende Aufgaben zusammen.

a)

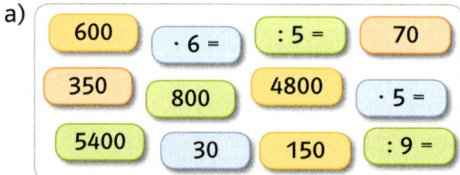

600	· 6 =	: 5 =	70
350	800	4800	· 5 =
5400	30	150	: 9 =

b)

24 000	300	· 80 =	21 000
480	3000	: 70 =	· 70 =
6	: 8 =	6000	420 000

c)

3600	· 50 =	: 50 =	600
700	· 60 =	500	42 000
35 000	: 70 =	60	25 000

5 Multipliziere mit 10 (mit 100, mit 1000):   41   89   107   987   4300

6 Dividiere durch 10 (durch 100):
700   3400   44 900   710 000   4 500 000

7 Erkläre, wie du den Platzhalter bestimmen kannst.

a) 6 · ▦ = 54
▦ : 7 = 4

b) ▦ · 11 = 88
▦ : 12 = 6

c) ▦ : 13 = 52
▦ · 4 = 48

d) ▦ : 25 = 8
20 · ▦ = 900

Multiplikation und Division sind Umkehrungen voneinander.

3 · 9 = 27

27 : 9 = 3
27 : 3 = 9

---

8 a) Gib zu jeder Divisionsaufgabe die entsprechende Multiplikationsaufgabe an.

24 : 8   60 : 15   120 : 24

b) Gib zu jeder Multiplikationsaufgabe die entsprechende Divisionsaufgabe an. Es gibt immer zwei Möglichkeiten.

5 · 7   3 · 12   15 · 11

9 Berechne. Was stellst du fest?

a) 12 · 1
1 · 52
23 · 1

b) 0 · 14
0 · 11
9 · 0

c) 8 : 1
13 : 1
19 : 1

d) 0 : 6
0 : 17
0 : 25

10 a) Bestimme jeweils den Platzhalter.

6 : 2 = ▦, denn ▦ · 2 = 6

14 : 7 = ▦, denn ▦ · 7 = 14

b) Überlege, welche Zahl den Platzhalter ersetzen kann.

6 : 0 = ▦, denn ▦ · 0 = 6

0 : 0 = ▦, denn ▦ · 0 = 0

Durch 0 kann nicht dividiert werden.

Verbindung der Grundrechenarten

1 Nele und Laura haben dieselbe Aufgabe an der Tafel gerechnet.

Beschreibe beide Rechenwege. Warum sind die Lösungen verschieden? Wer von beiden hat richtig gerechnet?

2 Beschreibe den richtigen Rechenweg und gib die Lösung an.
a) $10 + 7 \cdot 8$ b) $5 \cdot 11 + 20$
c) $30 - 8 \cdot 3$ d) $6 \cdot 15 - 50$

3 Vergleiche die beiden Aufgaben. Beschreibe jeweils den Rechenweg und gib die Lösung an.
a) $(11 + 5) \cdot 4$ und $11 + 5 \cdot 4$
b) $8 \cdot (7 + 13)$ und $8 \cdot 7 + 13$
c) $(20 - 6) \cdot 3$ und $20 - 6 \cdot 3$

> Enthält eine Aufgabe Punkt- und Strichrechnung, dann gilt:
> Punktrechnung (**·** und **:**) geht vor Strichrechnung (**+** und **–**).
>
> $$34 - 7 \cdot 3 = 34 - 21$$
> $$= 13$$
>
> Enthält eine Aufgabe Klammern, dann gilt:
> Die Klammer wird zuerst berechnet.
>
> $$(15 + 7) \cdot 4 = 22 \cdot 4$$
> $$= 88$$

4 Berechne.
a) $80 : (12 + 8)$ b) $5 \cdot 7 + 29$
   $75 : (38 - 23)$ $6 \cdot (93 - 68)$
   $12 + 96 : 16$ $(19 + 16) \cdot 4$

c) $32 + 60 : 3$ d) $3 \cdot (21 + 19)$
   $56 : (45 - 17)$ $4 \cdot (46 - 5)$
   $84 : 7 - 11$ $12 \cdot (20 - 9)$

5 Berechne.
a) $(24 + 11) \cdot 3$ b) $96 : 8 + 26$
   $100 - 7 \cdot 13$ $96 - 80 : 16$
   $90 : (15 - 6)$ $88 + 12 \cdot 2$

c) $51 - 51 : 17$ d) $7 \cdot 11 + 23$
   $51 : 17 - 3$ $11 + 23 \cdot 7$
   $(51 - 51) : 17$ $7 \cdot (11 + 23)$

L (4 und 5) 0 0 1 2 4 5 9 10 18 38 48 52 64 91 100 105 112 120 132 140 150 164 172 238

6 Dominik hat drei Fehler gemacht. Überprüfe seine Rechnungen und schreibe sie richtig in dein Heft.

$$45 - 10 \cdot 4$$
$$= 35 \cdot 4$$
$$= 140$$

$$37 + 7 \cdot 6$$
$$= 37 + 42$$
$$= 79$$

$$5 \cdot (14 + 6)$$
$$= 70 + 6$$
$$= 76$$

$$23 - 9 : 3$$
$$= 12 : 3$$
$$= 4$$

7 Bei einigen Aufgaben hat Sara vergessen Klammern zu setzen. Schreibe die Aufgaben richtig ins Heft.

$$5 \cdot 19 - 12 = 35$$
$$168 - 120 : 24 = 2$$
$$188 + 12 \cdot 2 = 212$$
$$100 : 20 + 5 = 4$$
$$7 \cdot 16 - 11 \cdot 9 = 13$$
$$3 \cdot 15 - 11 \cdot 2 = 24$$

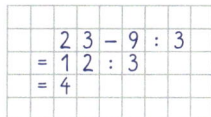**8** Schreibe den Rechenweg auf und bestimme die Lösung.
a) Addiere 22 und 18 und multipliziere das Ergebnis mit 6.
b) Dividiere 150 durch 6 und subtrahiere 12.
c) Multipliziere die Differenz von 26 und 18 mit 15.
d) Subtrahiere von 100 das Produkt aus 15 und 6.

Rechengesetze

Wie viele Steine sind das?

1 Lina rechnet:

$(5 \cdot 8) \cdot 7$
$= 40 \cdot 7$
$= 280$

Jonas rechnet:

$5 \cdot (8 \cdot 7)$
$= 5 \cdot 56$
$= 280$

Findest du weitere Lösungswege?

Assoziativgesetz

Bei der Multiplikation dürfen die Faktoren beliebig zusammengefasst werden. Dabei ändert sich das Ergebnis nicht.

$(9 \cdot 5) \cdot 4 = 9 \cdot (5 \cdot 4)$
$45 \cdot 4 = 9 \cdot 20$
$180 = 180$
$(a \cdot b) \cdot c = a \cdot (b \cdot c)$

Kommutativgesetz

Bei der Multiplikation darf die Reihenfolge der Faktoren beliebig vertauscht werden. Dabei ändert sich das Ergebnis nicht.

$7 \cdot 9 = 9 \cdot 7$
$63 = 63$
$a \cdot b = b \cdot a$

---

2 Vergleiche die beiden Rechenwege. Welchen Weg würdest du wählen? Begründe deine Entscheidung.

a)

$17 \cdot 20 \cdot 5$	$17 \cdot 20 \cdot 5$
$= (17 \cdot 20) \cdot 5$	$= 17 \cdot (20 \cdot 5)$
$= 340 \cdot 5$	$= 17 \cdot 100$
$= 1700$	$= 1700$

b)

$5 \cdot 23 \cdot 2$	$5 \cdot 23 \cdot 2$
$= (5 \cdot 23) \cdot 2$	$= 5 \cdot 2 \cdot 23$
$= 115 \cdot 2$	$= (5 \cdot 2) \cdot 23$
$= 230$	$= 10 \cdot 23$
	$= 230$

3 Bestimme das Ergebnis im Kopf. Verwende dabei die Rechengesetze der Multiplikation.

$57 \cdot 50 \cdot 2 = 57 \cdot (50 \cdot 2) = 57 \cdot 100 = 5700$

$20 \cdot 43 \cdot 5 = 20 \cdot 5 \cdot 43 = 100 \cdot 43 = 4300$

a) $29 \cdot 50 \cdot 2$
$131 \cdot 5 \cdot 2$
$13 \cdot 2 \cdot 50$

b) $41 \cdot 50 \cdot 20$
$200 \cdot 31 \cdot 5$
$500 \cdot 23 \cdot 2$

c) $2 \cdot 31 \cdot 50$
$5 \cdot 21 \cdot 20$
$4 \cdot 27 \cdot 25$

d) $17 \cdot 25 \cdot 4$
$250 \cdot 11 \cdot 4$
$20 \cdot 50 \cdot 43$

e) $4 \cdot 19 \cdot 5$
$40 \cdot 14 \cdot 5$
$50 \cdot 13 \cdot 40$

f) $6 \cdot 11 \cdot 5$
$8 \cdot 33 \cdot 25$
$50 \cdot 18 \cdot 4$

g) $11 \cdot 50 \cdot 2 \cdot 3$
$2 \cdot 47 \cdot 2 \cdot 25$
$20 \cdot 12 \cdot 5 \cdot 4$

h) $40 \cdot 50 \cdot 25 \cdot 2$
$2 \cdot 25 \cdot 71 \cdot 20$
$5 \cdot 4 \cdot 43 \cdot 5$

4 Rechne vorteilhaft wie im Beispiel.

$28 \cdot 25$
$= (7 \cdot 4) \cdot 25$
$= 7 \cdot (4 \cdot 25)$
$= 7 \cdot 100$
$= 700$

a) $24 \cdot 25$
$34 \cdot 50$
$42 \cdot 500$

b) $25 \cdot 36$
$250 \cdot 44$
$50 \cdot 62$

c) $250 \cdot 36$
$25 \cdot 88$
$16 \cdot 125$

d) $32 \cdot 50 \cdot 25$
$48 \cdot 250 \cdot 5$
$72 \cdot 25 \cdot 5$

Rechengesetze

| 1,20 € | 0,80 € | 1,80 € |

5 a) Jenny und Robert kaufen drei Flaschen Orangensaft und drei Flaschen Multivitaminsaft. Wie viel Euro müssen sie bezahlen?

Jenny rechnet:
$3 \cdot 1,20 € + 3 \cdot 1,80 € = \blacksquare €$
Robert rechnet:
$(1,20 € + 1,80 €) \cdot 3 = \blacksquare$
Vergleiche beide Rechenwege.

b) Sarah kauft vier Flaschen Apfelsaft und vier Flaschen Orangensaft. Berechne den Preis auf zwei Wegen.

Distributivgesetz

$(5 + 6) \cdot 7 = 5 \cdot 7 + 6 \cdot 7$
$11 \cdot 7 = 35 + 42$
$77 = 77$

$(a + b) \cdot c = a \cdot c + b \cdot c$

$(17 - 9) \cdot 5 = 17 \cdot 5 - 9 \cdot 5$
$8 \cdot 5 = 85 - 45$
$40 = 40$

$(a - b) \cdot c = a \cdot c - b \cdot c$

---

6 Berechne im Kopf.

a) $13 \cdot 96 + 13 \cdot 4$
$24 \cdot 7 + 24 \cdot 3$
$58 \cdot 8 + 58 \cdot 2$
$74 \cdot 3 + 74 \cdot 97$

b) $37 \cdot 56 - 36 \cdot 56$
$14 \cdot 28 - 4 \cdot 28$
$112 \cdot 77 - 12 \cdot 77$
$204 \cdot 15 - 4 \cdot 15$

7 Vergleiche die beiden Rechenwege. Welcher Weg ist einfacher? Begründe deine Entscheidung.

a)

$98 \cdot 6 + 2 \cdot 6$	$98 \cdot 6 + 2 \cdot 6$
$= 588 + 12$	$= (98 + 2) \cdot 6$
$= 600$	$= 100 \cdot 6$
	$= 600$

b)

$57 \cdot 24 - 57 \cdot 14$	$57 \cdot 24 - 57 \cdot 14$
$= 1368 - 798$	$= 57 \cdot (24 - 14)$
$= 570$	$= 57 \cdot 10$
	$= 570$

8 Berechne im Kopf.

a) $89 \cdot 77 + 89 \cdot 23$
$38 \cdot 29 - 28 \cdot 29$
$97 \cdot 65 + 3 \cdot 65$
$38 \cdot 109 - 9 \cdot 38$

b) $109 \cdot 51 - 9 \cdot 51$
$9 \cdot 78 + 91 \cdot 78$
$132 \cdot 17 - 32 \cdot 17$
$88 \cdot 17 + 17 \cdot 12$

9 Zu Beginn seines Trainings läuft ein Marathonläufer 26 Runden über die 400-m-Bahn des Stadions, später noch weitere 14 Runden. Berechne die gesamte Laufstrecke des Sportlers.

10 Für den Getränkeautomaten der Schule werden täglich 135 Tüten Vanillemilch, 75 Tüten Erdbeermilch und 90 Tüten Kakao geliefert. Wie viele Tüten sind das insgesamt in einer Woche?

11 a) Beschreibe, wie Rabea die Multiplikationsaufgabe im Kopf löst.

$8 \cdot 298$
$= 8 \cdot (300 - 2)$
$= 8 \cdot 300 - 8 \cdot 2$
$= 2400 - 16$
$= 2384$

b) Rechne ebenso im Kopf.

$5 \cdot 78$ $4 \cdot 398$ $7 \cdot 102$
$7 \cdot 98$ $5 \cdot 197$ $6 \cdot 504$
$9 \cdot 69$ $9 \cdot 499$ $9 \cdot 803$

Schriftliches Multiplizieren

1 Felix fährt mit dem Rad zur Schule. Der Kilometerzähler des Fahrrads zeigt an, dass sein Schulweg 3921 m lang ist.
a) Wie viele Meter fährt er auf dem Weg zur Schule und zurück in einer Woche?
b) Schätze, wie viele Kilometer Felix in einem Jahr auf seinem Schulweg zurücklegt.

So kannst du mehrstellige Zahlen schriftlich multiplizieren:

238 · 612 = ▨

1. Führe einen Überschlag durch.

    300 · 600 = 180 000

2. Multipliziere die einzelnen Stellen des zweiten Faktors nacheinander mit dem ersten Faktor. Beachte den Übertrag.

3. Schreibe die Zwischenergebnisse stellenrichtig untereinander und addiere sie.

```
  2 8 3 · 6 1 2
    1 6 9 8
      2 8 3
    ₁ ₂ 5 6 6
    1 7 3 1 9 6
```

283 · 612 = 173 196

2 Multipliziere schriftlich.
a) 232 · 12   b) 534 · 56   c) 451 · 233
   343 · 23   762 · 31   371 · 167
   369 · 26   612 · 47   913 · 341

L 2784   7889   9594   23 622   28 764
29 904   61 957   105 083   311 333

3 Prüfe durch einen Überschlag, welche Ergebnisse nicht richtig sein können.

> 4012 · 249 = 1 998 988
> 8158 · 190 = 45 570
> 2982 · 107 = 319 074

4 Welche Fehler hat Tim gemacht?
```
                    4 6 8 · 2 0 3
                        9 3 6
  8 6 8 · 7 0          1 4 0 4
    6 0 7 6          1 0 7 6 4
```

5 Vergleiche beide Rechenwege miteinander. Welcher ist einfacher? Warum?

```
a)  7 · 5 3 4
      3 5
      2 1
        2 8          5 3 4 · 7
    3 7 3 8          3 7 3 8

b)  3 3 · 2 0 4 7
      6 6
      0 0
      1 3 2          2 0 4 7 · 3 3
      2 3 1            6 1 4 1
    6 7 5 5 1          6 1 4 1
                     6 7 5 5 1
```

6 Berechne das Produkt schriftlich. Wähle den einfacheren Rechenweg.
a) 9 · 23 068   b) 66 · 7356
   12 · 8945   2478 · 133
   42 · 6729   222 · 5781

c) 44 · 20 879   d) 54 · 1862
   122 · 7383   8032 · 777
   4004 · 635   88 · 10 001

L 100 548   107 340   207 612   282 618
329 574   485 496   918 676   1 283 382
900 726   2 542 540   6 240 864   880 088

7 Berechne und staune.
a) 481 · 273   b) 1929 · 64
   259 · 546   3367 · 99
   273 · 777   1626 · 41

c) 10 631 · 72   d) 1716 · 259
   31 893 · 24   271 · 246
   685 871 · 18   643 · 192

Schriftliches Dividieren

1 Marie fährt auch mit dem Fahrrad zur Schule. Mittags isst sie zu Hause und kommt dann in die Schule zurück. Dabei legt sie an jedem Schultag 5372 m zurück. Wie lang ist ihr Schulweg?

2 Dividiere.

a) 924 : 6   b) 888 : 6   c) 536 : 4
   994 : 7   745 : 5   882 : 6
   912 : 8   868 : 7   771 : 3

d) 49 911 : 3   e) 62 895 : 5
   95 792 : 8   57 936 : 4
   97 556 : 4   88 774 : 7

L 114   124   134   142   147   148
149   154   257   11 974   12 579   12 682
14 484   16 637   24 389

3 a) 2440 : 20   b) 1620 : 30
    7120 : 20   2280 : 30
    9120 : 20   1120 : 40

   c) 2700 : 50   18 480 : 80
     6150 : 50   12 160 : 80
     9760 : 40   9100 : 70

L 28   54   54   76   122   123   130
152   231   244   356   456

> Das muss doch einfacher gehen!?

Aufgabe: 732 : 6 = ▨

Überschlag: 720 : 6 = 120

schriftliche
Division: 732 : 6 = 122
        6 ◄ (·6)
      13
      12 ◄ (·6)
      12
      12 ◄ (·6)
       0

Probe: 122 · 6
        732

Aufgabe: 29 960 : 70 = ▨

Überschlag: 28 000 : 70 = 400

schriftliche
Division: 29 960 : 70 = 428
      280 ◄ (·70)
      196
      140 ◄ (·70)
      560
      560 ◄ (·70)
       0

Probe: 428 · 70
      29 960

Aufgabe: 12 462 : 31 = ▨

Überschlag: 12 000 : 30 = 400

schriftliche
Division: 12462 : 31 = 402
      124 ◄ (·31)
      06
       0 ◄ (·31)
      62
      62 ◄ (·31)
       0

Probe: 402 · 31
      1206
       402
     12 462

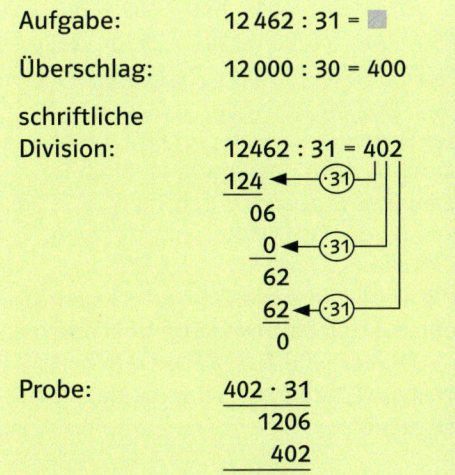

4 a) 2068 : 11   b) 3732 : 12
    6105 : 11   3060 : 12
    2808 : 12   1469 : 13

   c) 1665 : 15   d) 4242 : 21
     1722 : 14   4914 : 21
     6480 : 15   3379 : 31

L 109   111   113   123   188   202
234   234   255   311   432   555

Schriftliches Dividieren

```
1368 : 3 = 4 ▧ ▧
12
 1
 ⋮
```

Die 3 ist in der 1 nicht enthalten. Deshalb beginne ich mit 13.

5 Bestimme den Quotienten.
a) 4995 : 5   b) 1089 : 9   c) 3935 : 5
   6312 : 8   5744 : 8   5453 : 7
   3195 : 9   3456 : 6   7904 : 8

L 121   355   576   718   779   787
789   988   999

```
3650 : 5 = 730
35
15
15
 00
  0
  0
```

6 Dividiere. Achte auf die Ziffer 0 im Quotienten.
a) 6840 : 9   b) 1242 : 6   c) 1830 : 6
   5810 : 7   2036 : 4   3240 : 8
   4900 : 5   4816 : 8   7140 : 7

d) 44 561 : 11   e) 58 750 : 25
   60 516 : 12   162 400 : 70
   33 105 : 15   483 150 : 15

L 207   305   405   509   602   760
830   980   1020   2207   2320   2350
4051   5043   32 210

```
1824 : 6 = 304
18
 02
  0
 24
 24
  0
```

7 Dividiere die Zahl 362 880 zuerst durch 2, dann das Ergebnis durch 3, dann das Ergebnis durch 4 usw. Wie weit kannst du das Dividieren fortsetzen?

8 a) Dividiere die Zahl 42 138 zuerst durch 3 und dann das Ergebnis durch 6.
b) Dividiere die Zahl 42 138 durch 18. Was stellst du fest? Schreibe dazu eine Regel auf.

9 a) Dividiere die Zahl 19 250 zuerst durch 5, dann das Ergebnis durch 7 und schließlich das Ergebnis durch 11.
b) Verändere die Reihenfolge der Divisoren 5, 7 und 11. Was stellst du fest? Schreibe dazu eine Regel auf.

10 So kannst du schriftlich dividieren, wenn bei der Division ein Rest übrig bleibt:

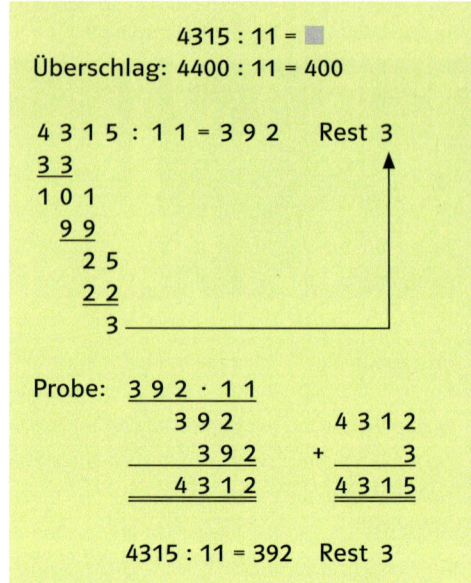

4315 : 11 = ▧
Überschlag: 4400 : 11 = 400

```
4 3 1 5 : 1 1 = 3 9 2    Rest 3
3 3
1 0 1
  9 9
    2 5
    2 2
     3
```

Probe: 3 9 2 · 1 1
           3 9 2   4 3 1 2
             3 9 2   +   3
           4 3 1 2   4 3 1 5

4315 : 11 = 392   Rest 3

11 Dividiere. Achte auf den Rest.
a) 233 : 5   b) 4444 : 9   c) 8999 : 9
   628 : 6   7823 : 8   4814 : 7
   941 : 3   5634 : 7   7006 : 3

d) 65 075 : 12   e) 34 577 : 40
   69 355 : 15   57 860 : 60
   29 566 : 11   10 735 : 30

L (Angegeben ist jeweils der Rest)
1, 2, 3, 4, 5, 6, 7, 7, 8, 9, 10, 11, 17, 20, 25

12 Dividiere die Zahl 27 719 nacheinander durch 2, 3, 4, 5, 6, 7, 8, 9, 10, 11 und 12. Betrachte jedes Mal den Rest. Was stellst du fest?

13 Bestimme den Platzhalter.
a) ▧ : 5 = 10 Rest 4   b) ▧ : 4 = 25 Rest 2
c) ▧ : 6 = 22 Rest 1   d) ▧ : 7 = 17 Rest 6
e) ▧ : 9 = 15 Rest 8   f) ▧ : 8 = 21 Rest 6

14 Eine Reisegruppe mit 97 Personen überquert den Rhein mit der Seilbahn. Jede Kabine hat Platz für 4 Personen. Wie viele Kabinen sind nötig, um die ganze Reisegruppe zu transportieren?

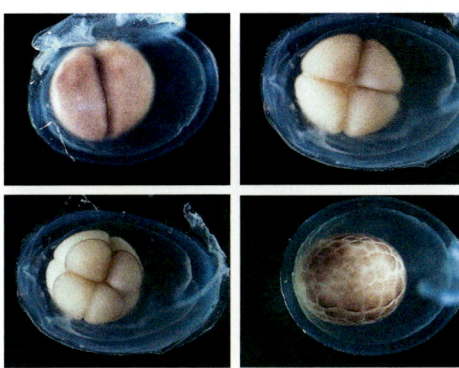

1 Nach der Befruchtung teilt sich die menschliche Eizelle. Bei der ersten Zellteilung werden aus einer Zelle zwei Zellen, bei der zweiten Teilung aus zwei Zellen vier, bei der dritten Teilung aus vier Zellen acht usw.

	Anzahl der Zellen
1. Teilung	2
2. Teilung	$2 \cdot 2 = 4$
3. Teilung	$2 \cdot 2 \cdot 2 = 8$
⋮	⋮
7. Teilung	

Aus wie vielen Zellen besteht der menschliche Embryo nach der siebten Zellteilung?

Ein Produkt aus gleichen Faktoren kann als Potenz geschrieben werden.

$$4^6 \quad \text{Exponent (Hochzahl)}$$

Basis (Grundzahl) ———

Potenz

lies: 4 hoch 6

$4^6 = 4 \cdot 4 \cdot 4 \cdot 4 \cdot 4 \cdot 4$
$2^7 = 2 \cdot 2 \cdot 2 \cdot 2 \cdot 2 \cdot 2 \cdot 2$
$11^2 = 11 \cdot 11$

2 Schreibe die Produkte als Potenzen.
a) $7 \cdot 7 \cdot 7 \cdot 7 \cdot 7 \cdot 7 \cdot 7 \cdot 7$
b) $23 \cdot 23 \cdot 23 \cdot 23 \cdot 23 \cdot 23 \cdot 23 \cdot 23$
c) $17 \cdot 17 \cdot 17 \cdot 17 \cdot 17 \cdot 17 \cdot 17 \cdot 17 \cdot 17$
d) $101 \cdot 101 \cdot 101 \cdot 101 \cdot 101 \cdot 101 \cdot 101$
e) $51 \cdot 51 \cdot 51 \cdot 51 \cdot 51 \cdot 51$
f) $324 \cdot 324 \cdot 324 \cdot 324 \cdot 324$

3 Schreibe als Produkt und berechne.
a) 7^2 b) 11^2 c) 2^3 d) 5^3
   9^2 13^2 3^4 6^3

e) 3^4 f) 2^5 g) 10^3 h) 1^4
   5^4 3^5 10^5 1^8

4 Schreibe als Potenz mit der Basis 10.
a) 100   b) 1 000 000
c) 1000   d) 1 000 000 000

5 Schreibe als Potenz mit der Basis 2.
a) 8   b) 16   c) 32
d) 2   e) 256   f) 1024

6 a) Wie viele Eltern, Großeltern, Urgroßeltern, Ururgroßeltern hast du?
b) Wie viele Vorfahren waren es vor zehn Generationen?
c) Vor wie vielen Jahren sind deine Urgroßeltern geboren, wenn zwischen der Geburt der Eltern und der Kinder immer 30 Jahre liegen?

7 Für Papier gibt es in Deutschland festgelegte Größen und Bezeichnungen. Ein Blatt DIN-A0 ist 1189 mm lang und 841 mm breit.
Wird ein Blatt DIN-A0 in der Mitte der längeren Seite geteilt, entsteht ein Blatt DIN-A1, teilt man dieses wieder in der Mitte, so entsteht ein Blatt DIN-A2 usw.
Ein Blatt DIN-A6 hat die Größe einer Postkarte. Wie viele Postkarten passen auf ein Blatt der Größe DIN-A0?

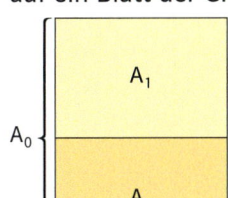
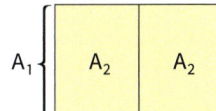

Mithilfe von Zehnerpotenzen kannst du die Stellenwerte in der Stellenwerttafel kürzer schreiben.

Die Zahlen **10^0, 10^1, 10^2, 10^3** … heißen **Zehnerpotenzen**.

$$10^1 = 10$$

$$10^3 = 10 \cdot 10 \cdot 10 = 1000 \qquad 10^0 = 1$$

lies: zehn hoch drei

H	Z	E	H	Z	E	H	Z	E	H	Z	E	H	Z	E	lies:
Billionen			Milliarden			Millionen			Tausender						
10^{14}	10^{13}	10^{12}	10^{11}	10^{10}	10^9	10^8	10^7	10^6	10^5	10^4	10^3	10^2	10^1	10^0	
									4	0	0	0	0	0	$4 \cdot 10^5$
									4	0	7	0	0	5	$4 \cdot 10^5 + 7 \cdot 10^3 + 5 \cdot 10^0$
			3	0	0	4	6	0	0	0	0	0	0	0	$3 \cdot 10^{11} + 4 \cdot 10^8 + 6 \cdot 10^7$
	7	0	0	0	0	0	0	0	0	1	0	8	0	0	$7 \cdot 10^{13} + 1 \cdot 10^4 + 8 \cdot 10^2$

$4000 = 4 \cdot 10^3$

1 Gib mit Zehnerpotenzen an.
a) 10   20   30   50   90   100   200
b) 300   500   1000   3000   8 000 000
c) 200 000   5 000 000   900 000 000 000
d) 400 000 000 000   80 000 000 000 000

2 Gib mit Zehnerpotenzen an.
a) 11   110   101   1100   1010
b) 130   2834   9206   8 030 500
c) 706 000   466 000 500   84 000

$538 =$
$5 \cdot 10^2 + 3 \cdot 10^1 + 8 \cdot 10^0$

3 Schreibe ohne Zehnerpotenzen.
a) $1 \cdot 10^3 + 1 \cdot 10^0$ b) $4 \cdot 10^2 + 3 \cdot 10^1$
   $1 \cdot 10^{10} + 1 \cdot 10^0$ $9 \cdot 10^8 + 8 \cdot 10^4$
   $2 \cdot 10^7 + 6 \cdot 10^4$ $5 \cdot 10^9 + 3 \cdot 10^7$

4 Schreibe ohne Zehnerpotenzen.
a) $4 \cdot 10^2 + 3 \cdot 10^1 + 8 \cdot 10^0$
b) $3 \cdot 10^{11} + 6 \cdot 10^5 + 9 \cdot 10^2 + 2 \cdot 10^0$
c) $1 \cdot 10^{12} + 4 \cdot 10^{11} + 5 \cdot 10^{10} + 6 \cdot 10^3$
d) $7 \cdot 10^8 + 5 \cdot 10^5 + 8 \cdot 10^2$
e) $3 \cdot 10^{11} + 2 \cdot 10^3 + 7 \cdot 10^0$
f) $9 \cdot 10^9 + 6 \cdot 10^6 + 9 \cdot 10^1$

5 Das Bild zeigt den Aufbau des Sonnensystems, allerdings nicht maßstabsgerecht. Im inneren Teil befinden sich die Planeten Merkur, Venus, Erde, Mars und im äußeren Bereich umkreisen die Gasplaneten Jupiter, Saturn, Uranus und Neptun die Sonne. Gib die Entfernung der Planeten von der Sonne ohne Zehnerpotenzen an.

Neptun $45 \cdot 10^8$
Uranus $29 \cdot 10^8$
Saturn $14 \cdot 10^8$
Jupiter $78 \cdot 10^7$
Mars $23 \cdot 10^7$
Erde $15 \cdot 10^7$
Venus $11 \cdot 10^7$
Merkur $58 \cdot 10^6$

Grundwissen: Multiplizieren und Dividieren

Multiplikation

Faktor Faktor Produkt
  15 · 11 = 165

Division

Dividend Divisor Quotient
  96 : 12 = 8

Multiplikation und Division sind Umkehrungen voneinander.

7 · 13 = 91

91 : 7 = 13
91 : 13 = 7

Wird eine Zahl mit 1 multipliziert, ist das Produkt gleich der Zahl.

13 · 1 = 13
1 · 5 = 5

Wird eine Zahl durch 1 dividiert, ist der Quotient gleich der Zahl.

17 : 1 = 17

Wird eine Zahl mit 0 multipliziert, ist das Produkt gleich 0.

 0 · 3 = 0
21 · 0 = 0

Wird 0 durch eine Zahl (außer 0) dividiert, ist der Quotient gleich 0.

0 : 9 = 0

Durch 0 kann **nicht** dividiert werden.

8 : 0

Rechengesetze

a · b = b · a

12 · 5 = 5 · 12

Kommutativgesetz

(a · b) · c = a · (b · c)

6 · (2 · 9) = (6 · 2) · 9

Assoziativgesetz

(a + b) · c = a · c + b · c
(a − b) · c = a · c − b · c

(11 + 3) · 6 = 11 · 6 + 3 · 6
(23 − 5) · 8 = 23 · 8 − 5 · 8

Distributivgesetz

Ein Produkt aus gleichen Faktoren kann als Potenz geschrieben werden.

$3 · 3 · 3 · 3 · 3 = 3^5$

schriftliche Multiplikation

379 · 513 = ▮
Überschlag : 400 · 500 = 20 000

```
3 7 9 · 5 1 3
1 8 9 5
  3 7 9
  1 1 3 7
  1 1 1
1 9 4 4 2 7
```

379 · 513 = 194 427

schriftliche Division

2568 : 12 = ▮
2400 : 12 = 200

```
2 5 6 8 : 1 2 = 2 1 4
2 4
1 6
1 2
  4 8
  4 8
   0
```

2568 : 12 = 214

Üben und Vertiefen

10	M
11	O
12	L
15	G
25	U
33	N
40	A
45	S
48	K
49	E
50	R
54	I
72	Z
80	D
88	T
96	B

1 Beachte die Regeln „Punktrechnung vor Strichrechnung" und „Klammern zuerst". Bei richtiger Lösung erhältst du den Namen der Hauptstadt eines Landes.

a) $40 : (12 - 8)$
$(31 + 35) : 6$
$(51 - 36) \cdot 3$
$18 \cdot 5 - 42$
$72 - 4 \cdot 8$
$42 : 7 + 19$

b) $(12 + 58) : 7$
$16 + 3 \cdot 8$
$16 \cdot (74 - 69)$
$7 \cdot 12 - 34$
$(34 - 25) \cdot 6$
$15 \cdot 3 + 35$

c) $(23 + 25) : 4$
$99 : (32 - 23)$
$98 - 5 \cdot 13$
$5 \cdot (57 - 41)$
$9 \cdot 12 - 97$
$52 : 4 + 20$

d) $4 \cdot (13 + 11)$
$56 - 56 : 8$
$(61 - 36) \cdot 2$
$15 \cdot 5 - 63$
$6 \cdot (71 - 62)$
$7 \cdot 9 - 30$

e) $6 \cdot 7 + 2 \cdot 19$
$5 \cdot 12 - 5 \cdot 7$
$6 \cdot 11 + 2 \cdot 15$
$8 \cdot 9 - 15 \cdot 4$
$2 \cdot 23 + 24 : 3$
$7 \cdot 7 - 48 : 3$

f) $2 \cdot (21 - 9) \cdot 3$
$8 + 42 : 6 + 25$
$14 + 72 : 8 - 8$
$31 + 8 \cdot 6 - 29$
$98 - 4 \cdot 9 - 13$
$4 \cdot (67 - 59) \cdot 3$

g) $13 + 12 + 3 \cdot 5$
$23 - 14 + 3 \cdot 8$
$12 \cdot 6 - 38 + 14$
$84 - 7 \cdot 8 + 12$
$58 - 45 : 9 - 3$
$72 : 6 + 54 - 26$

h) $(14 - 6) \cdot (17 - 6)$
$(11 + 45) : 8 + 47$
$3 \cdot (27 - 15) + 14$
$99 - 17 \cdot 3 - 2 \cdot 4$
$(34 + 65) : 9 + 22$
$88 - 12 \cdot 7 + 6 \cdot 6$

2 Notiere den Rechenweg und gib die Lösung an.
a) Multipliziere 12 und 8 und subtrahiere 56.
b) Dividiere 60 und 15 und addiere 28.
c) Multipliziere die Summe aus 14 und 26 mit 9.
d) Dividiere die Differenz von 45 und 29 durch 4.
e) Addiere 63 zum Quotienten aus 99 und 11.
f) Subtrahiere 25 vom Produkt aus 13 und 5.
g) Dividiere 60 durch die Differenz von 26 und 11.
h) Multipliziere 20 mit der Summe aus 54 und 36.
i) Dividiere die Summe aus 17 und 43 durch 12.

3 Ergänze die Platzhalter.

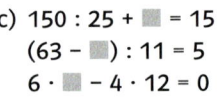

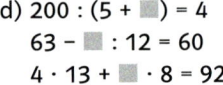

4 Ersetze die Platzhalter.
a) $(37 + \blacksquare) \cdot 5 = 200$
$18 + 11 \cdot \blacksquare = 40$
$100 - 7 \cdot \blacksquare = 51$

b) $150 : (22 + \blacksquare) = 5$
$(99 - 3) : \blacksquare = 16$
$\blacksquare - 4 \cdot 12 = 95$

c) $150 : 25 + \blacksquare = 15$
$(63 - \blacksquare) : 11 = 5$
$6 \cdot \blacksquare - 4 \cdot 12 = 0$

d) $200 : (5 + \blacksquare) = 4$
$63 - \blacksquare : 12 = 60$
$4 \cdot 13 + \blacksquare \cdot 8 = 92$

Ich muss rückwärts rechnen.

5 Rechne zuerst die innere (runde) Klammer aus, dann die äußere (eckige) Klammer.

$[(48 - 3 \cdot 5) + 12] : 9$
$= [(48 - 15) + 12] : 9$
$= [33 + 12] : 9$
$= 45 : 9$
$= 5$

a) $[(4 \cdot 9 + 24) - 45] \cdot 12$
$6 \cdot [18 + 4 \cdot (29 - 16)]$
$[23 + (25 - 13) : 4] \cdot 5$

b) $[(4 \cdot 15 - 3 \cdot 18) + 44] \cdot 8$
$10 \cdot [55 - (58 - 13) + 23]$
$[(22 - 14) \cdot (13 + 12)] : 20$

c) $[6 \cdot 5 + 2 \cdot (12 + 28)] \cdot (56 - 53)$
$(63 + 37) : [25 - (43 - 23) : 4]$
$[12 \cdot (19 - 15) + 22] \cdot [(27 - 11) : 4]$

Üben und Vertiefen: Schriftliches Multiplizieren

1 Das Ergebnis der Multiplikationsaufgabe ist der erste Faktor der folgenden Aufgabe.

a) $26 \cdot 39 = $ ▨

    ▨ $\cdot 47 = $ ▨

    ▨ $\cdot 59 = 2\,811\,822$

b) $36 \cdot 49 = $ ▨

    ▨ $\cdot 58 = $ ▨

    ▨ $\cdot 27 = 2\,762\,424$

c) $57 \cdot 38 = $ ▨

    ▨ $\cdot 49 = $ ▨

    ▨ $\cdot 28 = 2\,971\,752$

d) $56 \cdot 78 = $ ▨

    ▨ $\cdot 29 = $ ▨

    ▨ $\cdot 34 = 4\,306\,848$

e) $45 \cdot 61 = $ ▨

    ▨ $\cdot 23 = $ ▨

    ▨ $\cdot 39 = 2\,462\,265$

f) $69 \cdot 72 = $ ▨

    ▨ $\cdot 16 = $ ▨

    ▨ $\cdot 29 = 2\,305\,152$

2 Diese Multiplikationsaufgaben haben auffallende Ergebnisse.

a) $1257 \cdot 45$
   $3719 \cdot 22$
   $3391 \cdot 14$

b) $481 \cdot 273$
   $259 \cdot 546$
   $273 \cdot 777$

c) $643 \cdot 192$
   $271 \cdot 246$
   $627 \cdot 537$

d) $1365 \cdot 37$
   $1443 \cdot 63$
   $2731 \cdot 27$

e) $1929 \cdot 64$
   $3367 \cdot 99$
   $1626 \cdot 41$

f) $481 \cdot 462$
   $259 \cdot 715$
   $861 \cdot 143$

g) $5291 \cdot 189$
   $1716 \cdot 259$
   $1313 \cdot 154$

h) $685\,871 \cdot 18$
   $333\,667 \cdot 33$
   $171\,156 \cdot 36$

3 Tim hat drei Aufgaben falsch gerechnet. Welche Fehler hat er gemacht?

```
5 8 1 9 · 4 5
  2 3 2 7 6
  2 9 0 9 5
  5 2 3 7 1
```

```
1 4 5 0 9 · 7 3
1 0 1 5 6 3
    4 3 5 2 7
1 0 5 9 1 5 7
```

```
2 3 4 · 2 3 4
    4 6 8
    7 0 2
    9 3 6
  5 4 7 5 6
```

```
6 9 1 2 · 8 9
  4 8 2 9 6
  6 2 2 0 8
5 4 5 1 6 8
```

```
3 9 2 · 5 0 4
  1 9 6 0
  1 5 6 8
  2 1 1 6 8
```

```
7 5 3 · 5 7
  3 7 6 5
  5 2 7 1
  4 2 9 1 1
```

4 Prüfe mithilfe eines Überschlags, welche Ergebnisse falsch sind. Die Buchstaben bilden das Lösungswort.

> Ist $1289 \cdot 307 = 540\,763$?
> Überschlag: $1300 \cdot 300 = 390\,000$
> Das Ergebnis ist falsch.

a)
$975 \cdot 380 = 300\,300$ Ⓑ
$588 \cdot 207 = 223\,816$ Ⓖ
$512 \cdot 389 = 199\,168$ Ⓛ
$611 \cdot 589 = 269\,789$ Ⓞ
$622 \cdot 787 = 298\,514$ Ⓡ
$792 \cdot 406 = 321\,552$ Ⓐ
$193 \cdot 621 = 119\,853$ Ⓤ

b)
$1099 \cdot 2002 = 3\,500\,198$ Ⓛ
$2986 \cdot 3045 = 7\,792\,370$ Ⓘ
$2045 \cdot 2988 = 6\,110\,460$ Ⓡ
$2888 \cdot 5008 = 24\,463\,104$ Ⓛ
$1212 \cdot 8966 = 10\,866\,792$ Ⓞ
$7063 \cdot 5873 = 24\,187\,299$ Ⓐ
$4977 \cdot 8105 = 40\,338\,585$ Ⓣ

5 Bestimme das Produkt. Du erhältst bei jeder Aufgabe ein Lösungswort, wenn du beim Ergebnis jede Ziffer durch den angegebenen Buchstaben ersetzt.

a) $457\,811 \cdot 6$
   $140\,015 \cdot 4$
   $713\,992 \cdot 5$

b) $118\,957 \cdot 80$
   $623\,739 \cdot 90$
   $2\,089\,049 \cdot 40$

c) $4645 \cdot 18$
   $6667 \cdot 54$
   $277 \cdot 78$

d) $26\,173 \cdot 320$
   $3869 \cdot 216$
   $239 \cdot 240$

e) $40\,765 \cdot 24$
   $5\,222\,585 \cdot 16$
   $2\,604\,026 \cdot 25$

f) $5255 \cdot 72$
   $6431 \cdot 15$
   $9091 \cdot 63$

g) $253 \cdot 331$
   $153 \cdot 168$
   $132 \cdot 653$

h) $4274 \cdot 225$
   $6427 \cdot 1495$
   $2869 \cdot 1274$

i) $2681 \cdot 360$
   $3122 \cdot 180$
   $239 \cdot 350$

k) $17\,605 \cdot 32$
   $16\,073 \cdot 52$
   $313 \cdot 220$

0	N
1	I
2	B
3	T
4	D
5	R
6	E
7	A
8	S
9	F

1 Übertrage die Tabelle in dein Heft und vervollständige sie.

a)

	:4	:8	:9	:11
6336	▪	▪	▪	▪
22176	▪	▪	▪	▪
61776	▪	▪	▪	▪

b)

	:3	:6	:7	:12
4704	▪	▪	▪	▪
21336	▪	▪	▪	▪
26796	▪	▪	▪	▪

Achte auf den Rest.

2 Bestimme den Quotienten.

a) 142 686 : 6
233 436 : 3
548 555 : 7

b) 206 776 : 8
231 669 : 9
234 848 : 4

c) 957 860 : 20
2 925 920 : 80
2 749 720 : 40

d) 281 136 : 12
720 181 : 11
347 130 : 15

e) 608 875 : 25
639 996 : 12
309 862 : 14

f) 4 888 980 : 90
4 635 470 : 70
1 953 420 : 60

L 36 574   65 471   66 221   25 847
54 322   23 781   53 333   32 557   77 812
23 142   68 743   47 893   78 365   24 355
25 741   58 712   22 133   23 428

3 Jan hat Fehler gemacht. Findest du sie?

```
6 1 8 : 6 = 1 3
6
0 1
  0
  1 8
  1 8
    0
```

```
7 3 5 0 : 7 = 1 0 5
7
0 3
  0
  3 5
  3 5
    0
```

```
4 0 8 : 8 = 5 2
4 0
  0 8
  0 8
    0
```

```
8 1 9 : 9 = 8 1 1
7 2
  9 9
  9 9
    0
```

4 Dividiere. Achte auf den Rest.

a) 626 165 : 7
628 410 : 9
199 649 : 6

b) 459 298 : 8
111 274 : 5
437 702 : 8

c) 498 231 : 11
186 740 : 30
110 374 : 25

d) 358 024 : 11
614 685 : 12
664 841 : 15

e) 114 973 : 20
103 124 : 15
388 820 : 12

f) 1 314 837 : 20
1 623 709 : 30
2 654 292 : 40

L (angegeben ist der Rest) 1   2   3   4
5   6   7   8   9   8   11   12   13   14
17   19   20   24

5 Prüfe mithilfe eines Überschlags, welche Ergebnisse falsch sind. Die Buchstaben hinter den richtigen Ergebnissen bilden das Lösungswort.

a) 605 : 11 = 75 (T)
988 : 19 = 52 (H)
708 : 71 = 28 (A)
599 : 29 = 31 (L)
896 : 28 = 32 (U)
308 : 11 = 28 (N)
294 : 58 = 33 (S)
798 : 21 = 38 (D)

b) 3009 : 51 = 59 (M)
3582 : 39 = 68 (H)
7968 : 96 = 83 (A)
4017 : 79 = 33 (N)
5599 : 69 = 61 (R)
2407 : 83 = 29 (U)
3596 : 62 = 58 (S)
8818 : 79 = 92 (T)

6 Berechne.

a) 3968 : 32
6266 : 26
8876 : 28

b) 20 400 : 48
22 724 : 52
19 260 : 45

c) 84 105 : 27
91 894 : 22
80 784 : 36

d) 344 905 : 55
110 112 : 31
189 589 : 23

L 124   241   317   425   428   437
2244   3115   3552   4177   6271   8243

1 Berechne mithilfe der Rechengesetze.

a) 4 · 299
2 · 89 · 5
197 · 3

b) 2 · 38 · 50
111 · 4 − 11 · 4
25 · 79 · 4

c) 101 · 23
20 · 31 · 50
250 · 3 · 8

d) 87 · 8 + 13 · 8
37 · 69 − 37 · 68
4 · 7 · 5 · 5

2 Ordne die Ergebnisse der Größe nach, beginne mit dem kleinsten Ergebnis. Du erhältst ein Lösungswort.

a)

211 · 13	Ä
56 · 54	R
698 + 877	B

1100 − 365	I
2352 : 3	S
4662 : 7	E

b)

27 · 203	E
68 497 : 11	L
43 · 119	F

9877 − 8512	B
1488 + 1933	F
17 176 : 8	Ü

c)

16 499 : 7	G
23 · 157	A
5687 + 1177	R

5744 − 3587	J
5478 − 2944	U
13 464 : 6	A

3 Das Ergebnis jeder Aufgabe führt dich zur nächsten Aufgabe. Zum Schluss erhältst du eine runde Zahl.

a) Start:

| 87 · 44 − 3800 |
| 56 · 88 + 5072 |
| 94 · 105 − 9814 |

| 84 · 123 − 10 300 |
| 32 · 272 − 8610 |
| 28 · 28 − 700 |

b) Start:

| 85 · 88 − 7421 |
| 118 · 66 − 7731 |
| 71 · 87 − 6077 |

| 59 · 102 − 5900 |
| 57 · 202 − 11 480 |
| 34 · 92 − 3057 |

4 a) Bestimme bei diesem Zahlenturm immer die Summe zwischen zwei benachbarten Zahlen und schreibe sie in das Feld darüber. Die oberste Zahl besteht nur aus gleichen Ziffern.

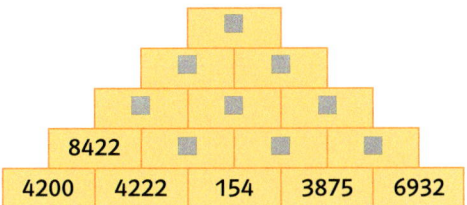

b) Subtrahiere bei diesem Zahlenturm von zwei benachbarten Zahlen immer die kleinere von der größeren. Die oberste Zahl besteht nur aus gleichen Ziffern.

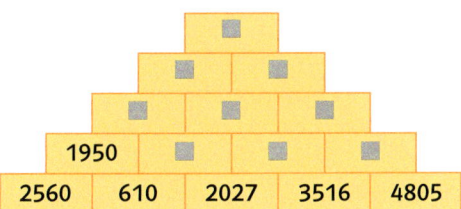

5 Rechne zuerst die innere (runde) Klammer aus, dann die äußere (eckige) Klammer.

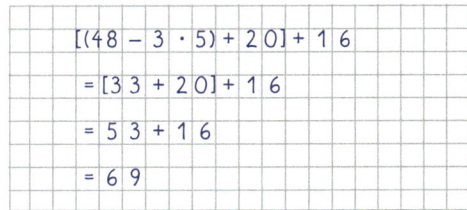

a) 100 − [200 − (80 + 11) − 99] · 3
204 + [38 + (100 − 91) + 29] · 2

b) [800 − (1000 − 250) − (40 − 11)] + 56
[140 − (27 − 15) · 5] + 114

c) (635 − 125) − [(25 + 35) − 30 : 5]
[(8 · 7 + 44) : 10 + (64 − 4 · 16)] − 9

d) 24 + [(720 − 580) − (980 − 850)]
[(567 − 322) : 5 + 88] · (12 + 88)

e) [14 · (57 + 243) + 54] : 3
[(45 + 155) · 5] · [38 − (67 − 52) · 2]

1 Wird eine Potenz größer oder kleiner, wenn du die beiden Zahlen vertauschst? Setze < oder > oder = ein.

a) $4^2 \blacksquare 2^4$ b) $2^3 \blacksquare 3^2$ c) $1^7 \blacksquare 7^1$

d) $5^1 \blacksquare 1^5$ e) $6^3 \blacksquare 3^6$ f) $2^6 \blacksquare 6^2$

g) $10^2 \blacksquare 2^{10}$ h) $4^3 \blacksquare 3^4$

2 Schreibe die folgenden Zahlen als Potenzen. Der Exponent soll 2 sein.

a) 9   b) 16   c) 49   d) 81

e) 121   f) 169   g) 225   h) 289

3 Schreibe die Zahlen als Potenzen. Wähle eine geeignete Basis.

a) 8   b) 64   c) 100   d) 125

e) 27   f) 32   g) 1 000 000

4 a) Die Basis beträgt 4, der Exponent 3. Berechne die Potenz.

b) Formuliere zwei ähnliche Aufgaben. Löse sie selbst und stelle sie anschließend deinem Nachbarn.

5 Bestimme die Exponenten.

a) $4^{\blacksquare} = 64$ b) $3^{\blacksquare} = 81$

c) $2^{\blacksquare} = 256$ d) $5^{\blacksquare} = 625$

6 Bestimme die Basis.

a) $\blacksquare^4 = 16$ b) $\blacksquare^2 = 9$

c) $\blacksquare^3 = 64$ d) $\blacksquare^3 = 125$

> **Quadratzahl**
> $400 = 20 \cdot 20$
> $\quad = 20^2$
>
> **Kubikzahl**
> $8000 = 20 \cdot 20 \cdot 20$
> $\quad = 20^3$

7 Berechne $1^2, 2^2, 3^2, 4^2, \ldots 20^2$. Lerne die Quadratzahlen auswendig.

8 Bestimme die Kubikzahlen $1^3, 2^3, 3^3, \ldots 10^3$.

9 Berechne.

a) $3^3 \cdot 10$ b) $2^4 \cdot 8$ c) $4^2 \cdot 5$

d) $3^3 \cdot 4$ e) $10^2 \cdot 10$ f) $92 \cdot 1^5$

g) $71 \cdot 1^8$ h) $9 \cdot 2^3$ i) $2^2 \cdot 2$

j) $5^2 \cdot 6$ k) $7 \cdot 2^4$ l) $4^2 \cdot 3^2$

10 Gib mit Zehnerpotenzen an.

a) 3000, 60 000, 450 000

b) 15 000 000, 320 000 000

c) 1 000 000 000, 70 000 000 000

11 Schreibe ohne Zehnerpotenzen.

a) $6 \cdot 10^2$, $45 \cdot 10^5$, $37 \cdot 10^7$

b) $8 \cdot 10^3 + 1 \cdot 10^2 + 9 \cdot 10^0$

c) $1 \cdot 10^5 + 2 \cdot 10^3 + 7 \cdot 10^1$

12 Ergänze die Platzhalter.

a) $3 \cdot 10^{\blacksquare} + 6 \cdot 10^{\blacksquare} = 30\,060$

b) $9 \cdot 10^{\blacksquare} + 1 \cdot 10^{\blacksquare} = 901\,000$

c) $4 \cdot 10^{\blacksquare} + 8 \cdot 10^{\blacksquare} = 4008$

13 Schreibe als Zehnerpotenz.

a) fünftausend

b) zweiundzwanzigtausend

c) siebenhunderttausend

d) einhundertfünfundachtzigtausend

e) eintausendeinhundert

f) vierzigtausendeinhundert

14 Schreibe als Zehnerpotenz.

a) 12 Millionen

b) 7 Tausend

c) 133 Milliarden

d) 14 Billionen

15 Gib die Zahl in Wortform an.

a) $12 \cdot 10^3$ b) $57 \cdot 10^5$

c) $4 \cdot 10^6$ d) $346 \cdot 10^5$

16 Runde die Zahlen in der Tabelle auf Millionen und schreibe sie mithilfe von Zehnerpotenzen.

Bundesland	Einwohnerzahl
Baden-Württemberg	10 744 921
Bayern	12 510 331
Berlin	3 442 675
Brandenburg	2 511 525
Bremen	661 716
Hamburg	1 774 224
Hessen	6 061 951
Mecklenburg-Vorpommern	1 651 216
Niedersachsen	7 928 815
Nordrhein-Westfalen	17 872 763
Rheinland-Pfalz	4 012 675
Saarland	1 022 585
Sachsen	4 168 732
Sachsen-Anhalt	2 356 219
Schleswig-Holstein	2 832 027
Thüringen	2 249 882

Üben und Vertiefen: Sachaufgaben

1 Familie Rudloff zahlt monatlich 512 € Miete, dazu vierteljährlich 198 € Wasser- und Müllabfuhrgebühren. Welche Kosten hat Familie Rudloff in einem Jahr?

2 Sebastian fährt an 187 Tagen im Jahr mit dem Bus zur Schule. Er wohnt 11 km vom Schulort entfernt.

3 Der Petronas Tower in Kuala Lumpur, Malaysia, ist 452 m hoch. Seine 90 Stockwerke haben 13 500 Fenster.
a) Wie viele Fenster hat jedes Stockwerk im Durchschnitt?
b) Ein Fensterputzer benötigt für jedes Fenster durchschnittlich eine Minute. Wie viele Stunden braucht er, um alle Fenster des Gebäudes zu putzen?

4 Bei einer siebentägigen Radtour legen Jan und Alex insgesamt 364 km zurück. Wie viele Kilometer sind sie durchschnittlich an einem Tag gefahren?

5 Für den Wandertag kauft Michael eine Ein-Liter-Pfandflasche Orangensaft für 1,49 €. Benjamin kauft fünf Trinkpäckchen Orangensaft (0,2 *l*) zu je 0,35 €.
a) Wer kauft preiswerter ein?
b) Wer kauft umweltfreundlicher ein?

6 Sieben Freunde haben gemeinsam 17 759 € im Lotto gewonnen. Jeder erhält gleich viel.

7 Luisa sammelt in ihrer Klasse jede Woche das Geld für Kakao, Milch und Vanillemilch ein.
Wie viel Euro müssen in der Kasse sein?

Klasse 5b		3 0. Woche
Kakao	(1,1 5 €)	|||| |||| ||
Milch	(1,1 5 €)	
Vanille	(1,3 5 €)	||||

8 Die 13 Mädchen und 12 Jungen der Klasse 5 a fahren für vier Tage in die Jugendherberge. Für Fahrt, Unterkunft und Verpflegung zahlt die ganze Klasse 1825 €. Welchen Betrag muss jedes Kind bezahlen?

9 Bei einer Klassenfahrt kostet die Busfahrt 7,50 € für jeden Schüler, wenn 24 Schüler mitfahren. Ein weiterer Schüler fährt mit.

10 An einem Wochenende kommen insgesamt 313 074 Zuschauer zu den neun Spielen der ersten Fußballbundesliga. Wie viele Zuschauer sind durchschnittlich in jedem Stadion?

11 Ein Hühnerei wiegt 50 g, ein Straußenei wiegt 1500 g. Vergleiche.

12 a) Eine Ameise wiegt 5 mg. Sie kann das Zwanzigfache ihres Körpergewichts tragen. Welches Gewicht ist das?
b) Bestimme das Zwanzigfache deines eigenen Körpergewichts. Kannst du ein solches Gewicht tragen?

Ananas	Stck. 3,00 €
Honigmelone	Stck. 2,00 €
Kiwis	Stck. 0,40 €
Orangen	Stck. 0,50 €

Grapefruit	Stck. 0,60 €
Weintrauben	1 kg 1,50 €
Äpfel	1 kg 1,80 €
Bananen	1 kg 1,40 €

Vollmilch (1 *l*)	0,58 €
Jogurt (4 x 125 g)	1,75 €
Fruchtquark (150 g)	0,48 €
Bio-Eier (10 Stck.)	2,10 €

Vollmilchschokolade

| 1 Tafel | 3 Tafeln |
| 0,65 € | 1,75 € |

Haushaltsrolle (2 Stck.)	1,40 €
Müllsäcke 120 *l* (10 Stck.)	1,20 €
Schokoriegel (5 Stck.)	1,70 €
Müsliriegel (2 Stck.)	0,90 €

1 Alana hat auf einen Zettel geschrieben, was sie einkaufen will. Wie viel Euro muss sie bezahlen?

> 2 kg Weintrauben
> 6 Kiwis
> 1 Honigmelone
> 3 Tafeln Schokolade
> 10 Schokoriegel
> 8 Becher Jogurt
> 300 g Fruchtquark
> 2 Haushaltsrollen

2 Wähle selbst aus dem Angebot des Supermarkts aus, was du kaufen möchtest, schreibe einen Einkaufszettel und berechne, was du bezahlen musst.

3 Paul zählt sein Geld. Er hat noch zwei Ein-Euro-Münzen, eine 50-Cent-Münze und vier 20-Cent-Münzen. Reicht das Geld für zehn Schokoriegel?

4 Linda möchte einen Obstsalat herstellen. Sie hat bereits 1 kg Weintrauben, 500 g Äpfel und zwei Orangen ausgewählt. Wie viele Kiwis kann sie noch mitnehmen, wenn sie mit 5 € auskommen muss?

5 Lars stellt für verschiedene Produkte jeweils eine Preisliste her.

| | Ananas | | Weintrauben |
Anzahl	Preis (€)	Masse (kg)	Preis (€)
1	3	1	1,50
2	▣	2	▣
3	▣	3	▣
4	▣	4	▣
5	▣	5	▣
6	▣	6	▣
7	▣	7	▣
8	▣	8	▣

Vervollständige die Preislisten in deinem Heft.

6 Stelle eine Preisliste auf
a) für Milch von einem Liter bis acht Litern,
b) für Äpfel von einem Kilogramm bis acht Kilogramm,
c) für Haushaltsrollen von einem Stück bis zehn Stück,
d) für Müllsäcke von einem Stück bis zehn Stück.

7 Stelle eine Preisliste für Schokolade von einer Tafel bis zehn Tafeln auf. Nutze dabei das Sonderangebot.

Im Alltag spricht man von Gewicht anstelle von Masse.

Gorilla

Höhe (stehend)	1,90 m
Gewicht	220 kg
Tragezeit	8–9 Monate
Gewicht bei der Geburt	2200 g

Giraffe

Höhe	5,70 m
Gewicht	650 kg
Tragezeit	14–15 Monate
Gewicht bei der Geburt	65 kg

Flusspferd

Länge	3,50 m
Schulterhöhe	1,50 m
Gewicht	1500 kg
Tragezeit	8 Monate
Gewicht bei der Geburt	50 kg

Spitzmaulnashorn

Länge	3,50 m
Schulterhöhe	1,80 m
Gewicht	1400 kg
Tragezeit	15–16 Monate
Gewicht bei der Geburt	70 kg

1 a) Vergleiche die Größe der Tiere mit der Größe eines erwachsenen Menschen.
b) Vergleiche das Gewicht des neugeborenen mit dem Gewicht des erwachsenen Tieres. Wie viel Mal so schwer wie das neugeborene Tier ist das erwachsene Tier?
c) Wie viele erwachsene Männer wiegen etwa so viel wie ein Flusspferd (ein Nashorn, ein Gorilla, eine Giraffe)?

d) Welche der Tiere sind schwerer als alle Schülerinnen und Schüler deiner Klasse zusammen?
e) Vergleiche das Gewicht der Tiere bei der Geburt mit dem Gewicht eines neugeborenen Kindes.
f) Suche weitere Informationen zu einem der Tiere und stelle sie auf einem Plakat zusammen.

Beachte die Hinweise auf den Seiten 48 und 171.

Elefanten sind die größten und schwersten auf dem Land lebenden Säugetiere. Es gibt zwei verschiedene Arten: den indischen Elefanten, der in Indien und Südostasien lebt, und den afrikanischen Elefanten, der die Steppen und lichteren Waldgebiete Afrikas südlich der Wüste Sahara bewohnt. An den Ohren sind beide Arten gut zu unterscheiden, die des afrikanischen Elefanten sind größer, sie erreichen eine Länge von 1,50 m.

Elefanten schlafen nachts etwa 2–4 Stunden, während der Mittagshitze ruhen sie aus, vom Nachmittag bis in die Nacht hinein suchen sie nach Blättern und Früchten, von denen sie sich ernähren. Elefanten nehmen pro Tag etwa 300 kg Nahrung und 80 *l* Wasser zu sich. Sie baden gerne im Wasser oder suhlen sich im Schlamm. Elefanten können gut schwimmen, aber nicht springen.

Der afrikanische Elefant wird bis zu 8 m lang und bis zu 4 m hoch. Ein ausgewachsenes Tier kann mehr als 6 t wiegen. Trotz ihres großen Gewichts laufen Elefanten fast geräuschlos, denn an der Unterseite des Fußes besteht ein dickes federndes Polster, das den massigen Körper beim Gehen auffängt. Elefanten bewegen sich normalerweise mit einer Geschwindigkeit von 6 $\frac{km}{h}$, beim Angreifen können sie aber 40 $\frac{km}{h}$ schnell sein.

Elefantenkühe paaren sich von ihrem 15. oder 16. Lebensjahr an alle vier Jahre. Nach einer Tragezeit von 22–24 Monaten wird ein Kalb geboren. Das Neugeborene wiegt 100 kg und wird 2–3 Jahre von der Mutter gesäugt. Im Laufe ihres Lebens kann eine Elefantenkuh zwölf Kälber zur Welt bringen. Mit zwölf Jahren wird ein Elefant geschlechtsreif, dann werden die Jungbullen aus der Herde verjagt.

Elefanten sind gesellige Tiere. Sie leben in Herden von 20 bis 30 Tieren, die meistens miteinander verwandt sind. Zu einer Herde gehören mehrere Weibchen, Jungtiere und ein oder zwei Bullen. Eine alte Kuh führt die Herde. Elefantenbullen schließen sich zu Junggesellenherden zusammen oder leben als Einzelgänger. Elefanten haben eine Lebenserwartung von 60 Jahren.

1 a) Übertrage den Steckbrief des afrikanischen Elefanten in dein Heft. Füge die fehlenden Größen ein.
b) Im Text werden weitere Zahlen und Größen zum afrikanischen Elefanten angegeben. Ergänze damit den Steckbrief.

2 Eine Elefantenherde wandert 11 Stunden. Welche Strecke hat sie in dieser Zeit zurückgelegt?

3 Ein elfjähriges Kind wiegt ungefähr 40 kg. Sind alle Schülerinnen und Schüler eurer Klasse (eurer Jahrgangsstufe) zusammen so schwer wie ein ausgewachsener Elefant?

4 Eine Elefantenkuh hat 9 Kälber zur Welt gebracht. Wie alt ist sie?

5 Passt ein ausgewachsener Elefant in euren Klassenraum?

6 Überlege dir weitere Rechenaufgaben zum Elefanten. Gib sie einem Mitschüler oder einer Mitschülerin zum Lösen.

7 Welche Strecke legt eine Elefantenherde an einem Tag zurück?
Schreibe auf, wie du zu deiner Lösung gelangt bist.

Argumentieren und Kommunizieren

Einem Text Informationen entnehmen

1. Lies den Text im Ganzen durch. Schreibe in einem Satz auf, wovon der Text handelt.

2. Lies jeden einzelnen Abschnitt des Textes langsam und konzentriert.
Schreibe zu jedem Abschnitt eine Überschrift auf.

3. Schreibe die Aussagen des Textes auf, die du für besonders wichtig hältst.

4. Schreibe die Wörter auf, die du nicht kennst. Kläre ihre Bedeutung, indem du ein Lexikon benutzt oder deinen Lehrer fragst.

5. Berichte einem Mitschüler oder einer Mitschülerin, was du gelesen hast.

1 Multipliziere schriftlich.
a) 347 · 35   b) 1308 · 46
c) 1434 · 82   d) 3002 · 133
e) 4902 · 105   f) 8721 · 435

2 Dividiere schriftlich.
a)   965 : 5   b)   8550 : 6
c)   9352 : 4   d) 24 094 : 7
e) 55 456 : 8   f) 22 154 : 11

3 a) Die drei Faktoren sind 5, 12 und 3.
Bestimme das Produkt.
b) Gib zwei Faktoren an, deren Produkt
42 ist.
c) Ein Produkt aus zwei gleichen Faktoren hat den Wert 81. Gib die Faktoren
an.
d) Ein Faktor ist 9, das Produkt ist 135.
Berechne den zweiten Faktor.
e) Berechne den Quotienten aus 132
und 12.

4 Berechne.
a) (13 + 47) · 11
b) 12 · (77 − 69)
c) 7 · 12 + 3 · 10
d) 96 : (39 − 27)

5 Rechne vorteilhaft.
a) 50 · 87 · 2
b) 25 · 4 · 29
c) 153 · 8 + 153 · 2
d) 172 · 18 − 72 · 18

6 Bei einigen Aufgaben hat Karim vergessen, Klammern zu setzen. Schreibe
die Aufgaben richtig in dein Heft.

152 − 2 · 3 = 450
120 + 12 · 8 = 216
20   10 − 4 = 120
90 − 72 : 9 = 82
28 + 2 · 5 = 150

7 Ein Telefonbuch hat 793 Seiten. Jede
Seite hat vier Spalten. In jeder Spalte
stehen durchschnittlich 100 Telefonnummern.

8 Im vergangenen Schuljahr ist Samira
an 180 Tagen mit dem Fahrrad zur
Schule gefahren. Ihr Schulweg beträgt
2750 m. Wie viele Kilometer hat sie auf
dem Weg zur Schule und zurück insgesamt zurückgelegt?

9 Frau Werthmann hat in einem Jahr
15 084 km mit ihrem Auto zurückgelegt.
Wie viele Kilometer ist sie durchschnittlich in einem Monat gefahren?

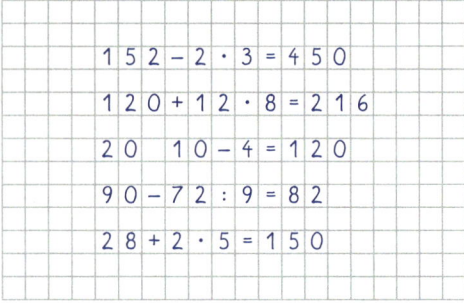

1 Ordne jedem Tier das richtige
Gewicht zu.

2 t	35 kg	110 g	700 mg

2 Wandle in die angegebene Einheit
um.
a) 5000 g (kg)   b) 13 t (kg)
   12 000 kg (t)   7 kg (g)

c) 17 g (mg)   d) 4 t 350 kg (kg)
   3 kg (mg)   1 kg 80 g (g)

e) 1,5 kg (g)   f) 2 kg 530 g (kg)
   2,65 t (kg)   4 t 347 kg (t)

3 Mit einem Gewicht von 180 t ist der
Blauwal das schwerste Meerestier. Der
Elefant wiegt 6 t und ist das schwerste
Tier auf dem Land. Wie viele Elefanten
wiegen so viel wie ein Blauwal?

Lernkontrolle 2

1 Multipliziere schriftlich.
a) 1473 · 32   b) 5270 · 73
c) 34 711 · 19   d)   475 · 455
e) 20 071 · 105   f) 20 472 · 224

2 Dividiere schriftlich.
a) 29 205 : 9   b) 62 414 : 11
c) 65 184 : 12   d) 71 428 : 7
e) 19 243 : 6   f) 39 820 : 15

3 a) Das Produkt aus zwei Zahlen ist 48. Wie lauten die beiden Faktoren? Gib drei Möglichkeiten an.
b) Der Quotient von zwei Zahlen ist 12. Wie groß ist der Dividend, wie groß der Divisor? Gib drei Möglichkeiten an.
c) Der erste Faktor ist 15, das Produkt ist 180. Gib den zweiten Faktor an.
d) Ein Produkt aus drei Faktoren hat den Wert 120. Der erste Faktor ist 4, der zweite ist 6. Bestimme den dritten Faktor.

4 a) Multipliziere die Summe von 27 und 13 mit 8.
b) Dividiere die Differenz von 142 und 37 durch 5.
c) Addiere zu 400 das Produkt aus 12 und 25.
d) Subtrahiere von 95 den Quotienten aus 150 und 3.

5 a) Erkläre, welchen Fehler Louis gemacht hat.

$$
\begin{array}{r}
3\,7\,1 \cdot 1\,0\,2 \\
\hline
3\,7\,1 \\
7\,4\,2 \\
\hline
4\,4\,5\,2
\end{array}
$$

b) Schreibe die Aufgabe richtig in dein Heft.

6 Berechne die Potenzen.
a) 11^2 b) 5^3 c) 3^5

7 Schreibe als Potenz mit der Basis 2.
a) 32   b) 256   c) 1024

8 Berechne.
a) $3 \cdot 10^2 + 40 \cdot 10^3$ b) $7 \cdot 10^5 + 13 \cdot 10^4$

9 100 000 Bleistifte werden in Schachteln zu jeweils acht Stück verpackt. Jeweils 50 Schachteln werden in einem Karton verschickt. Wie viele Kartons sind notwendig?

10 Die 14 Schülerinnen und 15 Schüler der Klasse 5.4 fahren für drei Tage in die Jugendherberge. Übernachtung und Verpflegung für eine Person kosten 24 € pro Tag. Wie viel muss die Klasse 5.4 insgesamt bezahlen?

---

1 Wandle in die gleiche Einheit um und addiere.
a) 5 kg + 750 g + 1 kg
b) 2,5 kg + 1,8 kg + 450 g
c) 4,8 t + 342 kg + 2 t
d) 1,2 t + 675 kg + 0,5 t

2 Ordne der Größe nach.
720 g; 2,5 kg; 4500 g; 0,4 kg; 1 kg 250 g

3 Buchhändler Lang will einem Kunden fünf Bücher schicken. Die Bücher wiegen 510 g, 397 g, 284 g, 324 g und 409 g. Kann er die Sendung noch als Päckchen (bis 2 kg) abschicken?

4 Schreibe mit Komma.
a) 2300 g (kg)   b) 4700 kg (t)
  1450 g (kg)   1345 kg (t)
  500 g (kg)   50 kg (t)

5 Für eine Flugreise packt Lara ihren Koffer. Mit allen Kleidungsstücken wiegt er bereits 18 kg. Der Tischtennisschläger wiegt 250 g, der MP3-Player 360 g, der Teddybär 180 g, die Schwimmflossen 950 g und drei Taschenbücher wiegen jeweils 270 g. Das Fluggepäck darf 20 kg nicht überschreiten.
Kann sie alle Gegenstände einpacken? Welche könnte sie zu Hause lassen?

Ich komme aus Weißrussland.

Meine Lieblingsgruppe ist Silberstern.

4 Daten erheben und aufbereiten

Die Schülerinnen und Schüler der Klasse 5a möchten sich einer fünften Klasse ihrer Partnerschule in Schweden vorstellen. Sie überlegen zunächst, welche Informationen für die Kinder in Schweden interessant sein könnten.

Die Schülerinnen und Schüler bilden Gruppen, die zu unterschiedlichen Themen Fragen stellen sollen. Die Fragen sollen dann von allen Kindern der Klasse beantwortet werden.

Was könnten die Schülerinnen und Schüler noch über sich berichten? Was möchtest du gerne über deine Mitschülerinnen und Mitschüler erfahren?

Mein Hobby ist Inlineskating.

Am liebsten mache ich ...

Ich habe noch eine Schwester.

Fragebogen zum Thema „Familie"

☐ Mäd...

☐ Junge

...wandtschaft?

Fragebogen zum Thema „Schulweg"

☐ Mäd...

1. Was...
   ☐ S...
   ☐ ...
   ☐ ...
   ☐ ...

2. Wa...
   ☐
   ☐
   ☐

3. W...
   ☐
   ☐
   ☐
   ☐

Fragebogen zum Thema „Freizeit, Hobbys"

☐ Mädchen   ☐ Junge

1. Was machst du am liebsten in deiner Freizeit?
   ☐ Sport   ☐ Musik hören
   ☐ mit Freunden spielen ☐ Fernsehen
   ☐ Lesen   ☐ Computer
   ☐ etwas ganz anderes

2. Was ist deine Lieblingssportart?
   ☐ Inliner laufen   ☐ Fußball
   ☐ andere Ballspiele   ☐ Schwimmen
   ☐ Turnen   ☐ Leichtathletik
   ☐ etwas ganz anderes

3. Was ist dein Lieblingstier?
   ☐ Kaninchen   ☐ Hamster
   ☐ Pferd   ☐ Hund

1 Befrage alle Schülerinnen und Schüler deiner Klasse, halte die Ergebnisse in einer Strichliste und einer Häufigkeitstabelle fest. Stelle die Ergebnisse anschaulich in einem Diagramm dar.
a) Frage nach ihrer Lieblingsmusikgruppe, ihrem Lieblingsbuch, ihrem Lieblingsfach, ihrem Lieblingsverein, ...).
b) Frage nach der Anzahl der Geschwisterkinder (der Anzahl der Personen in ihrem Haushalt, der Länge des Schulwegs, der Dauer des Schulwegs, der Dauer der Hausaufgaben, ...).

2 Sammelt in Gruppenarbeit Daten über eure Klasse (euren Jahrgang), haltet die Ergebnisse in Häufigkeitstabellen fest und stellt sie in Diagrammen dar.

Beachtet für die Gruppenarbeit und die Präsentation der Ergebnisse die Hinweise auf der nächsten Seite.

Regeln für die Gruppenarbeit

1. Der Arbeitsplatz wird eingerichtet. Alle Arbeitsmaterialien werden zurechtgelegt.

2. Die Gruppenarbeit beginnt mit einer gemeinsamen Besprechung der Aufgabenstellung.

3. Der Arbeitsablauf wird organisiert. Dabei werden alle an der Arbeit beteiligt.

4. Alle Gruppenmitglieder notieren die wichtigsten Ergebnisse.

5. Der Vortrag der Ergebnisse wird gemeinsam vorbereitet. Alle sind für die Qualität der Arbeit verantwortlich.

Regeln für die Präsentation

1. Beginne nicht sofort, sondern warte ab, bis Ruhe herrscht.

2. Versuche frei zu sprechen und schaue das Publikum an. Benutze einen Notizzettel als Merkhilfe.

3. Stelle wichtige Informationen besonders heraus.
   Benutze dazu die Tafel, Folien, Plakate.

4. Warte am Ende ab, ob es noch Fragen oder Anmerkungen gibt.

Regeln für das Publikum

1. Wenn eine Gruppe ihre Ergebnisse vorträgt, hört das Publikum aufmerksam zu.

2. Jeder überlegt während der Präsentation:
   • Was kann ich bei dieser Präsentation lernen?
   • Welche Fragen habe ich noch?
   • Was hat mir gut gefallen, was könnte noch verbessert werden?

3. Das Publikum nimmt in der Nachbesprechung dazu Stellung.

Daten sammeln, ordnen und darstellen

Anzahl der Geschwisterkinder

0 3 1 1 2 0 1 2 1 1 2 1 0 0 1
0 1 0 2 0 1 1 1 0 1

1 Eine Gruppe mit dem Thema „Familie" fragte alle Schülerinnen und Schüler der 5a nach der Anzahl ihrer Geschwister. Die erfragten Daten wurden zunächst in einer **Urliste** festgehalten. Die Daten in der Urliste wurden dann mit Hilfe einer **Strichliste** geordnet und anschließend in einer **Häufigkeitstabelle** zusammengefasst.

Strichliste		Häufigkeitstabelle	

Strichliste

Anzahl der Geschwisterkinder	
0	⊞⊞ |||
1	▪
2	▪
3	▪

Häufigkeitstabelle

Anzahl der Geschwisterkinder	Häufigkeit
0	8
1	▪
▪	▪
▪	▪

Übertrage die Strichliste und die Häufigkeitstabelle in dein Heft und vervollständige sie mithilfe der oben notierten Daten.

2 Die Antworten auf die Frage „Wie viele Personen leben in eurem Haushalt?" wurden bereits in einer Häufigkeitstabelle zusammengefasst und in einem **Säulendiagramm** anschaulich dargestellt. Stelle auch die Ergebnisse der Umfrage nach der Anzahl der Geschwisterkinder in einem Säulendiagramm dar.

Säulendiagramm

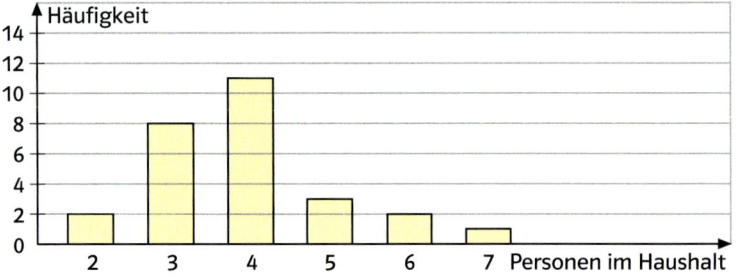

3 Im fünften Jahrgang wurden 50 Schülerinnen und Schüler nach der Anzahl ihrer Geschwister gefragt. Die erfragten Daten wurden in der abgebildeten Urliste festgehalten.

Anzahl der Geschwisterkinder

0 3 1 1 2 0 1 2 1 1 2 3 2 3 0
1 1 0 2 3 4 1 0 2 0 1 4 2 2 1
1 0 1 1 1 1 0 2 1 0 0 1 1 4 4
3 2 1 1 0

Lege zunächst eine Strichliste und dann eine Häufigkeitstabelle an. Stelle die Ergebnisse in einem Säulendiagramm dar.

4 Die Schülerinnen und Schüler wurden auch gefragt, wie viele Fernsehgeräte sie zu Hause haben. Die Ergebnisse der Umfrage wurden zunächst in einer Urliste gesammelt.

Anzahl der Fernsehgeräte

2 2 3 4 3 2 1 3 2 2 1 2 4
3 2 1 3 2 2 3 4 4 2 2 3

a) Bestimme mithilfe einer Strichliste die Häufigkeit und trage sie in einer Häufigkeitstabelle ein.
b) Stelle das Ergebnis der Befragung anschaulich in einem Säulendiagramm dar.

5 Lege eine Häufigkeitstabelle an und stelle das Ergebnis der Umfrage in einem Säulendiagramm dar.

Was ist deine Lieblingssportart?

Inliner laufen	||||
Fußball	⊞⊞	
andere Ballspiele	⊞⊞
Schwimmen	|||
Turnen	||||
Leichtathletik	||
etwas ganz anderes		

Daten sammeln, ordnen und darstellen

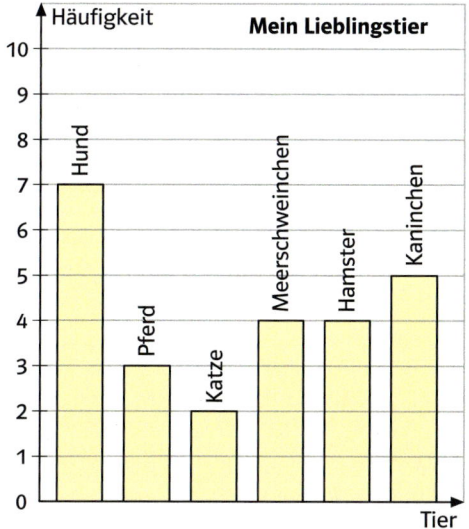

8 Die vierte Arbeitsgruppe hat ebenfalls alle Schülerinnen und Schüler nach ihrem Lieblingstier befragt. Für die Darstellung der Ergebnisse hat die Gruppe als Diagrammform ein **Balkendiagramm** gewählt.

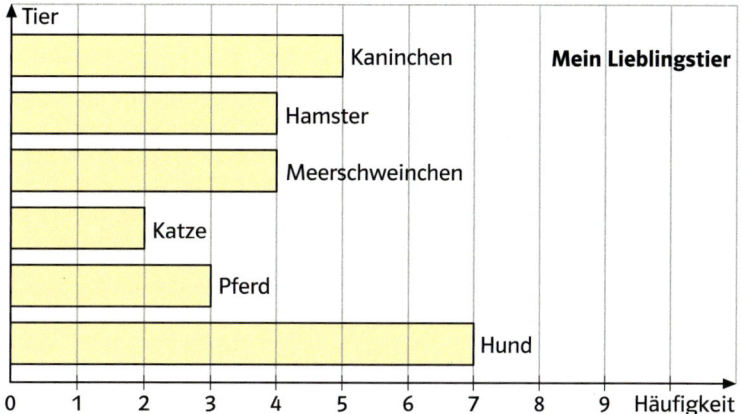

a) Vergleiche das Balkendiagramm mit dem Säulendiagramm. Nenne Gemeinsamkeiten und Unterschiede. Welche Vorteile hat das Balkendiagramm?
b) Stelle die Ergebnisse zur liebsten Freizeitbeschäftigung (liebsten Sportart) in einem Balkendiagramm dar.

6 Eine Gruppe hat alle Schülerinnen und Schüler der 5 a nach ihrem Lieblingstier befragt. Die Ergebnisse der Umfrage sind in einem Säulendiagramm veranschaulicht.
a) Lies die Häufigkeiten aus dem Diagramm ab und trage sie in eine Häufigkeitstabelle ein.
b) Was lässt sich an der Darstellung im Säulendiagramm verbessern?

7 Die Gruppe, die sich mit dem Thema „Freizeit und Hobbys" beschäftigt, möchte alle Schülerinnen und Schüler der 5 a auch nach ihrer liebsten Freizeitbeschäftigung fragen. Damit sich die Umfrage auch gut auswerten lässt, haben die Gruppenmitglieder Antworten zur Auswahl vorgegeben.
Stelle das Ergebnis in einem Säulendiagramm dar.

9 Vor ihrer Umfrage haben die Schülerinnen und Schüler der fünften Gruppe überlegt, welche Verkehrsmittel auf dem Weg zur Schule benutzt werden können. Stelle die in der Häufigkeitstabelle zusammengefassten Ergebnisse in einem Balkendiagramm (Säulendiagramm) dar.

Verkehrsmittel	Häufigkeit
Straßenbahn	7
Zug	0
Bus	5
Pkw	2
Fahrrad	5
zu Fuß	6

Was machst du am liebsten in deiner Freizeit?

Sport   HHT I
Musik hören   III
mit Freunden spielen   HHT III
Fernsehen   I
Lesen   II
Computer   IIII
etwas ganz anderes   I

Julia besitzt 11 Spielsteine. Wenn sie ihrer Freundin Lisa 3 Steine abgibt, haben beide gleich viele. Wie viele hatte Lisa anfangs?

10 Die fünfte Gruppe hat auch nach der Länge des Schulwegs gefragt.

> **Länge des Schulwegs (in km)**
>
> 1 3 12 10 9 7 9 4 1 0 3 5 6 3
> 4 13 7 8 4 6 3 2 3 1 2

Bei den in der Urliste gesammelten Daten wurden nur die ganzen Kilometer angegeben. Die Schülerinnen und Schüler in der Gruppe haben deshalb einzelne Daten zusammengefasst:
von 0 km bis unter 3 km
von 3 km bis unter 6 km
von 6 km bis unter 9 km
von 9 km bis unter 12 km
von 12 km bis unter 15 km

a) Übertrage die zugehörige Häufigkeitstabelle in dein Heft und vervollständige sie.

Länge des Schulwegs (km)	Häufigkeit
von 0 km bis unter 3 km	6
von 3 km bis unter 6 km	9
von 6 km bis unter 9 km	▨
von 9 km bis unter 12 km	▨
von 12 km bis unter 15 km	▨

b) Die Häufigkeiten der zusammengefassten Daten sind dann in einem **Histogramm** anschaulich dargestellt worden.

Histogramm

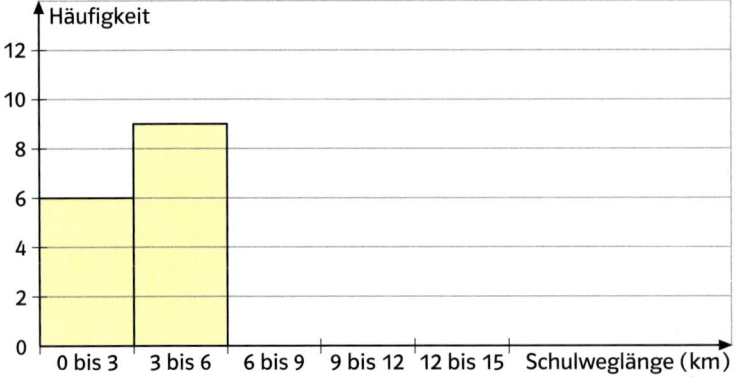

Übertrage das Histogramm in dein Heft und vervollständige es.

11 a) Fasse auch die Daten zur Dauer des Schulwegs zusammen. Benutze die vorgeschlagene Einteilung und lege eine Häufigkeitstabelle an.

> **Dauer des Schulwegs (in min)**
>
> 8 10 20 13 18 20 20 18 28 7
> 29 20 12 5 15 1 29 4 22 9 10
> 19 19 15 18

von 0 min bis unter 5 min
von 5 min bis unter 10 min
       ...

b) Zeichne das zugehörige Histogramm (1 cm entspricht 2 min).

12 Die Schülerinnen und Schüler der 5a haben auch ihre Körpergröße (in cm) ermittelt und die Daten in einem Histogramm dargestellt.
a) Wie wurden die einzelnen Daten zusammengefasst?
b) Lege für die zusammengefassten Daten eine Häufigkeitstabelle an und trage die zugehörigen Häufigkeiten ein.

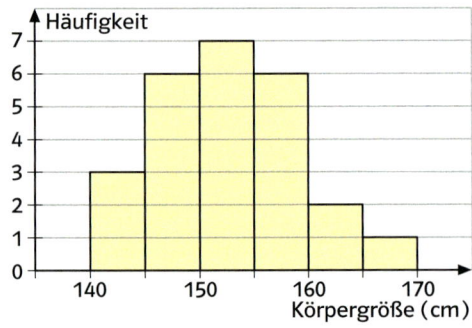

c) Auch in der 5b wurde die Körpergröße der Schülerinnen und Schüler ermittelt.
Fasse auch hier die Daten so zusammen wie in der 5a, lege eine Häufigkeitstabelle an und zeichne das Histogramm.

> **Körpergröße (in cm)**
>
> 137 145 148 149 152 153 162
> 165 138 147 140 143 141 153
> 157 158 156 154 152 162 157
> 154 148 138 144

Diagramme lesen

1 Bei einer Umfrage wurden 1000 Erwachsene in Brandenburg nach ihren Freizeitbeschäftigungen gefragt. Die Ergebnisse der Befragung sind in dem abgebildeten Säulendiagramm grafisch dargestellt. Lies ab, wie häufig die einzelnen Freizeitbeschäftigungen genannt wurden.

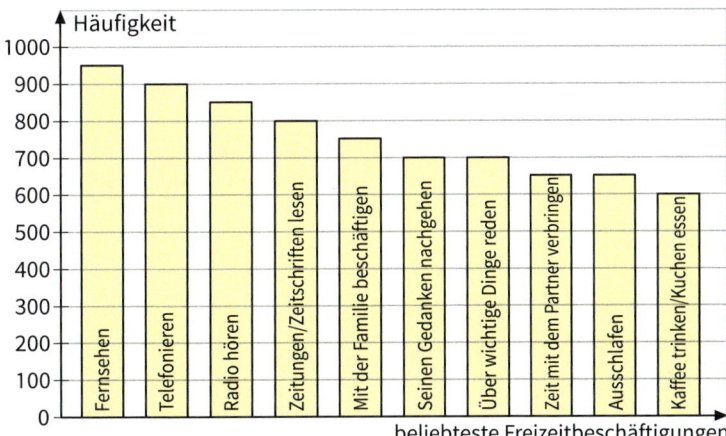

Häufigkeit / beliebteste Freizeitbeschäftigungen

Fernsehen, Telefonieren, Radio hören, Zeitungen/Zeitschriften lesen, Mit der Familie beschäftigen, Seinen Gedanken nachgehen, Über wichtige Dinge reden, Zeit mit dem Partner verbringen, Ausschlafen, Kaffee trinken/Kuchen essen

2 In der Bundesrepublik Deutschland wurden 100 000 Frauen und Männer nach der Sportart gefragt, die sie am liebsten ausüben.
a) Lies ab, wie häufig die einzelnen Sportarten genannt wurden. Lege eine Häufigkeitstabelle an.
b) Entsprechen die dargestellten Häufigkeiten genau den Befragungsergebnissen? Begründe deine Antwort.

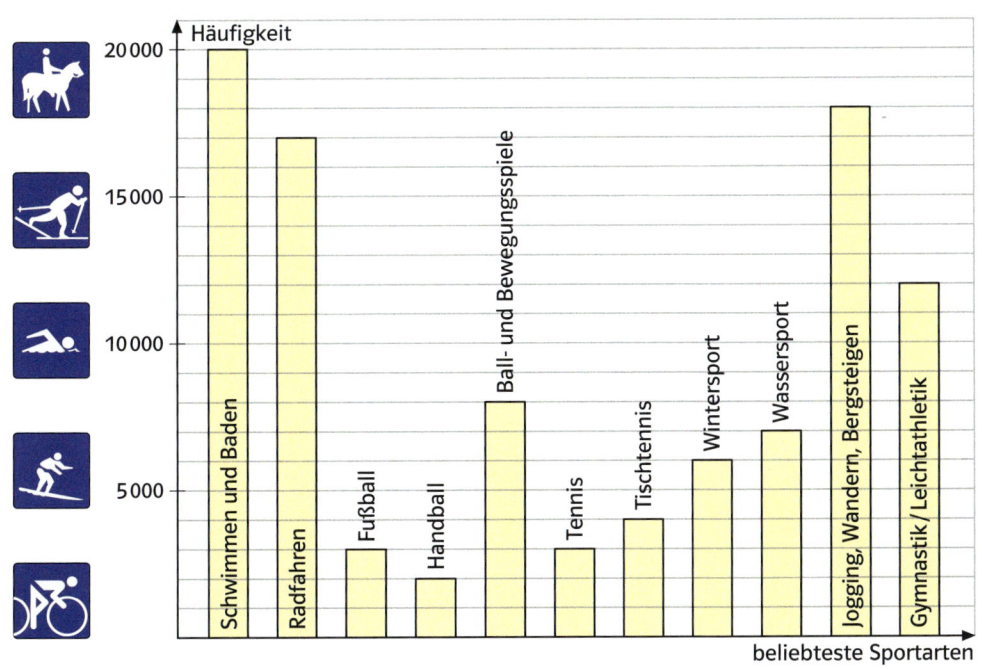

Häufigkeit / beliebteste Sportarten

Schwimmen und Baden, Radfahren, Fußball, Handball, Ball- und Bewegungsspiele, Tennis, Tischtennis, Wintersport, Wassersport, Jogging, Wandern, Bergsteigen, Gymnastik/Leichtathletik

Diagramme lesen

3 Bei einer statistischen Erhebung (2013) wurden Urlaubsreisende gefragt, welches Verkehrsmittel sie bei ihrer Urlaubsreise benutzen.
Die Ergebnisse der Befragung werden in dem abgebildeten Säulendiagramm grafisch dargestellt.

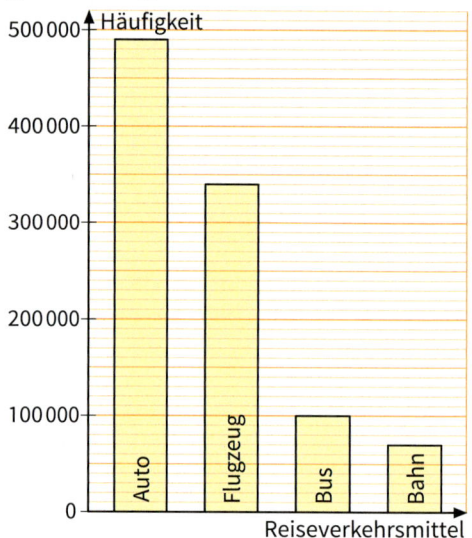

a) Lies ab, wie häufig jedes Verkehrsmittel benutzt wurde.
Wurde das Auto häufiger benutzt als die anderen Verkehrsmittel zusammen? Begründe.

4 In einigen europäischen Ländern wurden jeweils 10 000 Personen gefragt, ob sie in Urlaub fahren (2013). Das Ergebnis der Befragung wird in dem Balkendiagramm dargestellt.
a) Lies die Häufigkeiten ab und übertrage sie in eine Häufigkeitstabelle.
b) Kannst du die Befragungsergebnisse erklären?

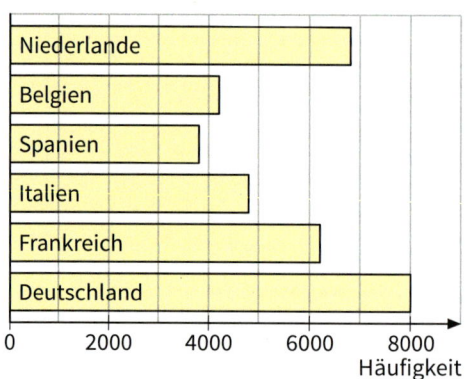

Urlaubsreisende mit dem Auto

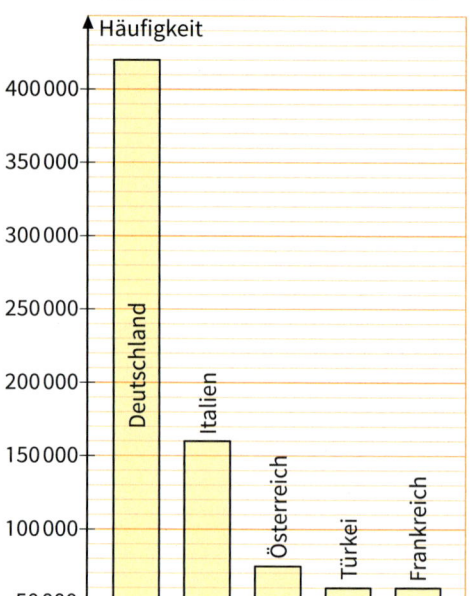

5 Von 1 000 000 Urlaubern, die mit dem Auto verreisen, wählten 2013 die meisten einen Urlaubsort in Deutschland.
a) Wie viele der befragten Urlaubsreisenden fahren nach Italien (Österreich, in die Türkei, nach Frankreich)?
b) Wie viele Urlauber fahren insgesamt in die angegebenen Länder?

6 Suche in Schulbüchern (Zeitungen und Zeitschriften) nach Säulen- und Balkendiagrammen.

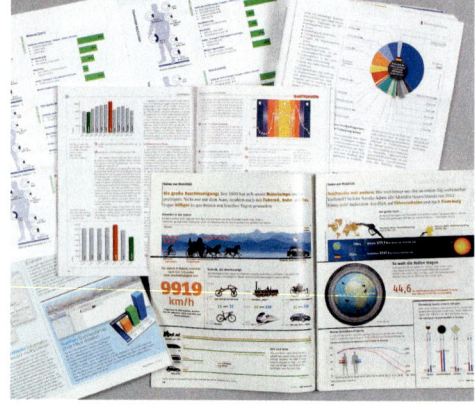

Welche Daten sind dort gesammelt und grafisch dargestellt worden?

Grundwissen: Daten

Bei Umfragen werden Daten in einer Urliste gesammelt. Die Daten können dann mit einer Strichliste geordnet und in einer Häufigkeitstabelle dargestellt werden.

Urliste

Anzahl der Personen im Haushalt

4 5 3 2 3 4 4 4 5 6 5 4 3 6
4 4 3 4 4 5 7 4 4 3

Häufigkeitstabelle

Anzahl der Personen im Haushalt	Häufigkeit
2	1
3	5
4	11
5	4
6	2
7	1

Strichliste

2 Personen	I
3 Personen	IIII
4 Personen	IIII IIII I
5 Personen	IIII
6 Personen	II
7 Personen	I

Die in einer Häufigkeitstabelle aufbereiteten Daten können in verschiedenen Diagrammformen grafisch dargestellt werden.

Säulendiagramm

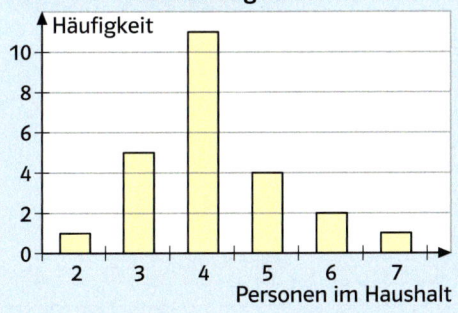

Balkendiagramm

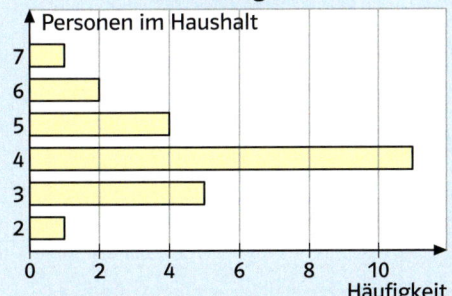

Bei manchen Umfragen ist es sinnvoll, die gesammelten Daten zusammenzufassen. Die so aufbereiteten Daten lassen sich dann in einem Histogramm grafisch darstellen.

Häufigkeitstabelle

Körpergröße (cm)	Häufigkeit
von 135 bis unter 140	3
von 140 bis unter 145	4
von 145 bis unter 150	7
von 150 bis unter 155	5
von 155 bis unter 16o	4
von 160 bis unter 165	2

Histogramm

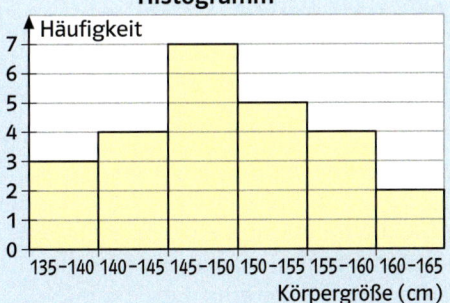

Üben und Vertiefen

Schock deine Lehrer! Lies ein Buch!

1 Die Schülerinnen und Schüler der Klasse 5 a haben an einem Lesewettbewerb teilgenommen. In der Urliste findest du, wie viele Bücher jede Schülerin und jeder Schüler in den Sommerferien gelesen hat.

Anzahl der gelesenen Bücher

2 1 3 4 6 7 9 2 1 1 5 6 8 2 2 3
3 4 4 2 5 3 3 2 3 2 5 2

a) Bestimme mithilfe einer Strichliste die Häufigkeiten und trage sie in einer Häufigkeitstabelle ein.
b) Stelle das Ergebnis anschaulich in einem Säulendiagramm dar.

2 Schülerinnen und Schüler der Klasse 5b haben in einer Umfrage im 5. Jahrgangs ermittelt, wie viele Handys jeweils in einer Familie vorhanden sind. Die Daten wurden in einer Urliste gesammelt.

Anzahl der Handys

2 1 3 4 0 3 2 1 1 2 3 3 3 4 5 2
3 4 4 5 2 0 2 1 1 2 2 3 3 4 4 2
5 3 3 2 3 2 3 2 0 2 2 3 3 4 2 1
3 2

a) Bestimme mithilfe einer Strichliste die Häufigkeiten und trage sie in einer Häufigkeitstabelle ein.
b) Stelle das Ergebnis anschaulich in einem Balkendiagramm dar.

3 Die Schülerinnen und Schüler einer 5. Klasse haben Umfrageergebnisse in Diagrammen veranschaulicht. Beschreibe, was in den Diagrammen dargestellt wird, und vergleiche mit den Umfrageergebnissen in deiner Klasse.

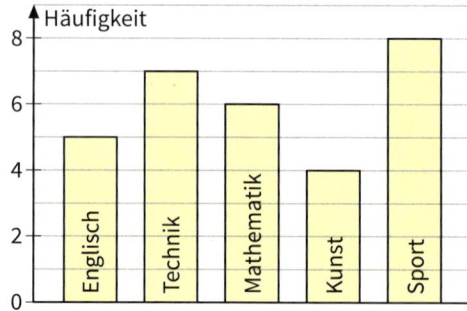

Mein Lieblingsfach

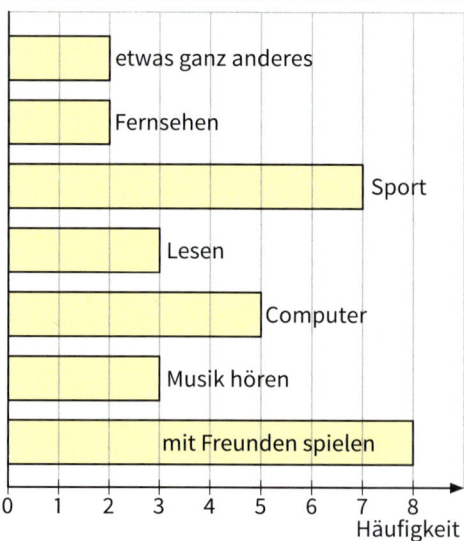

Das mache ich am liebsten in meiner Freizeit

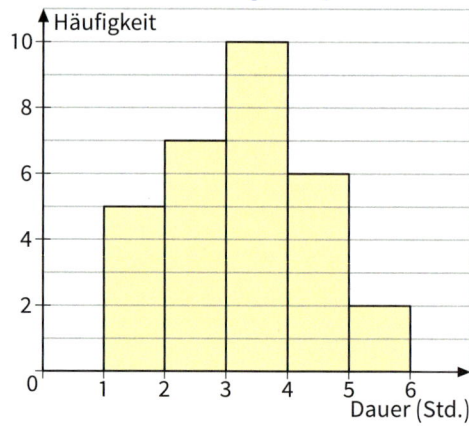

Dauer der Hausaufgaben pro Woche

4 Eine Befragung von Jugendlichen im Alter von 10 bis 18 Jahren zur Nutzung des Internets führte zu dem in der Häufigkeitstabelle dargestellten Ergebnis (Stand 2013).

Computernutzung	Häufigkeit
täglich oder mehrmals pro Woche	595
einmal pro Woche oder mehrmals pro Monat	174
einmal pro Monat oder seltener	133
nie	98

a) Wie viele Jugendliche wurden insgesamt befragt?
b) Stelle das Umfrageergebnis grafisch dar. Überlege zunächst eine geeignete Diagrammform, dann die Einteilung der Achsen.

5 Auf die Frage, wozu sie den Computer nutzen, antworteten 5000 befragte Jugendliche im Alter von 10 bis 18 Jahren (Stand 2013). Hier durften mehrere Antworten gegeben werden.

Tätigkeiten am Computer	Häufigkeit
Computerspiele	2378
Texte schreiben	2143
Arbeiten für die Schule	1809
Internet	1755
Musik hören	1672
PC-Lexikon	887
Malen, Zeichnen, Grafiken erstellen	779
Lernsoftware	734
Bild-, Videobearbeitung	613
Programmieren	476

Stelle das Umfrageergebnis grafisch dar. Überlege zunächst eine geeignete Diagrammform, dann die Einteilung der Achsen.

6 Die Schülerinnen und Schüler der 5 c wurden zur Länge ihres Schulwegs befragt. Das Ergebnis der Umfrage wurde in der Urliste festgehalten.

Schulweglänge (km)

2,5 11,7 13,4 0,9 4,1 5,0 7,5 4,9
10,0 9,4 2,7 1,2 0,7 1,9 2,0 3,5 6,1
6,4 2,9 3,0 3,2 4,8 5,7 13,5 2,2 0,7
10,5 7,3 1,8

a) Fasse die Daten zur Länge des Schulwegs zusammen. Benutze dazu die folgende Einteilung:
  0 km bis unter   3 km
  3 km bis unter   6 km
  6 km bis unter   9 km
  9 km bis unter 12 km
12 km bis unter 15 km.
Lege eine Häufigkeitstabelle an.
b) Zeichne das zugehörige Histogramm.
c) Schätze den Weg, den die Schülerinnen und Schüler der 5 c insgesamt zur Schule zurücklegen müssen.

✚ **7** Die Schülerinnen und Schüler einer 5. Klasse wurden nach ihrem monatlichen Taschengeld gefragt. Das Ergebnis der Umfrage wird in dem Histogramm dargestellt.

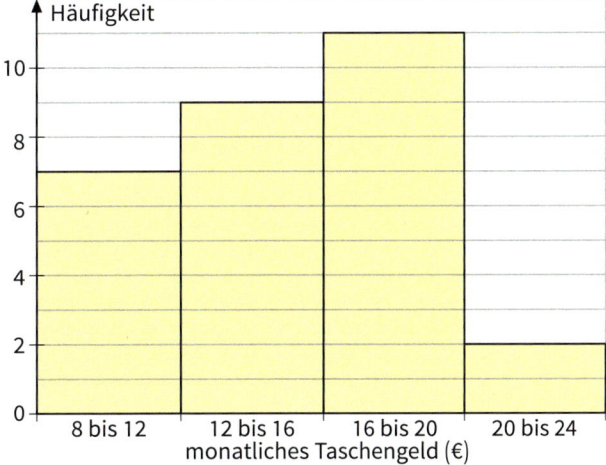

a) Wie viele Schülerinnen und Schüler hat diese 5. Klasse?
b) Wie viel Euro Taschengeld erhalten die Schülerinnen und Schüler im Durchschnitt?

Vernetzen: Kids online

Die Aufgaben auf diesen beiden Seiten kannst du auch in einer Gruppe als Projekt bearbeiten.

1 1000 Jugendliche im Alter von 9 bis 16 Jahren in Europa wurden gefragt, welchen Zugang sie zum Internet benutzen. Das Ergebnis der Umfrage wird in dem Diagramm grafisch dargestellt.

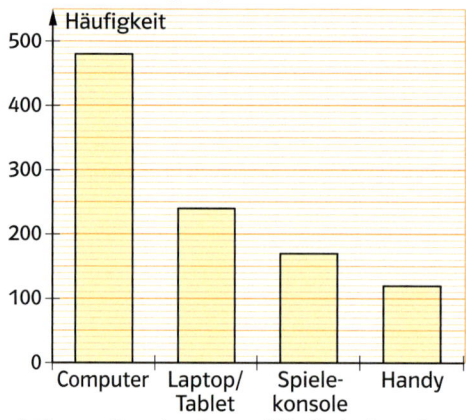

Zugang zum Internet

a) Trage die absoluten Häufigkeiten in eine Tabelle ein.
b) Frage die Schülerinnen und Schüler der Klasse (des Jahrgangs), welchen Zugang zum Internet sie benutzen und stelle das Ergebnis der Befragung in einem Säulendiagramm dar.
c) Vergleiche die Befragungsergebnisse miteinander.

2 Von 1000 befragten Jugendlichen in Europa gaben 600 an, dass sie täglich ins Internet gehen, 930 mindestens einmal pro Woche.
Befrage die Schülerinnen und Schüler der Klasse (des Jahrgangs), stelle das Ergebnis grafisch dar und vergleiche.

3 Nach einer europaweiten Umfrage im Jahr 2013 waren Kinder im Alter von 9 bis 10 Jahren im Durchschnitt 58 Minuten täglich im Internet.
Eine Befragung in einer 5. Klasse führte zu dem in der Häufigkeitstabelle dargestellten Ergebnis.

tägliche Onlinezeiten in Minuten	Häufigkeit
0 bis unter 30	8
30 bis unter 60	9
60 bis unter 90	3
90 bis unter 120	2
120 bis unter 150	2
150 bis unter 180	1
180 und mehr	1

a) Stelle das Befragungsergebnis grafisch dar.
b) Trifft das Ergebnis der europaweiten Umfrage auch auf die Schülerinnen und Schüler der 5. Klasse zu? Begründe.

4 Nach der Umfrage aus dem Jahr 2013 nutzen zwei Drittel aller 9- bis 10-Jährigen das Internet hauptsächlich, um miteinander zu kommunizieren. 1500 Jugendliche im Alter von 9 bis 10 Jahren wurden befragt.
a) Wie viele davon nutzen das Internet, um miteinander zu kommunizieren?
b) Befrage dazu auch die Schülerinnen und Schüler der Klasse (des Jahrgangs), bestimme den Anteil und vergleiche.

> **Von 100 Jugendlichen in Europa sind 59 in sozialen Netzwerken angemeldet und haben dort ein Profil.**
>
> Damit sind in der Regel internetbasierte Anwendungen gemeint, auf denen die Teilnehmer (internationale) Netzgemeinschaften bilden. Dabei werden die Inhalte von den einzelnen Mitgliedern erstellt und so Beziehungen untereinander gebildet. Die Netzwerke werden über Werbung finanziert.

5 In der Tabelle siehst du, wie viele von 100 Jugendlichen zwischen 9 und 16 Jahren in einigen europäischen Ländern in sozialen Netzwerken angemeldet sind.

Land	Anteil
Niederlande	80
Lettland	76
Dänemark	75
Deutschland	51
Türkei	49
Rumänien	46

a) Stelle die Umfrageergebnisse in einem Balkendiagramm dar.
b) Befrage alle Schülerinnen und Schüler der Klasse (des Jahrgangs) und vergleiche mit den Angaben zu Deutschland.

Angemeldet bleiben **Passwort vergessen?**

E-Mail-Adresse Passwort **Anmelden**

Dieses soziale Netzwerk ermöglicht es dir, mit den Menschen in deinem Leben in Verbindung zu treten und Inhalte mit diesen zu teilen.

Registrieren
Es ist kostenlos, jeder kann mitmachen

Geschlecht auswählen

Vorname:
Nachname:
Geburtstag: Tag Monat Jahr
E-Mail-Adresse:
Neues Passwort:

Registrieren

6 Ein Fünftel aller 9- bis 12-Jährigen in Europa haben ein Profil bei einem sozialen Netzwerk. Vergleiche den Anteil der Schülerinnen und Schüler deiner Klasse (des Jahrgangs) mit dieser Angabe.

7 Von 100 Nutzern sozialer Netzwerke haben 44 ihr Profil so gestaltet, dass nur Freunde darauf zugreifen können. Bei 29 Nutzern haben auch die Freunde der Freunde Zugriff und bei 27 Nutzern ist das Profil ganz öffentlich.
Stelle das Umfrageergebnis grafisch dar und vergleiche es mit Befragungsergebnissen in deiner Klasse (dem Jahrgang).

8 Die Nutzung sozialer Netzwerke ist gerade für Jugendliche mit Risiken und Gefahren verbunden.

> Von hundert 9- bis 16-Jährigen kommunizieren 30 im Internet mit Unbekannten, 9 treffen sich anschließend mit diesen Personen.
> 21 von hundert der 9- bis 16 Jährigen besuchen Seiten mit gefährlichen Inhalten wie Hass, Drogen, Magersucht, Selbstverletzung oder gar Selbstmord.
> Bei 9 von 100 Jugendlichen werden die eingegebenen persönlichen Daten missbraucht,
> 6 werden im Internet gemobbt.

Fertigt in Gruppen ein Lernplakat zu dem Thema „Risiken und Gefahren bei der Nutzung sozialer Netzwerke" an. Sucht dazu auch aktuelle Informationen in Zeitschriften und im Internet.

> **Vorsicht bei privaten Angaben!**
>
> Niemals online erscheinen sollte Adresse oder Telefonnummer.

> **Keine Daten an Dritte!**
>
> Daten dienen dem Austausch unter Freunden und sollten nicht an Dritte gehen.

> Weitere Regeln zum Umgang mit sozialen Netzwerken findest du im Internet.

1 Die Schülerinnen und Schüler der 5 b wurden gefragt, wie viele Fernsehgeräte sie zu Hause haben. Die Ergebnisse der Umfrage wurden zunächst in einer Urliste gesammelt.

Anzahl der Fernsehgeräte

3	2	2	4	3	2	1	3	2	2	0	2	4	5
1	2	3	3	2	2	3	4	4	2	2	3	1	2

a) Bestimme mithilfe einer Strichliste die Häufigkeiten und trage sie in eine Häufigkeitstabelle ein.
b) Stelle das Ergebnis der Befragung anschaulich in einem Säulendiagramm dar.

2 Übertrage die grafisch dargestellten Daten in eine Häufigkeitstabelle.

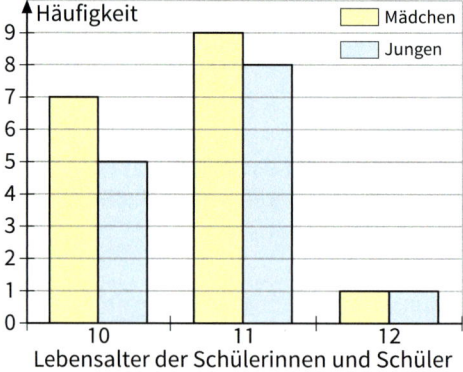

Lebensalter der Schülerinnen und Schüler

3 Schülerinnen und Schüler im 5. Jahrgang wurden gefragt, mit welchem Verkehrsmittel sie zur Schule kommen.

Verkehrsmittel	Häufigkeit
Straßenbahn	12
Zug	1
Bus	9
Pkw	4
Fahrrad	11
zu Fuß	13

a) Stelle die in der Häufigkeitstabelle zusammengefassten Daten in einem Balkendiagramm dar.
b) Wie viele Schülerinnen und Schüler wurden befragt?

4 Eine Umfrage im 5. Jahrgang nach dem monatlichen Taschengeld führte zu den folgenden Daten.

Monatliches Taschengeld (€)

8	12	12	10	15	15	16	16	12	20
24	20	16	15	8	10	12	15	15	20
16	10	16	16	15	15	8	10	12	12
20	24	15	15	16	8	10	10	12	15
15	16	16	20	12	15	16	20	20	16

Ordne die Daten und stelle sie grafisch dar.

Wiederholung

1 Familie Rinsche muss jeden Monat 489 € Miete zahlen. Außerdem bezahlen sie für Wasser und Müllabfuhrgebühren vierteljährlich 159 €. Berechne die jährlichen Gesamtkosten.

2 Lisa legt mit ihrer Freundin während einer siebentägigen Ferienfahrt insgesamt 371 km zurück. Wie viele Kilometer haben sie täglich im Durchschnitt zurückgelegt?

3 Der ICE „Albrecht Dürer" benötigt für die Strecke Hamburg – Basel (875 km) 7 Stunden. Wie viele Kilometer fährt der Zug pro Stunde?

4 Bei einem Bundesliga-Fußballspiel wurden 32 145 Sitzplatzkarten zu 33 € das Stück, 2345 VIP-Karten für 51 € das Stück und 16 543 Stehplatzkarten zu 9 € das Stück verkauft.
a) Wie viele Karten wurden insgesamt verkauft?
b) Bestimme die Tageseinnahme.

5 Bei einer Wanderfahrt kostet die Busfahrt 37,50 € pro Person, wenn 24 Personen mitfahren. Es kommt noch eine Person hinzu. Wie teuer wird es dann für jeden, wenn der Buspreis gleich hoch bleibt?

Lernkontrolle 2

1 Im Jahre 2000 und im Jahre 2013 wurden jeweils 1000 Schülerinnen und Schüler an Haupt-, Realschulen und Gymnasien gefragt, ob sie das Internet nutzen. Das Ergebnis der Umfrage wird in der Häufigkeitstabelle dargestellt.

Schulform	Häufigkeit	
	2000	2013
Hauptschule	450	850
Realschule	530	920
Gymnasium	650	970

Stelle das Ergebnis der Umfrage grafisch dar.

2 Eine Umfrage in der Klasse 5 d nach dem monatlichen Taschengeld führte zu den folgenden Daten.

Monatliches Taschengeld (€)

```
 8  12  12  10  15  15  16  16  12  20
24  20  16  15   8  10  12  15  15  20
16  10  16  16  15  15   8  10  12  12
```

a) Stelle das Ergebnis der Umfrage grafisch dar.
b) Wie lange müssten die Schülerinnen und Schüler ihr Taschengeld sparen, um einen gebrauchten Kleinbus (10 000 €) für die Klasse kaufen zu können?

3 In der Klasse 5 c wurde die Körpergröße der Schülerinnen und Schüler ermittelt.

Körpergröße (in cm)

```
138  146  149  150  153  154  163
164  137  146  139  142  142  152
158  159  157  155  153  163  158
153  147  137  143  135  160  140
```

a) Fasse die in der Urliste gesammelten Daten wie folgt zusammen:
von 135 cm bis unter 140 cm,
von 140 cm bis unter 145 cm,
von 145 cm bis unter 150 cm, usw.
Lege dazu eine Häufigkeitstabelle an.
b) Zeichne das zugehörige Histogramm.

4 In dem Histogramm wird das Körpergewicht der Schülerinnen und Schüler der Klasse 5 c anschaulich dargestellt. Wie viel Kilogramm wiegen alle Schülerinnen und Schüler zusammen?

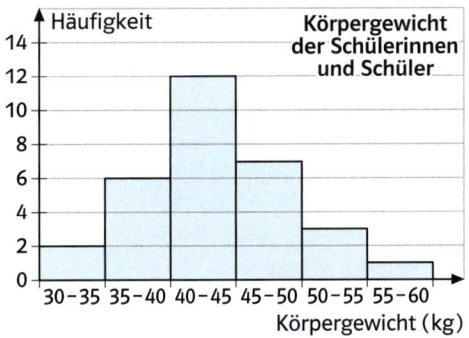

---

1 Ein Telefonbuch hat 793 Seiten. Eine Seite hat fünf Spalten und jede Spalte hat durchschnittlich 103 Telefonnummern.

2 Alexander möchte sich einen Roller für 1340 € kaufen. Er zahlt 480 € an. Den Rest will er in acht gleichen Monatsraten zahlen. Wie hoch ist jede Rate?

3 Katharinas Schulweg ist 1800 m lang. Sie besucht seit fünf Jahren die Schule. Hat sie mehr als 3000 km zurückgelegt?

4 Einer der größten Tanker der Welt kann 360 000 t Öl laden. Ein Kesselwagen der Bahn fasst etwa 48 000 kg. Wie viele Güterzüge mit je 30 Wagen sind nötig, um die Ölladung abzutransportieren?

5 In einem Radrennen ist ein Rundkurs von 18 km Länge 14-mal zu durchfahren. Die Rennfahrer fahren durchschnittlich 41 km in der Stunde. Dauert das Radrennen deiner Meinung nach länger als 6 Stunden?

Bei CDs und DVDs findest du verschiedene Verpackungen. Warum werden digitale Datenträger verpackt? Nenne Vor- und Nachteile der einzelnen Verpackungsarten. Sind alle Verpackungen notwendig?

5 Körper und Flächen

Wir untersuchen Körper

1 Verpackungen kommen in den unterschiedlichsten Formen vor. In vielen Fällen erkennst du geometrische Körper oder Teile geometrischer Körper. Vergleiche sie mit den abgebildeten geometrischen Körpern.

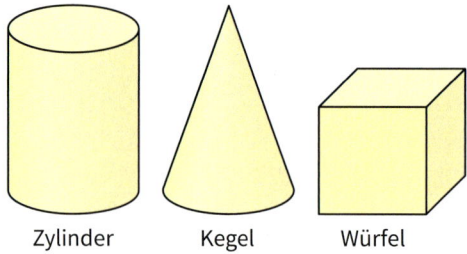

Zylinder   Kegel   Würfel

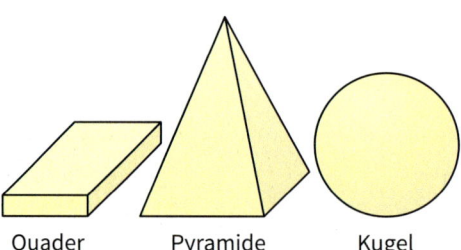

Quader   Pyramide   Kugel

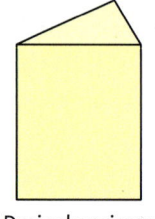 

Dreiecksprisma   Sechseckprisma

2 Nenne weitere Beispiele für Verpackungen oder Gegenstände aus deinem Umfeld, die die folgenden Formen haben:
a) Quader, b) Würfel, c) Zylinder,
d) Pyramide, e) Kegel, f) Kugel,
g) Prisma.

3 Ordne den folgenden Gegenständen einen geometrischen Körper zu. Manchmal gibt es mehrere Möglichkeiten.

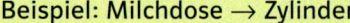
Beispiel: Milchdose → Zylinder

Schuhkarton, Schultüte, Fruchtsaftpackung, Blechtonne, Pralinenschachtel, Paket, Geschenkverpackung, Pizzakarton

4 Es gibt viele Gründe, warum Verpackungen so unterschiedliche Formen haben.
a) Welche Verpackungen kann man gut stapeln?
b) Bei welchen Verpackungen entstehen Lücken, wenn man sie in einen großen Behälter füllt, bei welchen nicht?
c) Warum wählt man manchmal sehr ausgefallene Formen für Verpackungen, obwohl sie eher unpraktisch sind?
d) Nennt weitere Vor- und Nachteile von Verpackungen. Überlegt, warum unterschiedliche Materialien eingesetzt werden. Was geschieht mit Verpackungen, wenn man sie nicht mehr braucht?

5 Körper werden durch Flächen begrenzt. Begrenzungsflächen können verschiedene Formen haben.
a) Bei welchen Körpern findest du jeweils quadratische, rechteckige, dreieckige, runde oder sechseckige Begrenzungsflächen?

b) Nenne Körper mit gewölbten Begrenzungsflächen.

Körperkanten entstehen, wenn Begrenzungsflächen aneinander stoßen. Kanten treffen sich in einer **Ecke**.

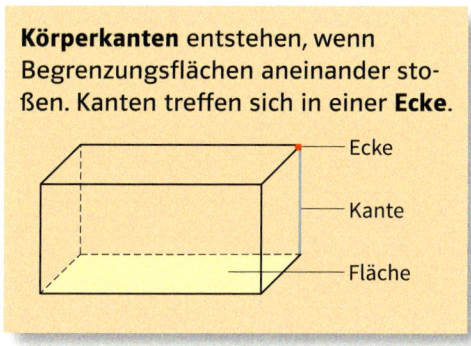

Ecke

Kante

Fläche

---

6 a) Zähle die Kanten, Ecken und Flächen an verschiedenen Körpern.
b) Welche Körper haben gekrümmte Kanten?

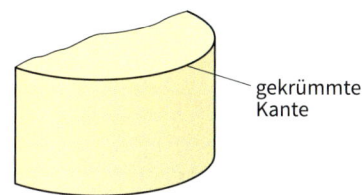

gekrümmte Kante

c) Gibt es Körper ohne Kanten?

7 Welcher Körper hat
a) sechs gleich große Quadrate als Begrenzungsflächen,
b) sechs viereckige Begrenzungsflächen, die nicht alle Quadrate sind,
c) keine Ecken, aber zwei Kanten,
d) keine Kanten?

8 Nachbarkanten eines Quaders stehen **senkrecht zueinander**, sie bilden einen **rechten Winkel**.

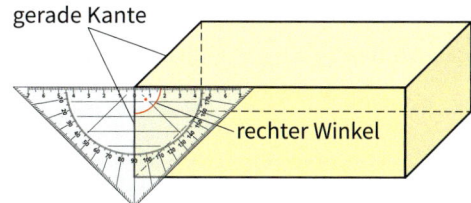

gerade Kante

rechter Winkel

Überprüfe, an welchen Körpern zwei Nachbarkanten einen rechten Winkel bilden. Überlege zunächst, wie du das Geodreieck für diesen Zweck anlegen musst.

9 Kanten, die überall den gleichen Abstand haben, sind zueinander parallel.

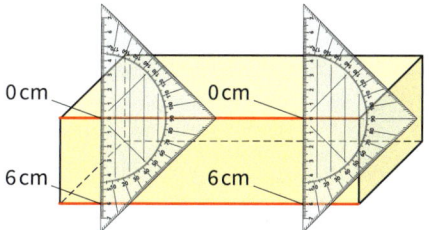

0 cm   0 cm

6 cm   6 cm

Untersuche an verschiedenen Körpern, wo zueinander parallele Kanten auftreten.

10 Kantenmodelle und Netze eines geometrischen Körpers können dir helfen, seine Eigenschaften zu erkennen.

Baue jeweils das Kantenmodell eines Würfels, eines Quaders und einer Pyramide mit einer quadratischen Grundfläche. Benutze dazu Trinkhalme und Plastilinkugeln.

Netze

1 Luca hat verschiedene Verpackungen aufgetrennt und sie dann flach ausgebreitet.
Kannst du erkennen, was zusammengehört? Begründe deine Meinung.

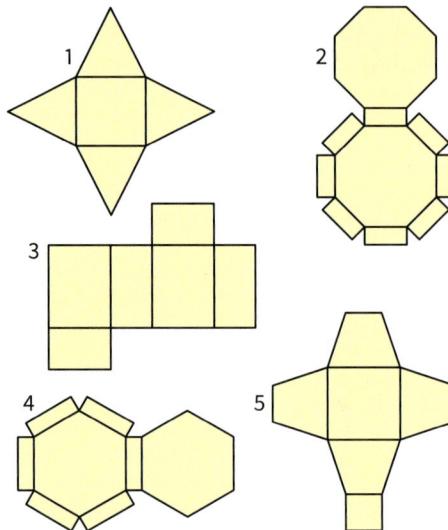

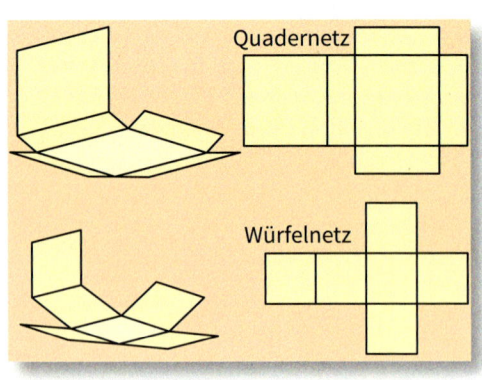

3 Welche Netze können zu quaderförmigen Verpackungen gefaltet werden?

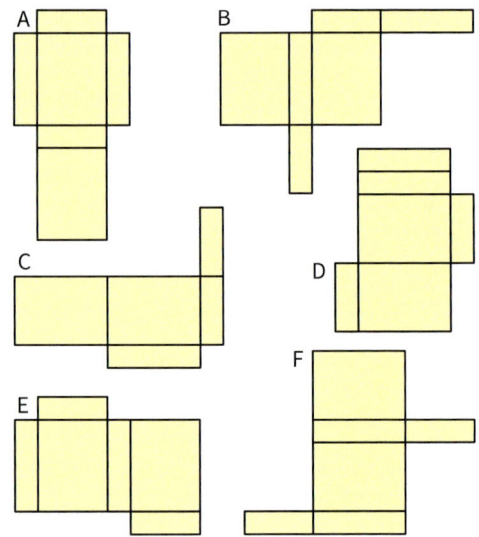

2 Seyhan, Emma und Paul bauen aus dünnem Karton verschieden große Würfel und Quader.

Würfel

Quader

Beschreibe anhand der Abbildungen, wie sie dabei vorgehen.

4 Welche der abgebildeten Netze sind Würfelnetze? Überprüfe deine Antwort, indem du die Netze auf kariertes Papier überträgst und ausschneidest. Versuche anschließend, das Netz zu einem Würfel zu falten.

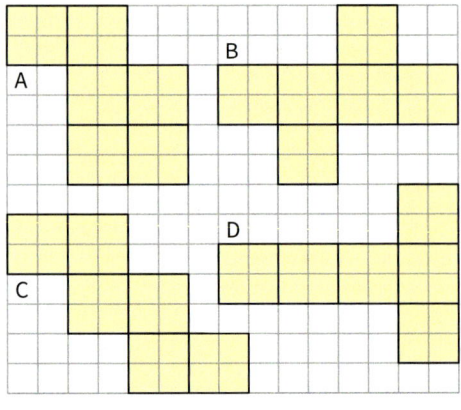

Netze

5 Vervollständige die Quadernetze auf kariertem Papier.
Schneide sie aus und überprüfe durch Falten, ob ein Quader entsteht.

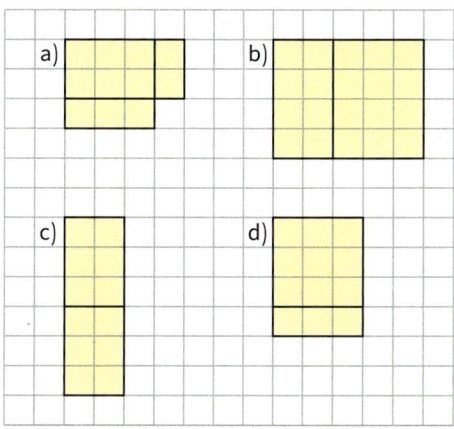

6 a) Ein Quader ist 5,5 cm lang, 2,5 cm breit und 4,0 cm hoch. Zeichne drei verschiedene Netze dieses Quaders auf kariertes Papier.
b) Ein Würfel hat eine Kantenlänge von 3 cm. Zeichne vier verschiedene Würfelnetze in dein Heft.

7 Zeichne die abgebildeten Würfelnetze in dein Heft.
Kennzeichne jeweils die gegenüberliegenden Flächen des Würfels mit der gleichen Farbe.

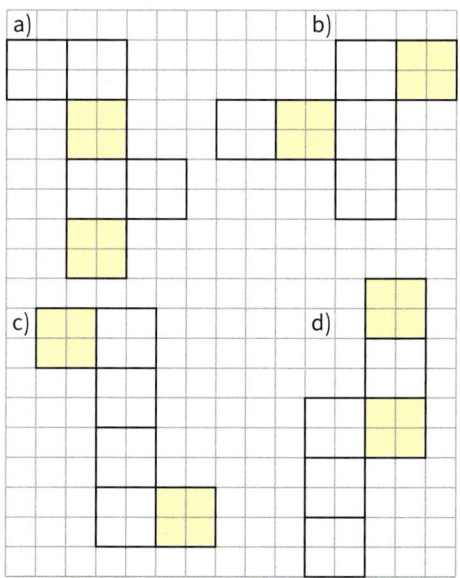

8 Beschreibe den Körper, der sich aus dem abgebildeten Netz falten lässt.

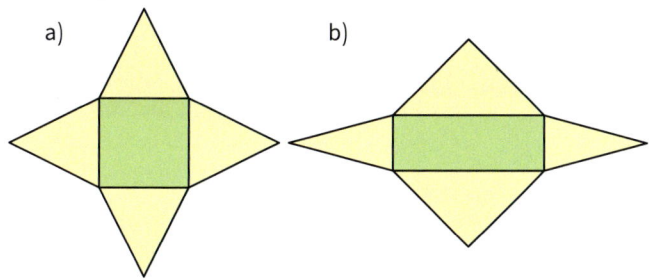

a)   b)

✚ 9 Leni will einen Spielwürfel aus dünnem Karton bauen.
Was hat sie beim Beschriften des Würfelnetzes falsch gemacht?

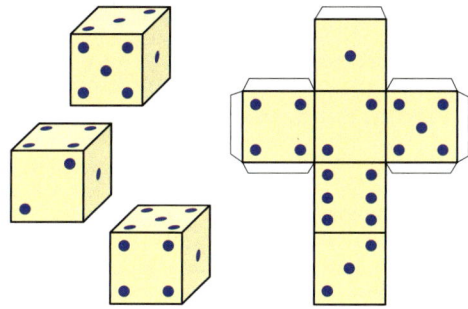

✚ 10 Stelle dir vor, der abgebildete Quader wird zur Hälfte in Farbe getaucht.

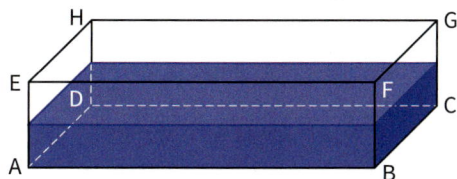

Übertrage das Quadernetz und färbe die Flächen entsprechend ein.

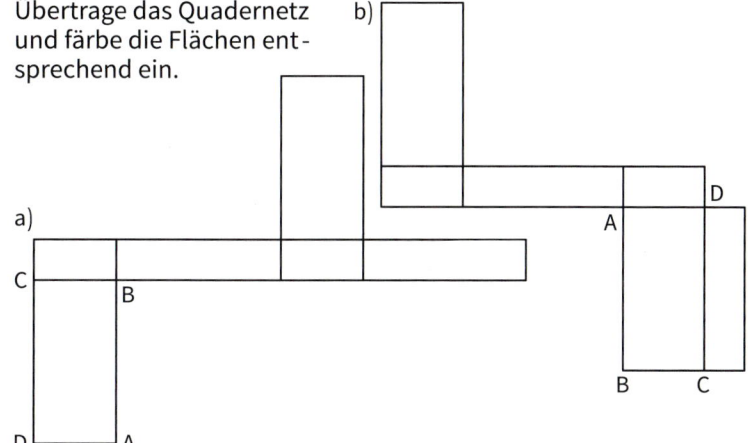

Schrägbilder

1 Olga hat einen Papierwürfel in Origamitechnik gebastelt. Für eine Präsentation möchte sie ein Schrägbild des Würfels zeichnen. Warum ist sie mit ihrer Zeichnung nicht zufrieden? Diskutiere das Problem mit deinem Partner. Versuche selbst, das Schrägbild eines Würfels mit 5 cm Kantenlänge zu zeichnen.

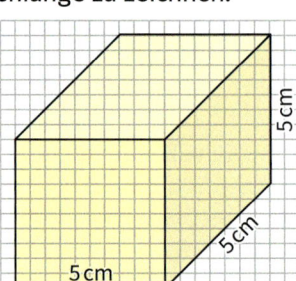

2 Zeichne das Schrägbild des Würfels mit der folgenden Kantenlänge.
a) 6 cm b) 5 cm c) 4,8 cm d) 54 mm

3 In der Abbildung siehst du zwei unterschiedliche Schrägbilder eines Quaders.

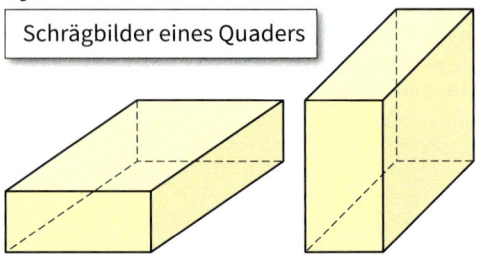

Schrägbilder eines Quaders

Zeichne zwei unterschiedliche Schrägbilder des Quaders mit den angegebenen Kantenlängen.

	a)	b)	c)
Länge	6 cm	4,8 cm	52 mm
Breite	4 cm	2,6 cm	34 mm
Höhe	5 cm	5,4 cm	40 mm

So kannst du das Schrägbild eines Würfels mit der Kantenlänge 2 cm zeichnen:
1. Zeichne die Vorderfläche des Würfels. Lege die Kanten auf Gitterlinien.

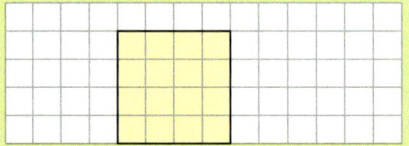

2. Zeichne nach hinten laufende Kanten auf Kästchendiagonalen. Zeichne diese Kanten auf die Hälfte verkürzt.

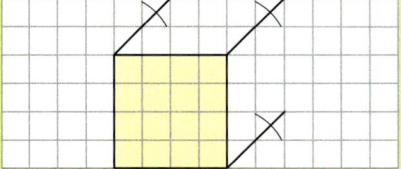

3. Verbinde die Eckpunkte. Zeichne alle nicht sichtbaren Kanten gestrichelt.

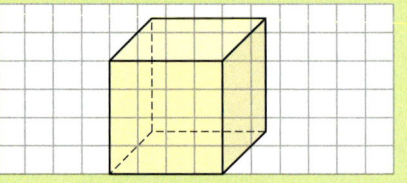

4 a) Die Grundfläche einer 5 cm hohen Pyramide ist ein Quadrat (quadratische Pyramide). Die Seitenlänge des Quadrats beträgt 4 cm.
Beschreibe anhand der Abbildungen, wie das Schrägbild der Pyramide gezeichnet wird.

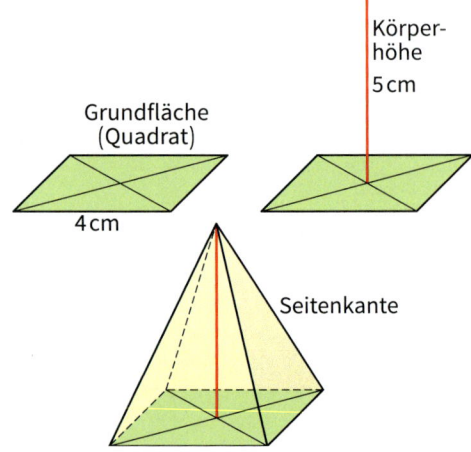

b) Eine quadratische Pyramide ist 4,5 cm (2,7 cm) hoch, die Seitenlänge der Grundfläche beträgt 3,8 cm (6,4 cm). Zeichne das Schrägbild der Pyramide.

Rechteck und Quadrat

1 Bei den Verpackungen hast du unterschiedliche Begrenzungsflächen kennengelernt.

a) Zähle die Rechtecke und die Quadrate bei den abgebildeten Verpackungen.
b) Gibt es eine Verpackung, deren Begrenzungsflächen sechs gleich große Rechtecke sind?

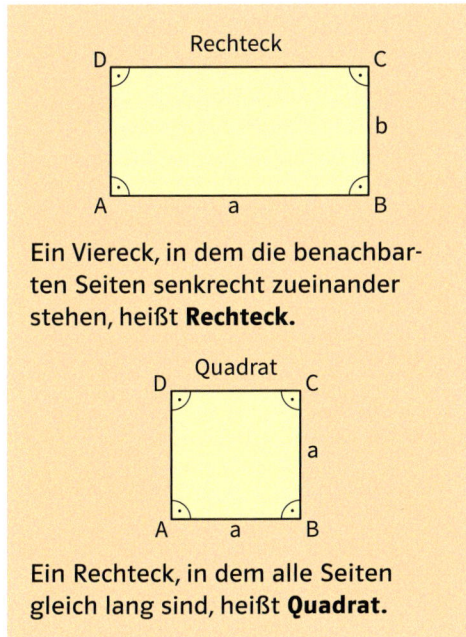

Ein Viereck, in dem die benachbarten Seiten senkrecht zueinander stehen, heißt **Rechteck.**

Ein Rechteck, in dem alle Seiten gleich lang sind, heißt **Quadrat.**

2 Welche Figur ist ein Rechteck, welche ein Quadrat. Begründe deine Antwort.

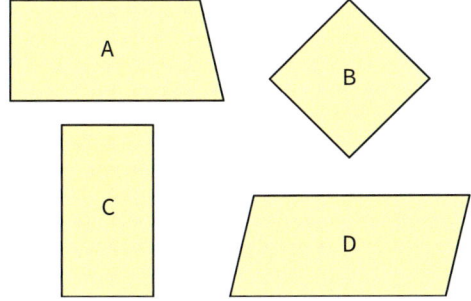

3 Die folgenden Abbildungen zeigen dir, wie du ein 5 cm langes und 3 cm breites Rechteck zeichnen kannst.

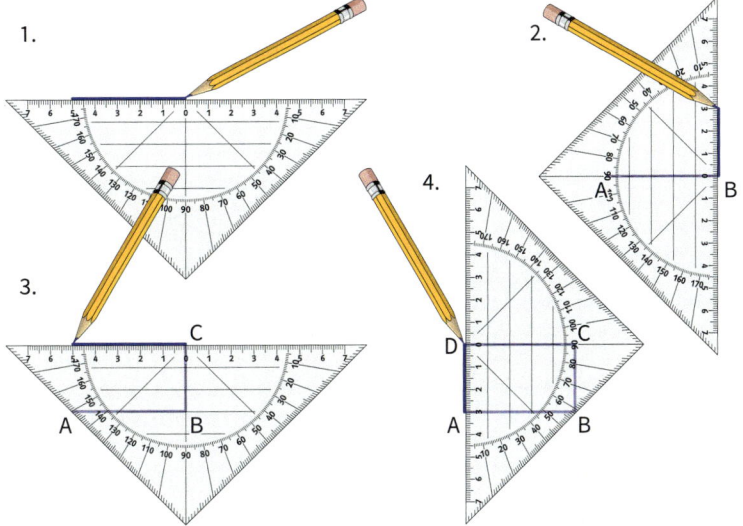

Zeichne das Rechteck mit a = 4 cm und b = 3 cm (a = 5 cm und b = 2 cm).

4 Zeichne das Quadrat mit der Seitenlänge a = 4 cm (a = 2,5 cm; a = 58 mm).

5 a) Zeichne ein 6 cm langes und 4 cm breites Rechteck.
Verbinde die gegenüberliegenden Eckpunkte. Diese Verbindungsstrecken heißen **Diagonalen**.
Verbinde die gegenüberliegenden Seitenmitten. Die beiden Strecken heißen **Mittellinien**.

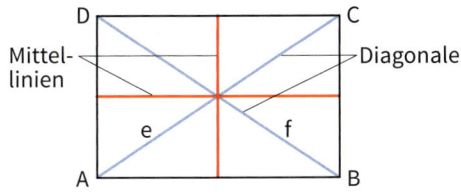

b) Kreuze im Heft das Zutreffende an.

Eigenschaften	Rechteck	Quadrat
Die Diagonalen sind senkrecht zueinander.	▪	▪
Die Diagonalen sind gleich lang.	▪	▪
Die Diagonalen halbieren sich.	▪	▪
Die Diagonalen sind Symmetrieachsen.	▪	▪
Die Mittellinien sind Symmetrieachsen.	▪	▪

Parallelogramm und Rhombus

1 Bevor David die Verpackungen in die Altpapiersammlung gibt, reißt er den Deckel und den Boden heraus und faltet den Rest zusammen.

a) Betrachte die beiden gefalteten Verpackungen. Welche Körperform hatten sie vor dem Falten?
b) Wie verändert sich die Öffnung beim Zusammenfalten?

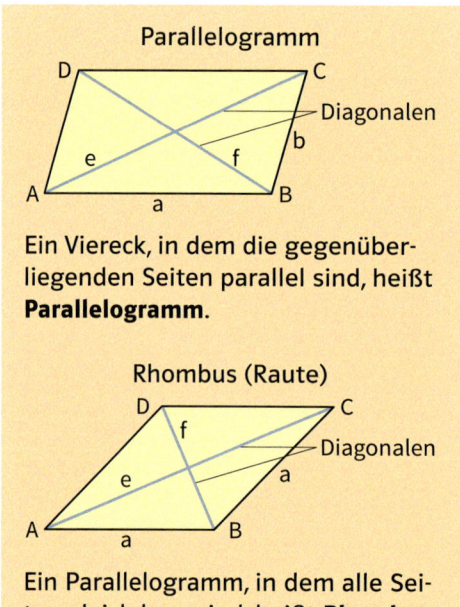

Parallelogramm

Diagonalen

Ein Viereck, in dem die gegenüberliegenden Seiten parallel sind, heißt **Parallelogramm**.

Rhombus (Raute)

Diagonalen

Ein Parallelogramm, in dem alle Seiten gleich lang sind, heißt **Rhombus** (Raute).

2 Welches Viereck ist ein Rechteck, ein Quadrat, ein Parallelogramm, ein Rhombus? Begründe deine Antwort.

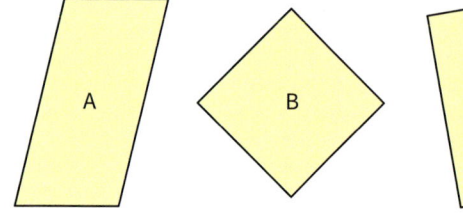

3 a) Übertrage das Viereck in dein Heft und zeichne die Diagonalen ein.

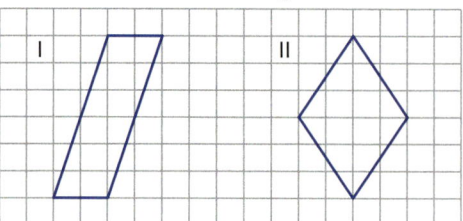

b) Fertigt in Partnerarbeit für ein Parallelogramm und für einen Rhombus jeweils einen Steckbrief an.

> *Parallelogramm*
>
> – *gegenüberliegende Seiten sind parallel*
> – *gegenüberliegende Seiten sind gleich lang*
> – *die Diagonalen ...*

4 Übertrage die Figur in dein Heft und ergänze sie zu einem Parallelogramm.

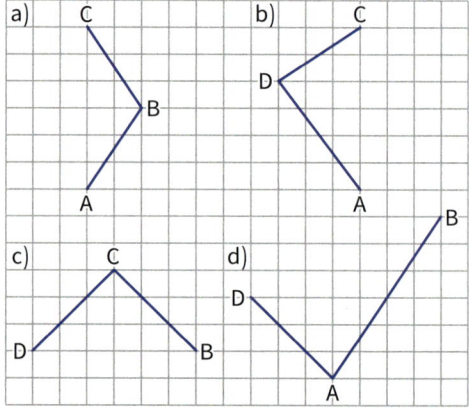

5 Zeichne auf kariertes Papier jeweils ein Parallelogramm und einen Rhombus. Beschreibe, wie du dabei vorgegangen bist.

 **6** Welche Aussage ist wahr?
a) Jede Raute ist ein Quadrat.
b) Jedes Quadrat ist ein Rhombus.
c) Jedes Parallelogramm ist ein Rhombus.
d) Jeder Rhombus ist ein Parallelogramm.
e) Jedes Quadrat ist ein Parallelogramm.
f) Jedes Rechteck ist ein Parallelogramm.

Trapez

1 Bei dem Körpernetz fehlen zwei Flächen.

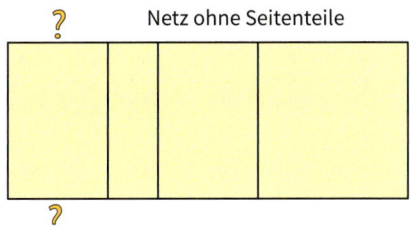

Netz ohne Seitenteile

a) Welche Seitenteile passen zum Netz?

Mögliche Seitenteile

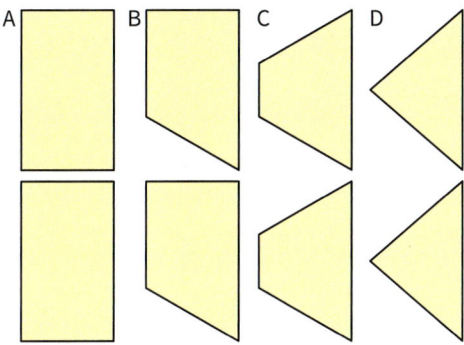

b) Wie können die Flächen an das Netz angefügt werden?
c) Wie sieht der Körper nach dem Zusammenbau aus?
Diskutiere diese Fragen mit einem Partner.

2 In der Abbildung wird ein Parallelstreifen von zwei Geraden geschnitten, so dass das farbig markierte Viereck entsteht.

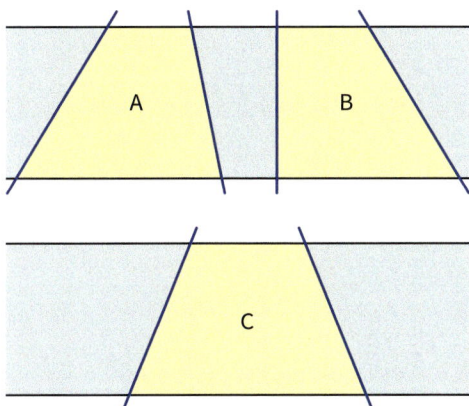

a) Welche Eigenschaften hat das Viereck?
b) In welchem Viereck kannst du eine Symmetrieachse einzeichnen?

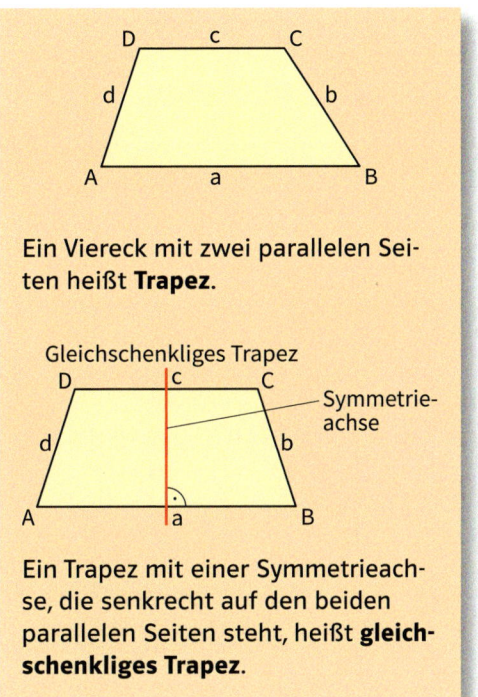

Ein Viereck mit zwei parallelen Seiten heißt **Trapez**.

Gleichschenkliges Trapez

Symmetrieachse

Ein Trapez mit einer Symmetrieachse, die senkrecht auf den beiden parallelen Seiten steht, heißt **gleichschenkliges Trapez**.

3 Welche geometrische Figur erkennst du?

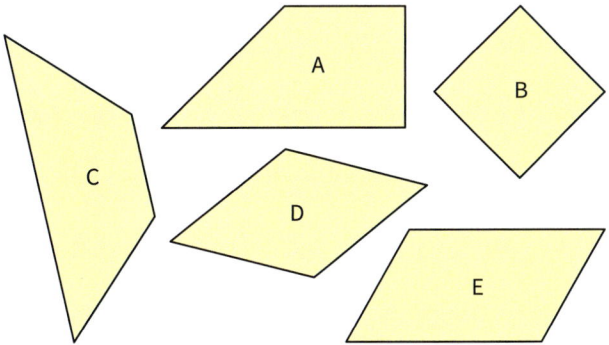

4 Ergänze im Heft zu einem Trapez.

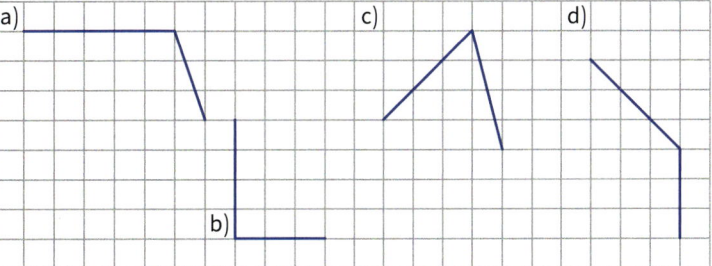

5 Wo findest du in deiner Umgebung trapezförmige Flächen? Nenne Beispiele.

Drachenviereck

1 Aus einem gefalteten Blatt Papier kannst du durch zwei Schnitte ein Drachenviereck ausschneiden.

Ich bin ein Drache.

Beschreibe die Eigenschaften des Drachenvierecks.

2 Welches Viereck ist ein Drachenviereck?

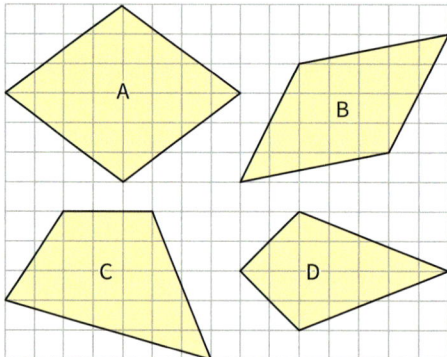

Drachenviereck

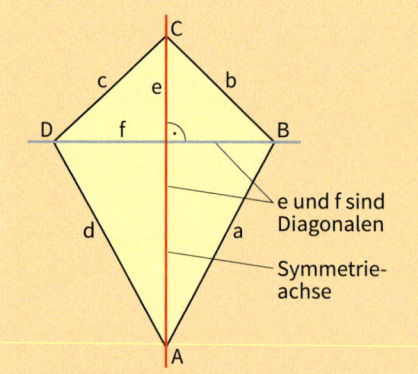

e und f sind Diagonalen

Symmetrieachse

Ein Viereck, in dem eine Diagonale Symmetrieachse ist, heißt Drachenviereck.

3 Welche Figur ist kein Drachenviereck? Begründe deine Antwort.

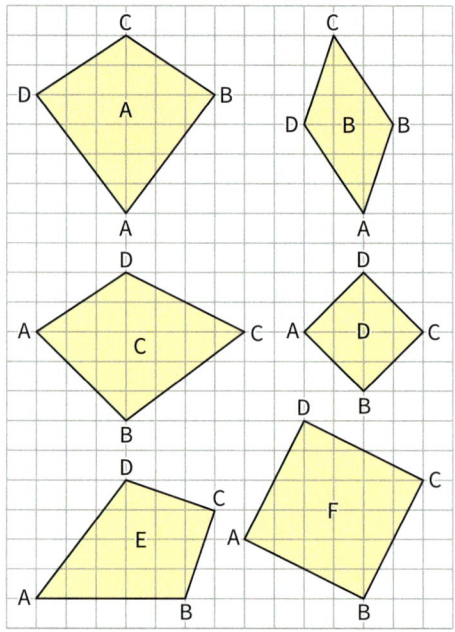

4 Ergänze zu einem Drachenviereck.

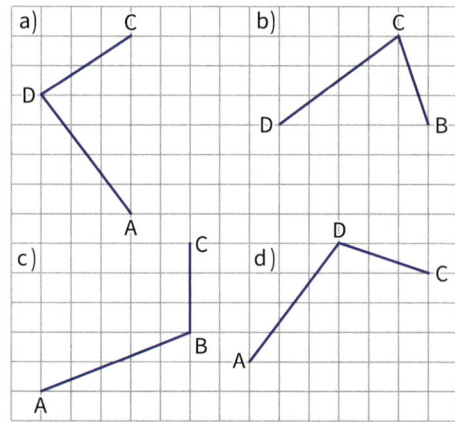

5 Zeichne ein Drachenviereck mit den folgenden Diagonalen. Gibt es nur eine Lösung?
a) e = 3 cm; f = 2 cm
b) e = 8 cm; f = 6 cm

6 Welche Aussagen sind wahr?
a) Jeder Rhombus ist ein Drachenviereck.
b) Jedes Drachenviereck ist ein Rhombus.
c) Jedes Quadrat ist ein Drachenviereck.
d) Jedes Drachenviereck ist ein Parallelogramm.

DynaGeo ist ein Geometrieprogramm, mit dem du unter anderem auch achsensymmetrische Figuren erstellen kannst.
Dazu brauchst du folgende **Werkzeugleisten:**

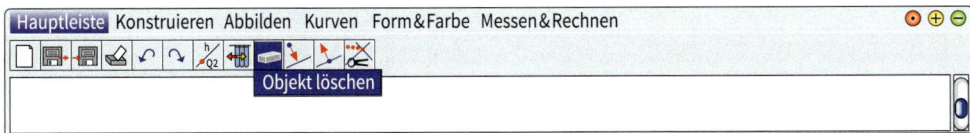

In der **Hauptleiste** kannst du speichern, eine neue Seite erstellen, löschen, rückgängig machen, drucken und vieles mehr.
Wenn du die Maus über ein Symbol bewegst, wird die jeweilige Funktion in einem Textfenster angezeigt (im Beispiel: **Objekt löschen**).

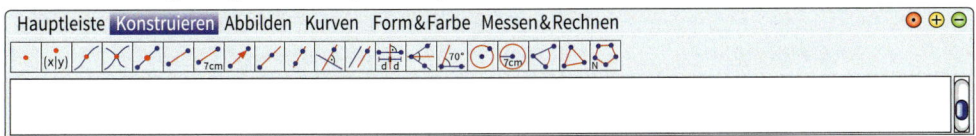

In der Leiste **Konstruieren** findest du die Symbole für das Konstruieren von Figuren.
Bewege die Maus über die Symbole, um deren Funktion zu erfahren.

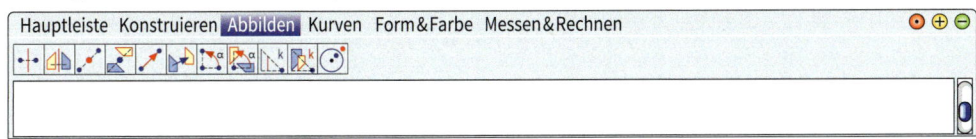

In der Leiste **Form & Farbe** findest du die Symbole, um die Farbe von Flächen und Linien zu verändern.

1 a) Wo findest du das Symbol, um eine neue Zeichnung zu beginnen?
b) In welcher Symbolleiste findest du dieses Symbol

und wie heißt der im Fenster angezeigte Name?
c) Das abgebildete Symbol steht für eine wichtige Funktion des Programms.

In welcher Symbolleiste findest du es und wozu kannst du es einsetzen?
d) Du möchtest die Füllfarbe einer Zeichnung ändern. Suche das zugehörige Symbol.
e) Suche das Symbol, um eine Zeichnung zu speichern und nenne den Namen der Leiste.

2 Mithilfe des Symbols **N-Eck** kannst du ein Viereck zeichnen. Erst wenn der Streckenzug geschlossen ist, erhält das N-Eck ein Füllmuster.
Zeichne verschiedene Vierecke.

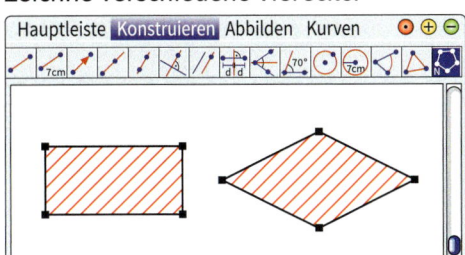

Verändere anschließend die Füllfarbe, das Füllmuster und die Linienfarbe.

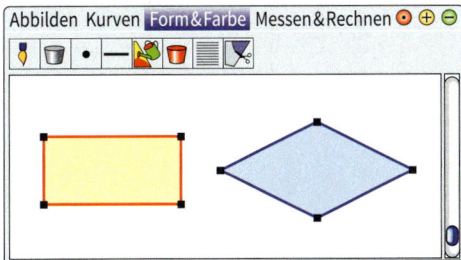

Vielecke (Dreiecke, Vierecke, Fünfecke, …) bezeichnet man auch als **N-Ecke.**

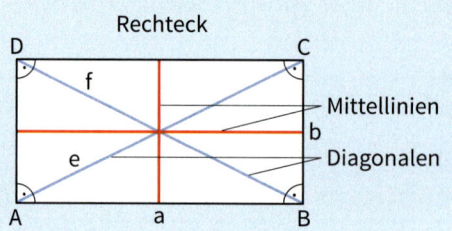

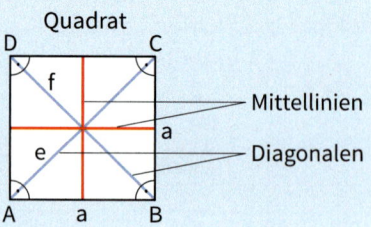

Ein Viereck, in dem die benachbarten Seiten senkrecht zueinander stehen, heißt **Rechteck**.

Ein Rechteck, in dem alle Seiten gleich lang sind, heißt **Quadrat**.

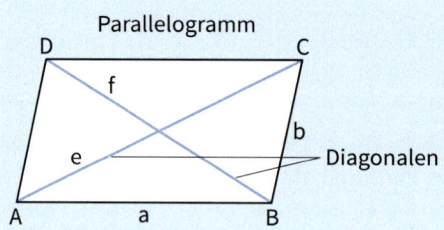

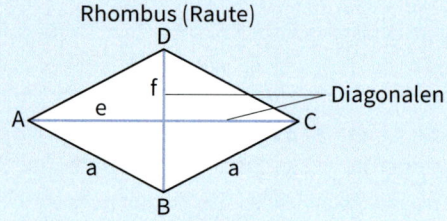

Ein Viereck, in dem die gegenüberliegenden Seiten parallel sind, heißt **Parallelogramm**.

Ein Parallelogramm, in dem alle Seiten gleich lang sind, heißt **Rhombus (Raute)**.

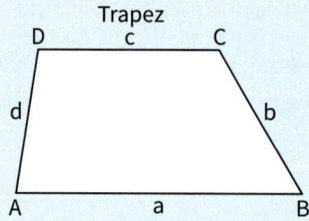

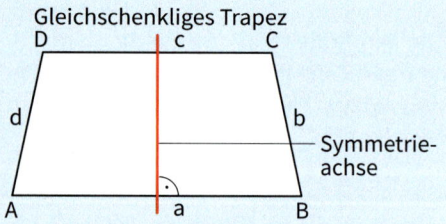

Ein Viereck mit zwei parallelen Seiten heißt **Trapez**.

Ein Trapez mit einer Symmetrieachse, die senkrecht auf den beiden parallelen Seiten steht, heißt **gleichschenkliges Trapez**.

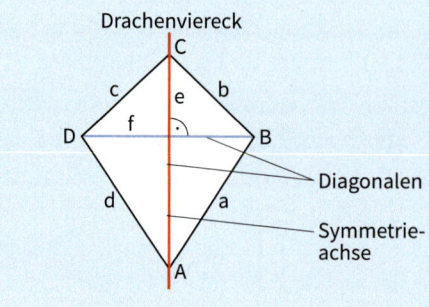

Ein Viereck, in dem eine Diagonale Symmetrieachse ist, heißt **Drachenviereck (Drachen)**.

Üben und Vertiefen

1 Welchen geometrischen Körper erkennst du?

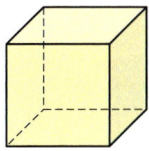 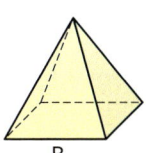 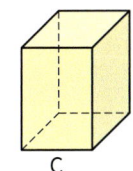

A   B   C

2 Beantworte die folgenden Fragen. Manchmal gibt es mehrere Möglichkeiten.
Welcher geometrische Körper hat
a) zwölf Kanten,
b) fünf Ecken,
c) quadratische und rechteckige Begrenzungsflächen,
d) keine Kanten,
e) vier dreieckige Begrenzungsflächen?

3 Übertrage das Quadernetz in dein Heft. Kennzeichne jeweils die Flächen, die sich im Quader gegenüberliegen, mit der gleichen Farbe.

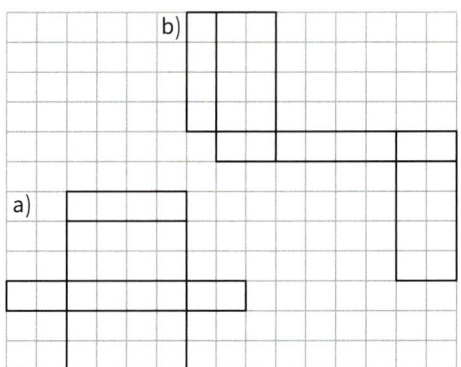

4 Übertrage das Würfelnetz in dein Heft. Markiere jeweils die gegenüberliegenden Flächen des Würfels mit der gleichen Farbe.

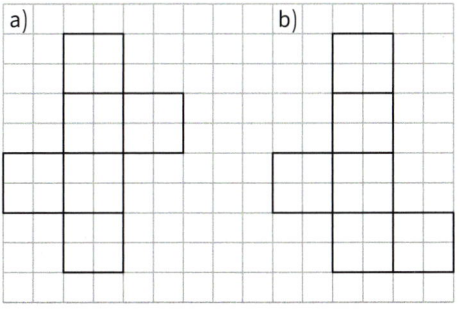

5 Zeichne ein Schrägbild des Würfels mit der Kantenlänge 5 cm.

6 Zeichne zwei unterschiedliche Schrägbilder des Quaders mit den Kantenlängen 4 cm, 2 cm und 5 cm (3,8 cm; 2,4 cm; 6,4 cm).

7 Ergänze im Heft die Tabelle. Bearbeite diese Aufgabe mit einem Partner.

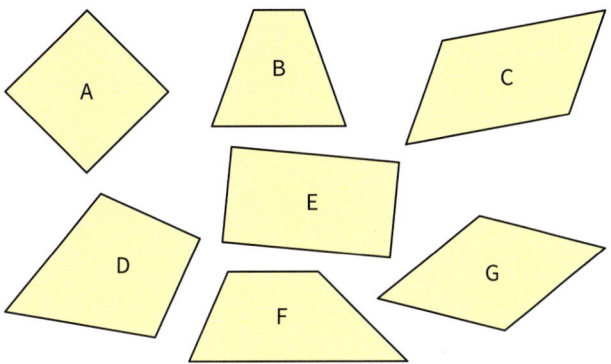

	Figur	Eigenschaften
A	Quadrat	Alle Seiten sind gleich lang. Die Diagonalen ...
▪	▪	▪

8 a) Zeichne das Rechteck mit a = 4,5 cm und b = 2,5 cm (a = 3,8 cm; b = 4,6 cm).
b) Zeichne das Quadrat mit der Seitenlänge a = 4,5 cm (3,8 cm; 46 mm; 5,5 cm).

9 Übertrage zunächst die drei markierten Punkte in dein Heft. Zähle dazu die Kästchen aus.
Markiere anschließend einen vierten Punkt so, dass du durch Verbinden der Punkte ein Parallelogramm (ein Trapez, ein gleichschenkliges Trapez, ein Drachenviereck) erhältst.

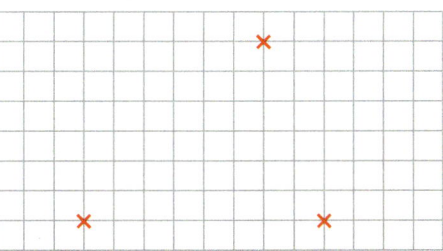

10 Du willst aus Draht das Kantenmodell eines Würfels anfertigen.

Welche Gesamtlänge muss der Draht mindestens haben, wenn eine Kante des Würfels 13 cm (24 cm; 10,5 cm) lang werden soll?

11 Eine quadratische Pyramide ist 5,5 cm hoch. Die Seitenlänge der Grundfläche beträgt 3 cm. Zeichne das Schrägbild der Pyramide.

12 Ein Quader hat die Kantenlängen 4 cm, 5 cm und 2 cm.
Zeichne das Netz, das beim Aufschneiden an den rot markierten Kanten entsteht. Übertrage die Eckpunkte des Quaders in das Netz.

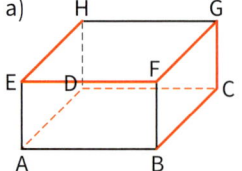

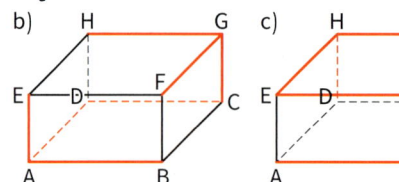

13 Welchen Würfel hat Martin aus dem Netz gefaltet?

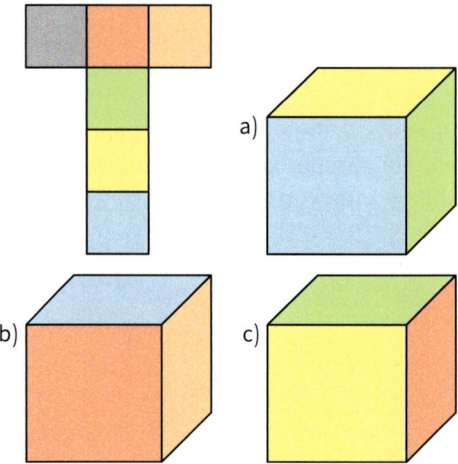

14 In der Zeichnung ist eine Ecke des Würfels gefärbt. Du findest im Würfelnetz die Punkte wieder, die zur gefärbten Ecke gehören.

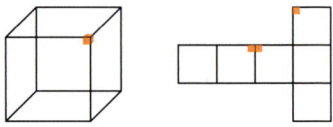

Übertrage das Würfelnetz in dein Heft. Markiere die beiden anderen Quadratecken, die beim Zusammenfalten eine gemeinsame Würfelecke ergeben.

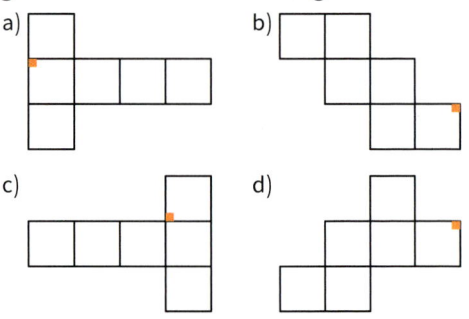

15 Welches Viereck ist
a) ein Parallelogramm und zugleich ein gleichschenkliges Trapez,
b) ein Drachenviereck und zugleich ein Parallelogramm,
c) ein Rhombus und zugleich Rechteck und Parallelogramm,
d) ein Drachenviereck und zugleich ein gleichschenkliges Trapez?

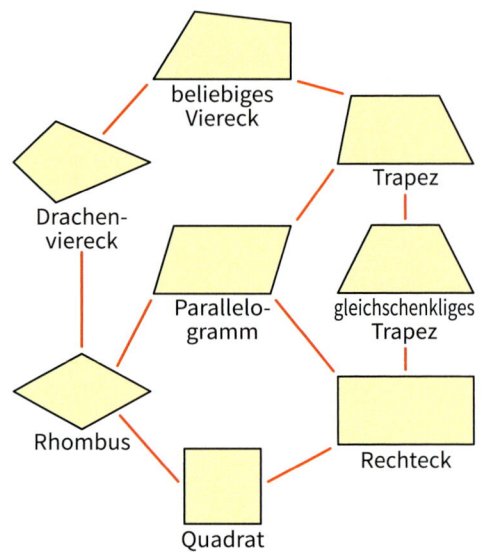

16 Zeichne das Rechteck. Die Mittellinien sind 6 cm und 4 cm (3 cm und 5 cm; 4,8 cm und 6,4 cm) lang.

17 Zeichne das Quadrat.
a) Die Mittellinie ist 5 cm (3 cm; 3,8 cm; 4 cm 4 mm; 6 cm 5 mm) lang.
b) Die Diagonale ist 4 cm (3,4 cm; 6,2 cm; 5,6 cm) lang.

18

Schneide aus kariertem Papier fünf jeweils 5 cm lange und 3 cm breite Rechtecke aus.
Lege zwei (drei, vier, fünf) dieser Rechtecke zu einem neuen Rechteck zusammen. Wie viele Möglichkeiten gibt es? Zeichne die jeweiligen Rechtecke in dein Heft und notiere ihre Seitenlängen.

19 Übertrage die Figur in dein Heft und schneide sie aus.
Zerlege die Figur so durch einen Schnitt, dass du die beiden Teile zu einem Rechteck zusammenfügen kannst.

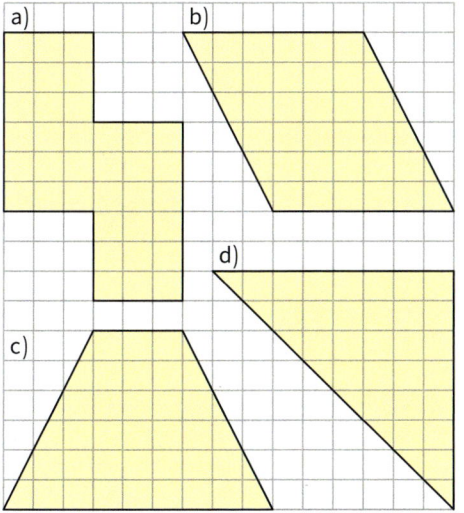

20 Ein quaderförmiges Holzstück mit den Kantenlängen 13 cm, 26 cm und 6 cm soll so durchgesägt werden, dass Würfel mit der größtmöglichen Kantenlänge entstehen.
a) Wie groß wird die Kantenlänge der einzelnen Würfel?
b) Gib die Anzahl der Würfel an.

21 Tim möchte einen stabilen Karton für seine Spielsteine anfertigen. Er besitzt 60 würfelförmige Spielsteine mit 1 cm Kantenlänge.

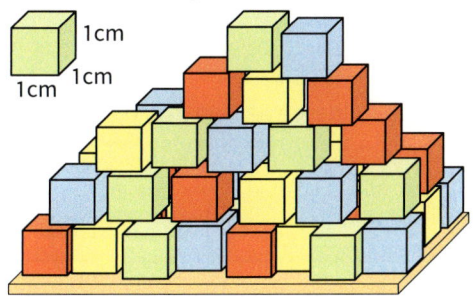

Erörtere die folgenden Fragen mit einem Partner.
a) Welche Kantenlängen kommen bei einer quaderförmigen Verpackung in Frage?
b) Ist eine würfelförmige Verpackung möglich?
c) Wie hoch müsste eine Verpackung sein, die eine quadratische Grundfläche hat?

22 a) Aus wie vielen kleinen Würfeln mit der Kantenlänge 1 cm setzt sich der abgebildete Würfel zusammen?

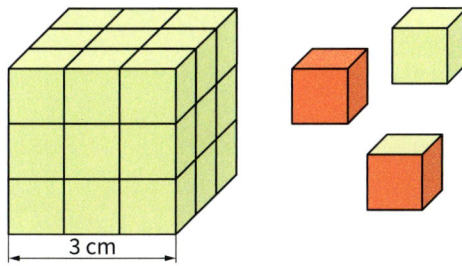

3 cm

b) Der Würfel wird an seiner Außenfläche rot angestrichen. Wie viele kleine Würfel haben danach zwei rote Seitenflächen?
c) Gibt es auch kleine Würfel, die ungefärbt bleiben?

Soma-Würfel

1 Im Jahr 1936 setzte der dänische Wissenschaftler Piet Hein Würfel zu unregelmäßigen Formen zusammen.

Aus drei Würfeln lässt sich eine neue Form bilden. Vier Würfel können zu sechs unregelmäßigen Körpern zusammengelegt werden.
Die abgebildeten sieben Würfelkörper heißen **Somawürfel**. Sie werden auch Steine genannt.

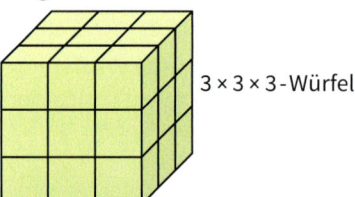

Stellt im Technikunterricht diese Würfelkörper her. Versucht sie zu einem 3x3x3-Würfel zusammenzusetzen. Es gibt 240 Möglichkeiten.

3 × 3 × 3 - Würfel

2 Der abgebildete Körper ist aus Somawürfeln zusammengefügt. Versuche den Körper nachzubauen. Du benötigst nicht alle Würfelkörper.

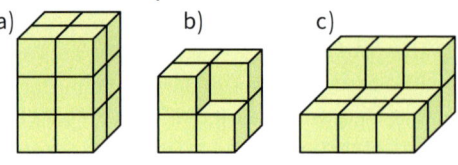

a)   b)   c)

3 Aus den sieben Somawürfeln sind die folgenden Körper gelegt. Baue sie nach. Im Internet findest du weitere Anregungen.

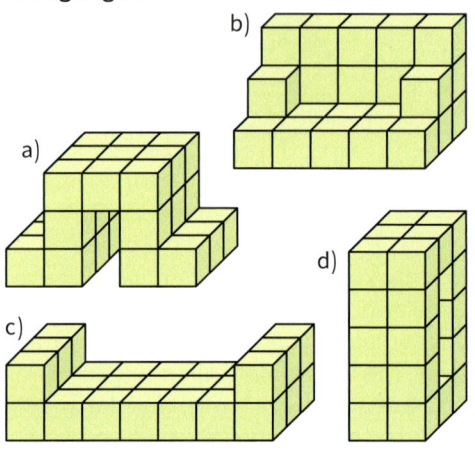

a)   b)   c)   d)

4 Die Schülerinnen und Schüler einer 5. Klasse haben große Somawürfel angefertigt.

Jeder hatte die Aufgabe, einen Einzelwürfel aus stabilem DIN-A4-Papier (160 g) zu bauen.
Die sieben Würfelkörper wurden aus den gefertigten Würfeln zusammengeklebt.
Stellt so für eure Klasse einen Riesenwürfel her.

Vernetzen: Verpackungen selbst herstellen

Tipps zum Anfertigen von Geschenkverpackungen

Entwirf ein Netz deiner Verpackung auf Kästchenpapier und übertrage es auf farbigen Karton. Du musst sehr genau arbeiten.

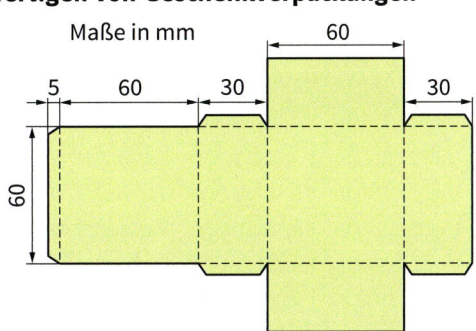

Maße in mm

Knicklinien sollten vorher mit einem spitzen Gegenstand angeritzt werden.

1 Lukas möchte seinem Freund einen Füllfederhalter schenken. Die Verpackung dafür will er selbst herstellen und gestalten.

138 mm

18

Nachdem er die Maße des Füllers genommen hat, überlegt er, welche Form für die Verpackung in Frage kommt.

Er entscheidet sich für die quaderförmige Verpackung und entwirft ein Netz auf Karopapier. Dieses Netz dient Lukas als Prototyp für die spätere Verpackung.

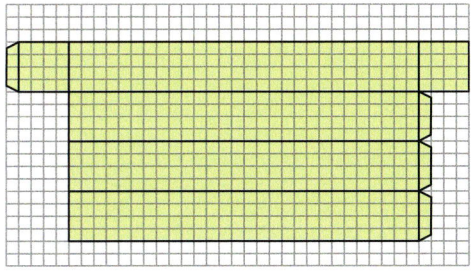

Anschließend überträgt er den Entwurf auf dünne Pappe und gestaltet die Oberfläche, bevor er mit der Verklebung beginnt.

für Lennart

a) Entwirf eine quaderförmige Verpackung für deinen Füllfederhalter und gestalte sie farbig.
b) Überlegt in eurer Tischgruppe, welche anderen Verpackungsformen für einen Füller in Frage kommen. Diskutiert über Materialverbrauch, Arbeitsaufwand, Schwierigkeitsgrad, Verwendbarkeit für andere Schreibgeräte und Aussehen. Entscheidet euch dann für eine Form, die ihr in Partnerarbeit anfertigt.
c) Präsentiert eure Ergebnisse in der Klasse.

2 Entwirf eine Schutzverpackung für dein Geodreieck und fertige sie aus Kunststofffolie oder Pappe an.

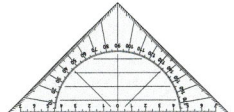

Lernkontrolle 1

1 Benenne den abgebildeten Körper.

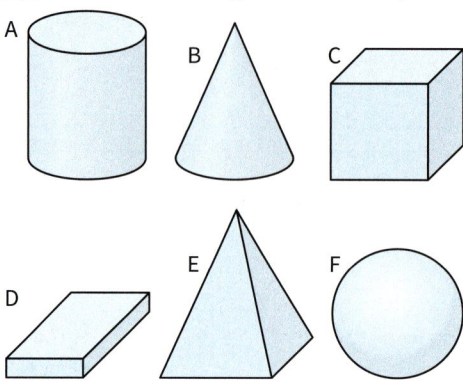

2 Welcher Körper hat
a) weder Ecken noch Kanten,
b) gleich lange Kanten,
c) fünf Ecken?

3 Welches Netz gehört nicht zu einem Quader? Begründe deine Antwort.

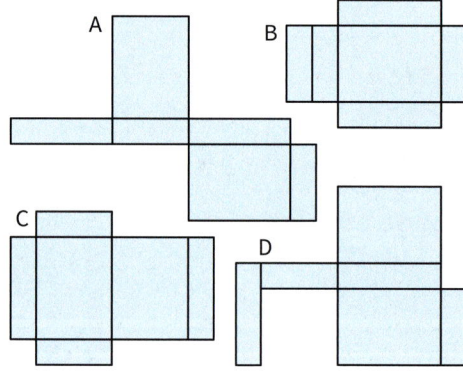

4 Welche Abbildung stellt ein Würfelnetz dar?

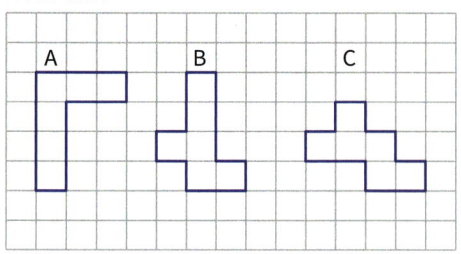

5 a) Ein Quader ist 5 cm lang, 3 cm breit und 2 cm hoch. Zeichne ein Netz des Quaders.
b) Ein Würfel hat eine Kantenlänge von 4 cm. Zeichne zwei verschiedene Würfelnetze in dein Heft.

6 a) Zeichne ein Schrägbild des Würfels mit der Kantenlänge 4 cm.
b) Zeichne zwei unterschiedliche Schrägbilder des Quaders mit den Kantenlängen 4 cm, 3 cm und 6 cm.

7 a) Zeichne ein Rechteck mit den Seitenlängen 4 cm und 6 cm.
b) Zeichne ein Quadrat mit 5,4 cm Seitenlänge.

8 a) Bei welchen Vierecken schneiden sich die Diagonalen im rechten Winkel?
b) Welche Vierecke haben vier gleich lange Seiten?

Wiederholung

1 Berechne.
a) 18 + 9   b) 37 + 6   c) 88 + 7   d) 96 + 8
e) 45 + 13   f) 53 + 27   g) 93 + 38

2 Berechne.
a) 56 − 7   b) 67 − 9   c) 13 − 6   d) 73 − 5
e) 48 − 23   f) 72 − 33   g) 86 − 47

3 Berechne.
a) 9 · 5   b) 7 · 4   c) 6 · 8   d) 3 · 7
e) 5 · 8   f) 4 · 9   g) 8 · 7   h) 6 · 9

4 Berechne.
a) 24 : 8   b) 54 : 9   c) 27 : 3   d) 81 : 9
e) 32 : 4   f) 18 : 3   g) 56 : 7   h) 45 : 5

5 Berechne. Beachte die Rechenregeln.
a) 4 + 5 · 8   b) 25 − 3 · 6
c) 30 : 5 − 2   d) 49 : 7 + 13
e) 47 − 4 · 6   f) 32 + 18 : 6

6 Berechne.
a) 32 : 8 + 45 − 12 : 4
b) 59 + 7 · 5 + 16 : 8
c) 8 · 5 − 3 · 9 − 13
d) 54 − 54 : 9 + 7 · 8

7 Berechne.
a) 120 − 5 · 7 + 6 · 7 + 100
b) 12 + 48 : 8 − 18 : 3 + 88
c) 7 · 9 − 23 + 63 : 9 + 33

Lernkontrolle 2

1 Übertrage in dein Heft und ergänze
a) zu einem Parallelogramm,

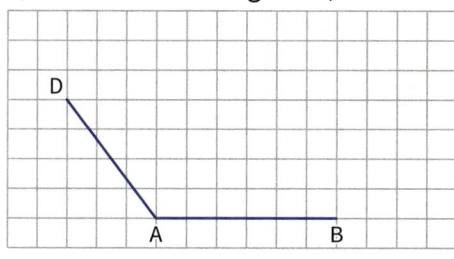

b) zu einem Drachenviereck,

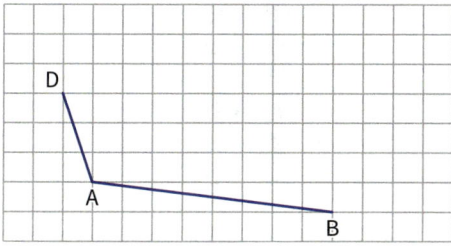

c) zu einem gleichschenkligen Trapez.

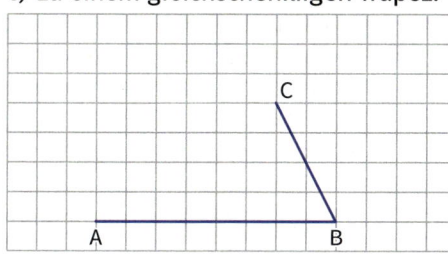

2 Schreibe drei Eigenschaften auf, die für das Rechteck, für das Quadrat, für das Parallelogramm und für den Rhombus gelten.

✚ **3** Übertrage das Würfelnetz in dein Heft.

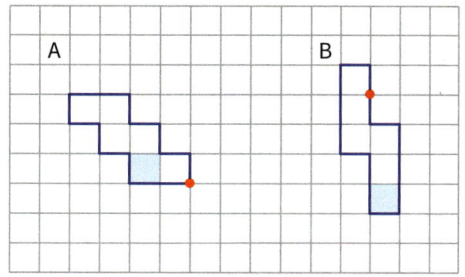

a) Kennzeichne die Fläche farbig, die der gefärbten Fläche gegenüberliegt.
b) Kennzeichne farbig die Punkte, die beim Zusammenfalten zu ein und derselben Ecke gehören.

✚ **4** Die Mittellinien eines Rechtecks sind 5,2 cm und 3,8 cm lang. Zeichne das Rechteck.

✚ **5** Zeichne das Quadrat.
a) Die Mittellinie ist 3,4 cm lang.
b) Die Diagonale ist 4,8 cm lang.

✚ **6** Lara besitzt viele Würfel mit der Kantenlänge 1 cm. Sie möchte damit größere Würfel bauen.
a) Wie viele kleine Würfel benötigt sie zum Bau eines Würfels mit der Kantenlänge von 2 cm (4 cm, 6 cm)?
b) Sie hat einen Würfel aus 125 kleinen Würfeln zusammengesetzt. Wie groß ist die Kantenlänge dieses Würfels?

---

1 Berechne.
a) $100 - (72 - 28) + 6 \cdot 6$
b) $5 \cdot (67 - 59) - 35 : 5$
c) $7 \cdot 9 - (15 + 25) + 36 : 9$
d) $96 - 32 : (66 - 58) + 11$

2 Berechne.
a) $8 \cdot (56 : 8) + 33 - 7 \cdot 3$
b) $140 - (27 - 15) : 4 - 42 : 6$
c) $200 - 43 - 5 \cdot 8 - (72 - 29)$
d) $24 : (123 - 115) + 35 : 7$

3 Berechne.
a) $3 \cdot (112 - 104) : 6 - 27 : 9$
b) $54 : 9 \cdot (75 - 66) - 7 \cdot 7$

4 a) Addiere zur Zahl 235 die Zahl 65.
b) Subtrahiere von der Zahl 270 die Zahl 136.
c) Bilde die Summe der Zahlen 320 und 125.
d) Wie heißt die Differenz der Zahlen 377 und 52?

5 a) Berechne die Summe der Produkte aus 12 und 8 und aus 6 und 5.
b) Multipliziere die Zahl 40 mit dem Quotienten aus 72 und 9.
c) Wie groß ist die Differenz zwischen den Produkten aus 13 und 7 und dem Produkt aus 7 und 8?

Wiederholung

Lange Zeit glaubten die Menschen,
die Erde sei eine Scheibe.
Heute zeigen dir Bilder aus dem
Weltall sehr deutlich, dass die Erde
die Gestalt einer Kugel hat.

6 Beziehungen im Raum

Längengrade

Längengrade (Meridiane) sind
Halbkreise, die wie abgebildet die
geografischen Pole verbinden.
Sie verlaufen senkrecht zum
Erdäquator. 1885 wurde von 25
Ländern ein Anfangslängenkreis
(Nullmeridian) bestimmt.
Davon ausgehend wurden jeweils
180 Längengrade nach Westen
und nach Osten festgelegt.
Durch welchen Ort verläuft der
Anfangslängenkreis
(Nullmeridian)?

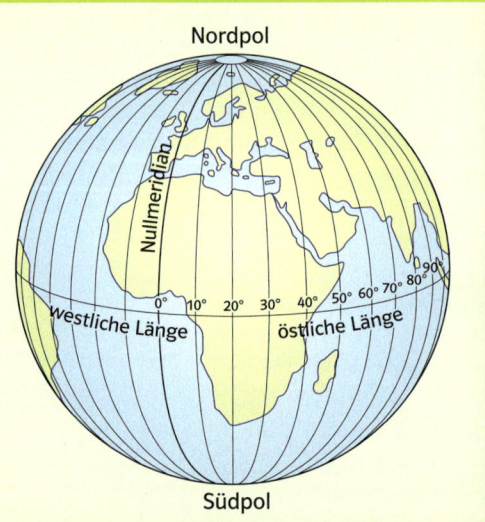

Breitengrade

Der Äquator teilt die Erde in die nördliche und die südliche Halbkugel. Parallel zum Äquator verlaufen nach Norden und nach Süden jeweils 90 Breitenkreise (Breitengrade), die alle den gleichen Abstand zueinander haben.

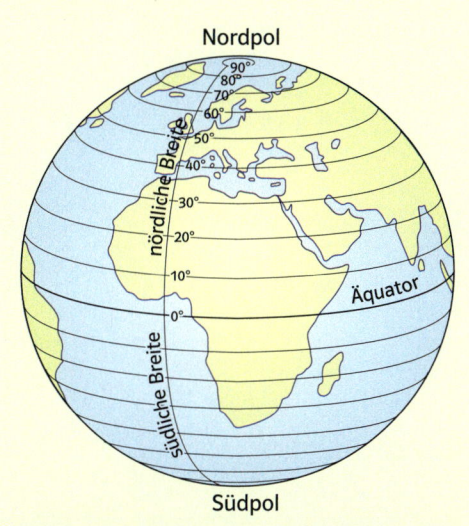

Geografische Koordinaten

Jeder Punkt der Erdoberfläche ist durch die Angabe der Längen- und Breitengrade und deren Unterteilung in Gradminuten und Gradsekunden genau bestimmt (1 Grad = 60 Minuten, 1 Minute = 60 Sekunden). Die Werte des Längen- und Breitengrades eines Ortes werden als seine geografischen Koordinaten bezeichnet.

Versuche die geografischen Koordinaten deines Wohnortes zu bestimmen. Notiere zunächst die geografische Breite, danach die geografische Länge.

Geografische Koordinaten von Berlin:
52°31' N   13°17' O
gelesen: Berlin liegt auf 52 Grad und 31 Minuten nördlicher Breite und 13 Grad 17 Minuten östlicher Länge

Orientieren im Autoatlas

1 Frau Müller möchte mit ihren Kindern Grete und Max Ferien in Dänemark machen.

Ferienhaus „Möwe" in Blokhus
Geografische Koordinaten
57°15'5,0" N   9°35'3,8" O

a) Frau Müller gibt die geografischen Koordinaten in das Navigationsgerät ihres Autos ein. Grete will den Ferienort auf einer Landkarte finden. Wie wird sie vorgehen?

b) Max benutzt das Ortsverzeichnis und eine Karte in einem Autoatlas.

AutoAtlas
Alphabetisches Gesamt-Ortsverzeichnis für Deutschland und Europa
…
Blok (Pl) 515 H1
Blokhus (DK) 348 A4
Blokke (B) 348 C8
…

Beschreibe, wie Max die Lage ihres Ferienortes bestimmen wird.

c) Grete und Max möchten während ihres Aufenthaltes zur Wanderdüne Rubjerg Knude und zum Einkaufen nach Bronderslev fahren.
In welchen Gitterquadraten liegen jeweils diese Orte?

Koordinatensystem

1 In Landkarten und Stadtplänen werden für Lagebeschreibungen Planquadrate benutzt.

Um Punkte in geometrischen Zeichnungen eindeutig anzugeben, wird ein **Quadratgitter** verwendet.

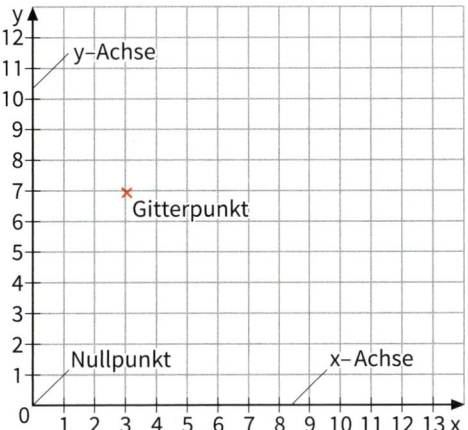

In dem abgebildeten Quadratgitter siehst du zwei zueinander senkrecht stehende Zahlenstrahlen. Sie liegen jeweils auf einer Gitterlinie und haben einen gemeinsamen Anfangspunkt (**Nullpunkt**).

Die Schnittpunkte der Gitterlinien sind die **Gitterpunkte.**

a) Versuche die Lage der markierten Punkte durch ein Zahlenpaar anzugeben. Worauf musst du dabei achten?

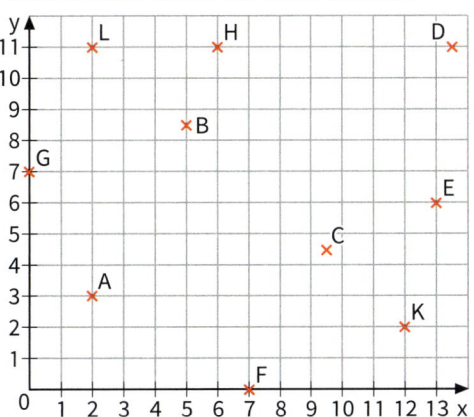

b) Kennzeichnen die Zahlenpaare (5 | 4) und (4 | 5) denselben Gitterpunkt? Begründe deine Antwort.

c) Diktiere einem Partner verschiedene Zahlenpaare. Fordere ihn auf, die einzelnen Zahlenpaare in ein Quadratgitter einzutragen.

In einem Quadratgitter kann die Lage eines Punktes durch ein Zahlenpaar festgelegt werden.

Dazu wird von einem Punkt (Nullpunkt) ein Zahlenstrahl nach rechts und ein Zahlenstrahl nach oben gezeichnet. Die waagerechte **x-Achse** (Rechtsachse) und die senkrechte **y-Achse** (Hochachse) bilden ein **Koordinatensystem.**

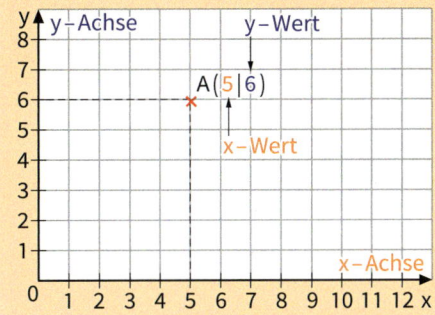

Der Punkt A hat den x-Wert 5 und den y-Wert 6.

Man sagt auch: Der Punkt A hat die **Koordinaten 5** und **6.**

Man schreibt: **A (5 | 6)**

2 a) Lies für jeden Punkt die Koordinaten ab und notiere zuerst den x-Wert und dann den y-Wert.

Beispiel: A (2 | 3)

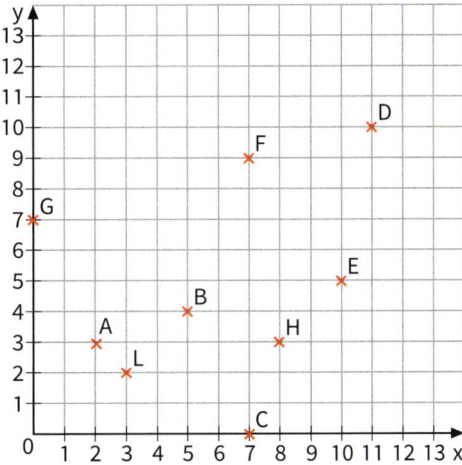

b) Zeichne ein Koordinatensystem und trage die folgenden Punkte ein:

A (12 | 8), B (7 | 15), C (1 | 14), D (4 | 4), E (0 | 9), F (11 | 5), G (5 | 11), H (9 | 0)

x vor y, wie im Alphabet.

1 a) Gib jeweils die Koordinaten der Eckpunkte an.

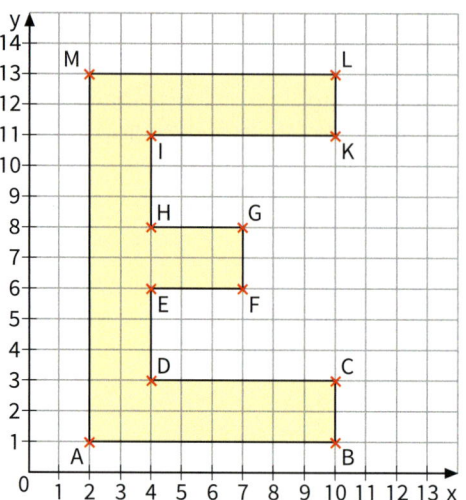

b) Zeichne ein Koordinatensystem und trage die folgenden Punkte ein:
A (1|10), B (3|2), C (5|2), D (7|6), E (9|2), F (11|2), G (13|10), H (11|10), I (10|6), K (7|10), L (4|6), M (3|10). Verbinde die Punkte in der Reihenfolge A, B, C, D, E, F, G, H, I, K, L, M, A zu einer Figur.

2 Zeichne ein Koordinatensystem. Trage die Punkte ein und verbinde sie in der angegebenen Reihenfolge. Welche Figur erhältst du?

a)

Punkte	Reihenfolge
A (6|1), B (8|1), C (8|4), D (13|4), E (8|6), F (12|6), G (8|8), H (11|8), I (7|11), K (3|8), L (6|8), M (2|6), N (6|6), O (1|4), P (6|4)	A, B, C, D, E, F, G, H, I, K, L, M, N, O, P, A

b)

Punkte	Reihenfolge
A (6|1), B (13|1), C (12|3), D (15|7), E (6|7), F (7|9), G (7|14), H (5|16), I (1|12), K (5|12), L (5|10), M (3|8), N (3|4)	A, B, C, D, E, F, G, H, I, K, L, M, N, A

3 Trage die Punkte zunächst in ein Koordinatensystem ein. Verbinde die Punkte anschließend in der angegebenen Reihenfolge. Welche Figur erhältst du?

a)

Punkte	Reihenfolge
A (2|2), B (10|2), C (10|8), D (6|12), E (2|8)	A, E, D, C, E, B, A, C, B

b)

Punkte	Reihenfolge
A (1|5), B (3|2), C (6|1), D (12|2), E (17|5), F (20|2), G (20|8), H (12|8), I (6|9), K (3|4)	A, B, C, D, E, F, G, E, H, I, K, A

c)

Punkte	Reihenfolge
A (1|6), B (3|3), C (11|2), D (20|6), E (7|6), F (7|7), G (15|7), H (7|14)	F, G, H, E, A, B, C, D, E

4 Welche ebene Figur ist in dem Koordinatensystem abgebildet? Gib auch jeweils die Koordinaten der Eckpunkte an.

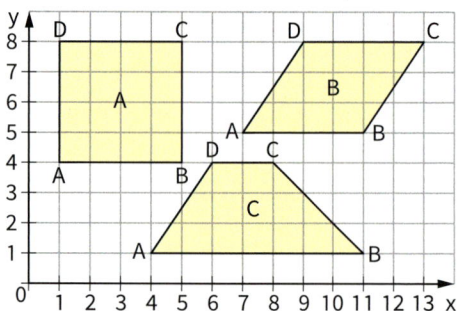

5 Zeichne die einzelnen Vierecke mit den angegebenen Eckpunkten in ein Koordinatensystem. Welche Figur erhältst du?

Viereck A	A (5|1), B (10|4), C (7|9), D (2|6)
Viereck B	A (13|0), B (21|3), C (21|8), D (13|5)
Viereck C	A (2|13), B (10|9), C (12|13), D (4|17)
Viereck D	A (13|11), B (17|8), C (21|11), D (17|14)

Gerade Linien – Strecke, Gerade, Strahl

1 Überall in deiner Umwelt findest du gerade Linien. Mit einem Laserstrahl werden in einem Tunnel Messungen durchgeführt.

a) Beschreibe jeweils, aus welchen Gründen in den folgenden Abbildungen eine Maurerschnur benutzt wird.

b) Zum Markieren gerader Linien wird häufig eine Schlagschnur verwendet.

Erkundige dich in einem Baumarkt, wie eine Schlagschnur funktioniert.

2 Versuche aus freier Hand, fünf gerade Linien zu zeichnen.
Überprüfe anschließend, ob die Linien gerade sind.

3 Stelle anhand der Karte einen Rundflug zusammen. Die Gesamtstrecke dieses Rundfluges soll fast 2000 km betragen. Start und Ziel ist Köln.

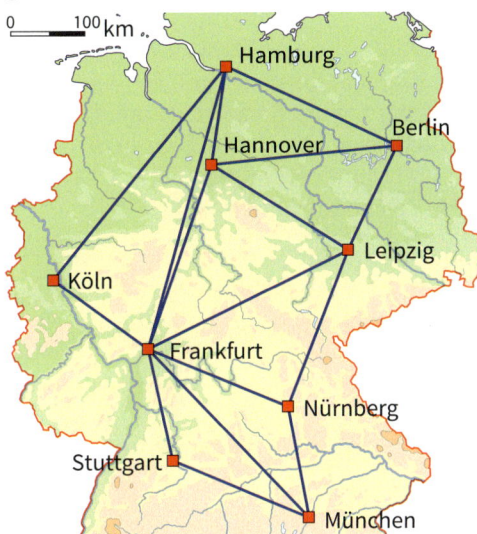

Ergänze die Tabelle im Heft.

Flug-strecken	Köln–Hamburg	Hamburg–Berlin
Länge auf der Karte	3,7 cm	2,5 cm
Entfernung der Städte	370 km	250 km

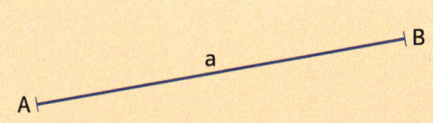

Strecke $\overline{AB}$ = Strecke a

Eine **Strecke** ist die kürzeste Verbindung zwischen zwei Punkten.

Eine Strecke wird durch ihre Endpunkte oder mit kleinen lateinischen Buchstaben bezeichnet.

Die Länge einer Strecke kannst du messen.

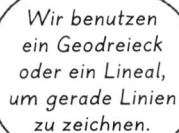

Wir benutzen ein Geodreieck oder ein Lineal, um gerade Linien zu zeichnen.

4 Zeichne jeweils eine Strecke mit der angegebenen Länge in dein Heft.

Strecke	$\overline{AB}$	$\overline{CD}$	$\overline{EF}$	$\overline{GH}$	$\overline{KL}$
Länge	3 cm	4 cm	3,5 cm	56 mm	4,6 cm

Strecke	$\overline{MN}$	$\overline{OP}$	$\overline{RS}$	$\overline{TU}$
Länge	29 mm	8,5 cm	92 mm	6,3 cm

5 Denke dir eine Strecke $\overline{AB}$ jeweils über die Endpunkte A und B hinaus beliebig weit verlängert, es entsteht eine Gerade. Begründe, warum du immer nur einen Ausschnitt der Geraden zeichnen kannst.

6 Gib an, ob es sich in der Abbildung um eine Gerade, einen Strahl oder eine Strecke handelt. Miss die Länge der einzelnen Strecken.

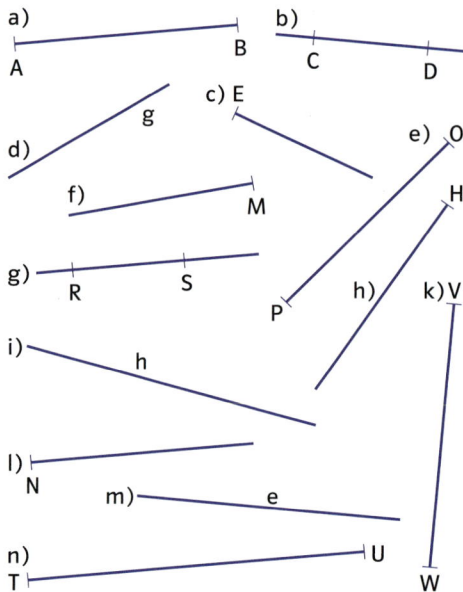

7 Trage die Punkte A (2 | 2), B (10 | 2), C (12 | 7), D (10 | 11), E (10 | 8), F (6 | 2), G (12 | 11), H (4 | 11), I (6 | 4) und K (6 | 8) in ein Koordinatensystem ein. Zeichne, wenn möglich, durch drei der angegebenen Punkte eine gerade Linie.

8 Zeichne die Strecke mit den angegebenen Endpunkten in ein Koordinatensystem. Gib die Koordinaten von drei Punkten an, die auf der Strecke liegen.

	Koordinaten der Endpunkte	
a)	A (1 | 3)	B (7 | 15)
b)	C (4 | 4)	D (14 | 9)
c)	E (0 | 0)	F (16 | 4)
d)	G (2 | 11)	H (14 | 7)
e)	M (16 | 15)	N (21 | 5)
f)	O (2 | 0)	P (12 | 10)

9 Wie viele Geraden, Strahlen und Strecken findest du in der Abbildung?

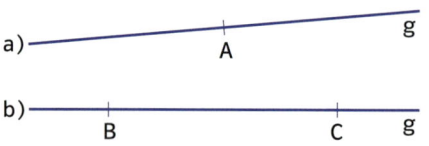

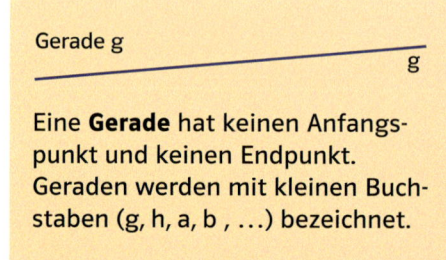

Eine **Gerade** hat keinen Anfangspunkt und keinen Endpunkt. Geraden werden mit kleinen Buchstaben (g, h, a, b , …) bezeichnet.

Zwei Punkte legen genau eine Gerade fest.

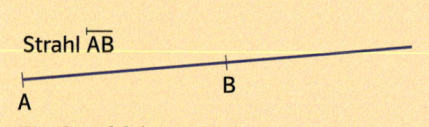

Ein **Strahl** (eine Halbgerade) hat einen Anfangspunkt, aber keinen Endpunkt.

1 a) Der Hausmeister hat im Klassenraum der 5 a ein Regal aufgestellt.

Wie können die Schülerinnen und Schüler feststellen, ob der Hausmeister das Regal richtig zusammengebaut hat?

b) In das Regal sollen noch zwei weitere Bretter eingesetzt werden.

Beschreibe ausführlich die einzelnen Schritte, die der Hausmeister für das Kürzen der Bretter ausführen muss.

2 Falte wie in den folgenden Abbildungen ein Stück Papier zweimal nacheinander. Du hast durch das Falten Kanten hergestellt, die **senkrecht zueinander** stehen, sie bilden einen **rechten Winkel.**

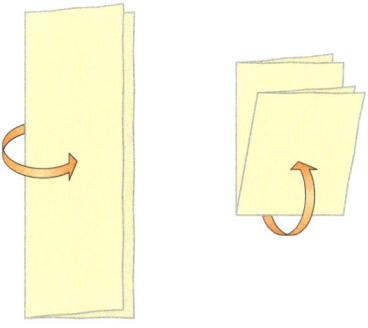

Faltest du das Blatt wieder auseinander, siehst du zwei senkrecht zueinander verlaufende Faltlinien.

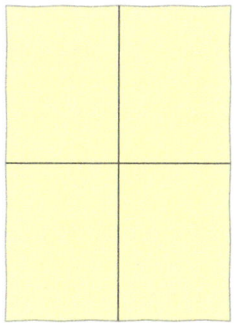

a) Wo vermutest du in deinem Klassenraum rechte Winkel? Überprüfe deine Vermutung mit dem Faltwinkel.

b) Findest du auch an deinem Geodreieck Linien, die senkrecht zueinander sind?

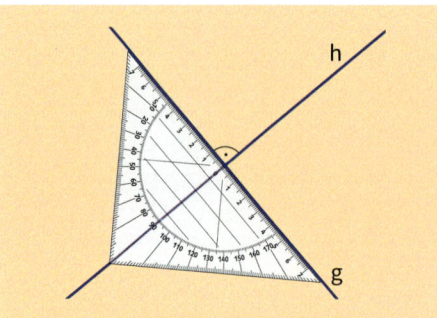

Die Geraden g und h stehen **senk-recht zueinander,** sie bilden **rechte Winkel.**

Man schreibt: g ⊥ h
Man sagt: g senkrecht zu h

In einer Zeichnung wird ein rechter Winkel durch das Symbol ⊿ gekenn-zeichnet.

3 Prüfe, welche Geraden senkrecht zueinander sind. Schreibe so: e ⊥ f

a)

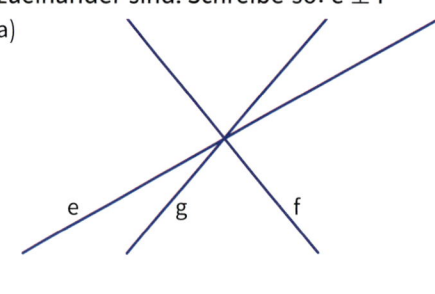

b)

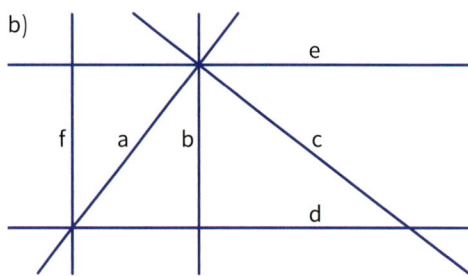

c)

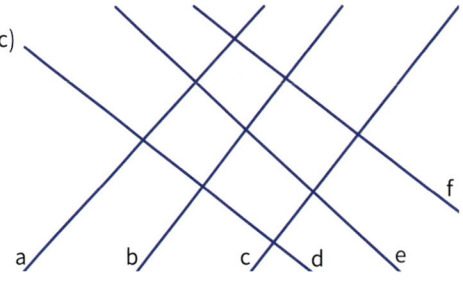

4 Zeichne in einem Koordinatensystem durch die beiden angegebenen Punkte eine Gerade. Überprüfe, welche Geraden zueinander senkrecht sind.

Gerade g	Gerade h	Gerade e
A (2 | 2)	C (1 | 14)	E (3 | 10)
B (3 | 7)	D (6 | 3)	F (13 | 6)

Gerade f	Gerade k	Gerade m
G (7 | 8)	I (11 | 1)	M (13 | 7)
H (8 | 13)	K (17 | 3)	N (15 | 1)

5 Die Abbildungen zeigen dir, wie du mit dem Geodreieck eine Senkrechte zu einer Geraden g durch einen Punkt P zeichnen kannst.

P liegt auf g

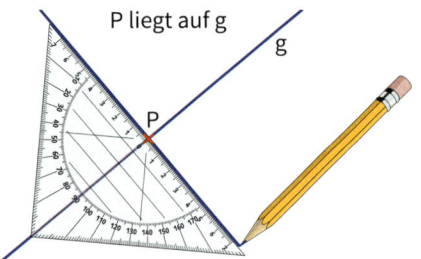

P liegt nicht auf g

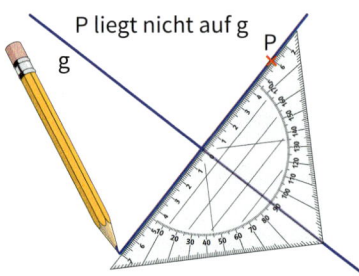

Übertrage die Abbildung in dein Heft. Zeichne durch P die Senkrechte zu g.

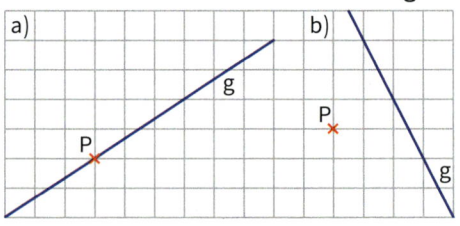

+ 6 Trage die Punkte A (1 | 3), B (12 | 2), C (5 | 1), D (13 | 7), E (2 | 7), F (11 | 10), G (13 | 4), H (6 | 11) und P (6 | 6) in ein Koordinatensystem ein. Zeichne von P aus jeweils die Senkrechte zu den Geraden AB, CD, EF und GH.

Abstand

1 Die Klassen 5 b und 5 c wollen ein Fußballspiel austragen. Merle und Janne überprüfen das Spielfeld. Dabei stellen sie fest, dass der Strafstoßpunkt nicht markiert ist. Der Punkt muss acht Meter von der Torlinie entfernt sein.

Wie werden sie vorgehen, um den Strafstoßpunkt erneut festzulegen?

2 In der folgenden Abbildung ist der Punkt P jeweils mit den Punkten A, B, C, D und E der Geraden g verbunden. Bestimme die kürzeste Verbindungsstrecke zwischen dem Punkt P und der Geraden g. Beschreibe auch die Lage dieser Strecke zu der Geraden g.

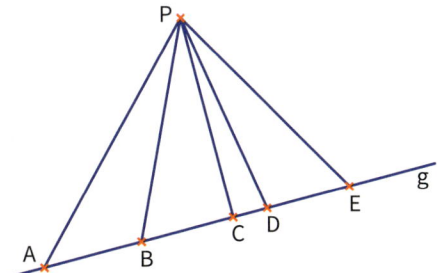

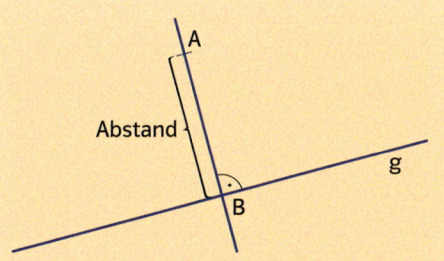

Die Länge der Strecke $\overline{AB}$ ist der **Abstand** des Punktes A von der Geraden g.

Der Abstand wird auf der Senkrechten zur Geraden g durch Punkt A gemessen.

3 In der Abbildung siehst du, wie mithilfe des Geodreiecks der Abstand des Punktes P von der Geraden g bestimmt wird.

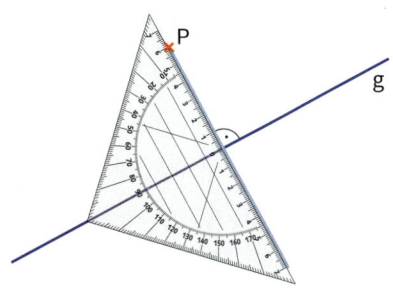

Der Abstand beträgt 4,5 cm.

Bestimme mithilfe des Geodreiecks, wie viel Millimeter Abstand die Punkte jeweils von den Geraden e, f und g haben.

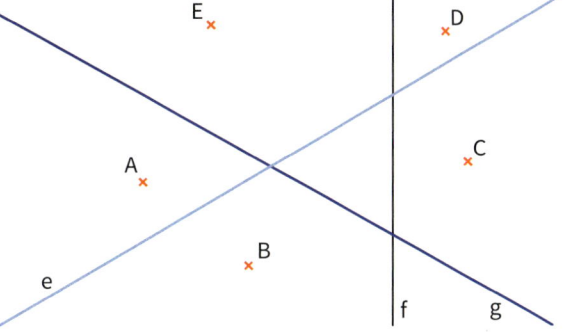

Notiere deine Messergebnisse im Heft in einer Tabelle.

	A	B	C	D	E
e	▦	▦	▦	▦	▦
f	▦	▦	▦	▦	▦
g	▦	▦	▦	▦	▦

4 Zeichne eine Gerade g in dein Heft. Die Gerade soll nicht auf einer Gitterlinie liegen.
Markiere die Punkte A, B, C, D und E so in dein Heft, dass sie den angegebenen Abstand von der Geraden g haben.

Punkt	Abstand von g
A	4,5 cm
B	38 mm
C	2,8 cm
D	54 mm
E	1,8 cm

Parallele Geraden

1 Auf dem Foto siehst du einen Abschnitt einer geraden Gleisstrecke.

a) Erkläre, warum die Schienen eines Gleises zueinander parallel verlaufen.
b) Wo kommen in deinem Klassenraum und in deiner Umgebung jeweils gerade Linien (Strecken, Kanten) vor, die zueinander parallel sind?

2 Falte aus einem Stück Papier zunächst einen rechten Winkel. Falte noch einmal so, dass die Abschnitte der ersten Faltlinie genau aufeinander liegen.

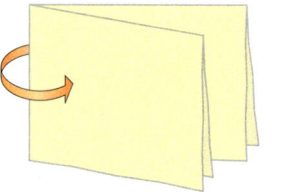

Falte das Blatt wieder auseinander. Wie liegen die Faltlinien zueinander? Beschreibe ihren Verlauf.

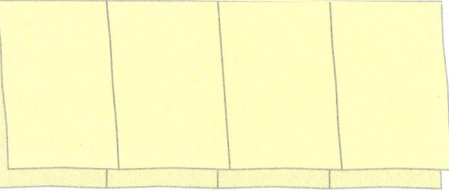

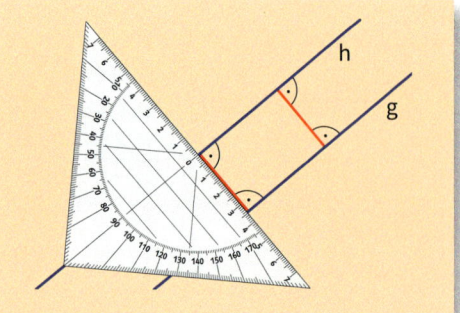

Zwei Geraden g und h, die zu einer dritten Geraden senkrecht stehen, heißen **zueinander parallel.**

Man schreibt: g ‖ h
Man sagt: g parallel zu h

Zueinander **parallele Geraden** haben überall den **gleichen Abstand.**

3 Mit den parallelen Hilfslinien auf dem Geodreieck kannst du überprüfen, ob die abgebildeten Geraden zueinander parallel sind.

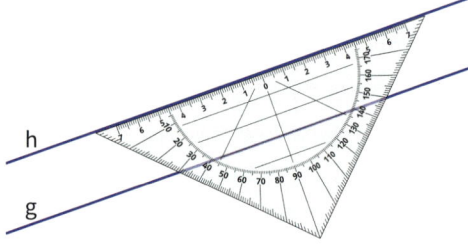

Welche Geraden sind zueinander parallel? Schreibe so: a ‖ b.

a)

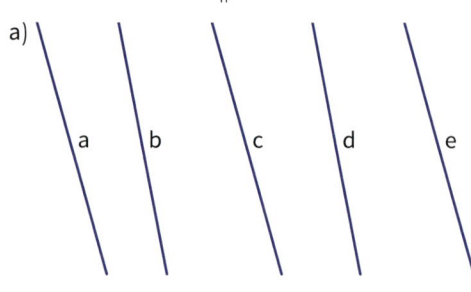

b)

Parallele Geraden

4 Paul prüft, ob die Geraden g und h zueinander parallel verlaufen. Beschreibe anhand der Abbildungen, wie er dabei vorgegangen ist.

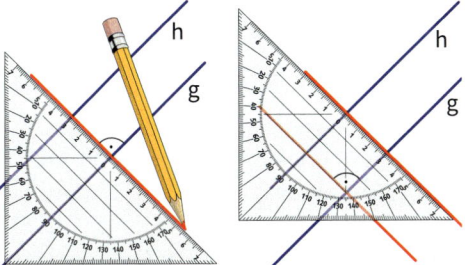

5 Zeichne in einem Koordinatensystem durch die beiden angegebenen Punkte jeweils eine Gerade. Überprüfe, welche Geraden zueinander parallel sind.

Gerade a	Gerade b	Gerade c	Gerade d
A (1|2)	C (5|0)	E (4|2)	G (2|10)
B (9|6)	D (12|7)	F (13|5)	H (1|14)

Gerade e	Gerade f	Gerade g	Gerade h
K (3|5)	M (2|6)	O (5|6)	R (8|1)
L (9|11)	N (12|11)	P (11|8)	S (14|3)

So kannst du durch einen Punkt P eine Parallele zu einer Geraden g zeichnen:

1. Zeichne durch den Punkt P die Senkrechte zu g. Bezeichne die Senkrechte mit s.

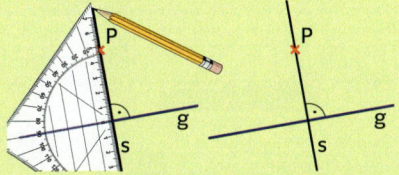

2. Zeichne durch den Punkt P die Senkrechte zu s. Du erhältst die Parallele h zur Geraden g.

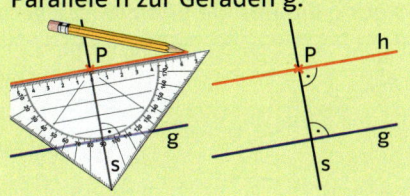

6 Übertrage Punkte und Geraden in ähnlicher Lage in dein Heft. Zeichne jeweils die Parallelen zu g durch die vorgegebenen Punkte.

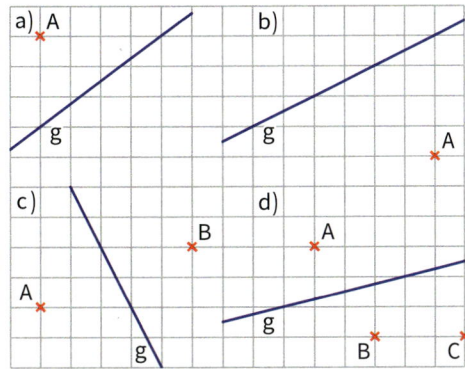

7 Übertrage die Punkte und Geraden in dein Heft. Zeichne jeweils die Parallelen zu g durch die vorgegebenen Punkte.
Miss anschließend die Abstände der einzelnen Parallelen von der Geraden g.

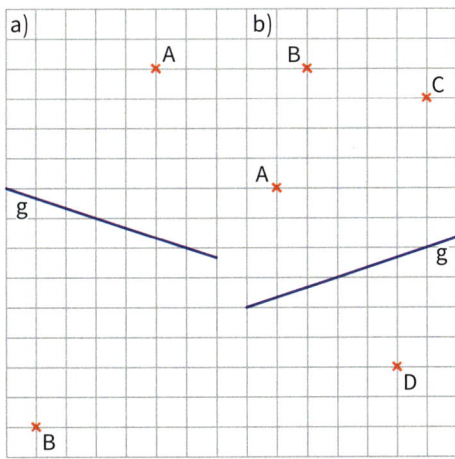

+ 8 Zeichne eine Gerade g schräg in dein Heft. Zeichne zu g eine Parallele mit dem folgenden Abstand:
a) 4 cm   b) 5 cm   c) 35 mm d) 2,5 cm
e) 4,3 cm f) 58 mm g) 6,8 cm h) 72 mm

In einer Schublade liegen 8 weiße, 5 blaue und 6 rote Strümpfe. Wie viele Strümpfe muss man im Dunkeln herausnehmen, um ein gleichfarbiges Paar zu haben?

Arbeiten mit dem Computer: Geometrische Grundbegriffe

1 Starte dein Geometrieprogramm. Die Abbildung zeigt einen Ausschnitt der Werkzeugleisten, die du erhältst.

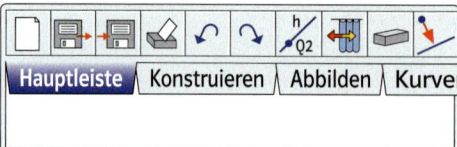

a) Auf dem Arbeitsblatt des Geomtrieprogramms soll ein Koordinatensystem erzeugt werden.
Klicke dazu auf die Leiste "Messen & Rechnen" und anschließend auf das Symbol "Koordinatensystem verändern".

Aktiviere in dem Fenster "Koordinatensystem verändern" jeweils die Menüpunkte "Ursprung sichtbar" und "Linien".

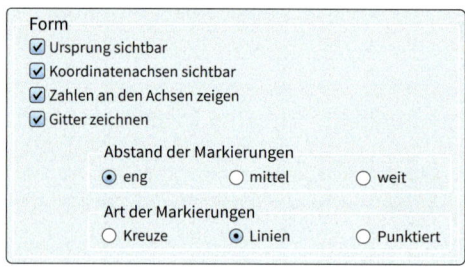

Bewege dazu den Cursor zum Nullpunkt. Halte die linke Maustaste gedrückt und ziehe den Nullpunkt in die gewünschte Lage.

Es erscheint ein Koordinatensystem. Verschiebe das Koordinatensystem so, dass du die folgende Abbildung erhältst.

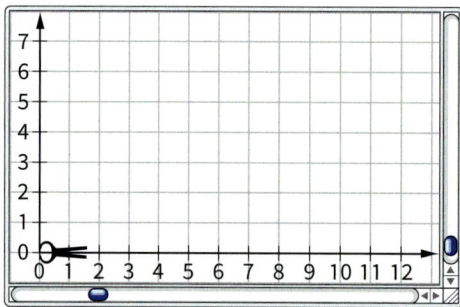

b) Mithilfe des Symbols "Punkt mit Koordinaten (x, y)" in der Leiste "Konstruieren" kannst du die Koordinaten eines Punktes eingeben. Trage die Punkte mit den angegebenen Koordinaten in das Koordinatensystem ein:
(2 | 3), (4 | 6), (10 | 8), (1 | 7), (5 | 5), (8 | 2)

2 Erzeuge auf dem Arbeitsblatt deines Geometrieprogramms verschiedene Punkte.

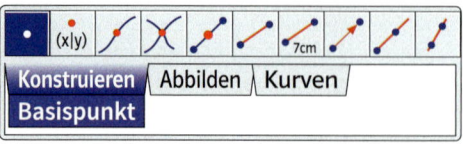

Benenne mithilfe des Symbols "Objekt benennen" jeweils die Punkte mit großen Buchstaben.

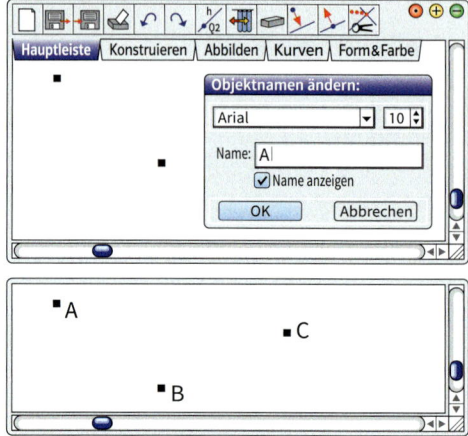

3 a) Zeichne eine Strecke, eine Gerade und eine Halbgerade (Strahl). Klicke dazu in der Leiste "Konstruieren" jeweils auf die entsprechenden Symbole. Beachte dazu die Anweisungen unten auf dem Arbeitsblatt.

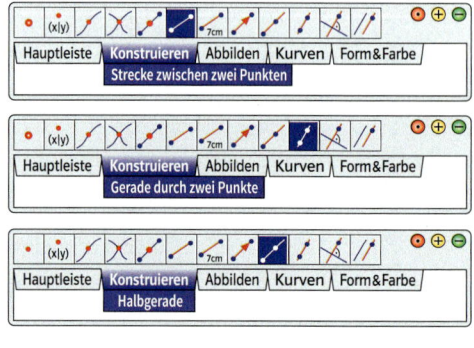

b) Beschrifte wie abgebildet jeweils die Strecke, die Gerade und die Halbgerade.

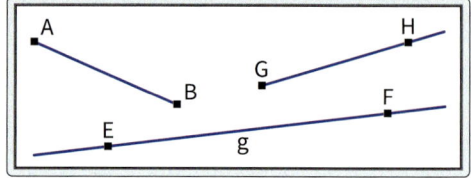

4 Die Abbildungen zeigen dir, wie du mithilfe deines Geometrieprogramms eine 3,5 cm lange Strecke $\overline{AB}$ zeichnen kannst.

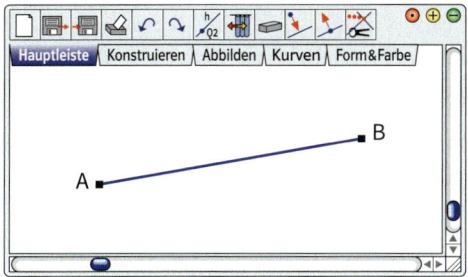

a) Beschreibe die einzelnen Schritte, die du für das Zeichnen einer Strecke mit vorgegebener Länge ausführen musst.
b) Zeichne jeweils eine Strecke mit der angegebenen Länge.

Strecke	$\overline{AB}$	$\overline{CD}$	$\overline{EF}$	$\overline{GH}$
Länge	5,8 cm	7,2 cm	6,5 cm	11 cm

5 Zeichne verschieden lange Strecken auf das Arbeitsblatt. Fordere eine Mitschülerin oder einen Mitschüler auf, die Länge der einzelnen Strecken zu bestimmen.

Im Menü "Verschiedenes" kannst du die Anzahl der Nachkommastellen festlegen. Wähle dafür den Menüpunkt "Einstellungen" aus.

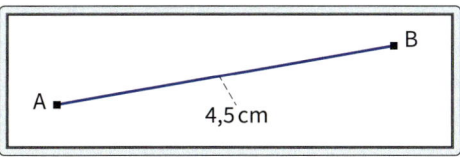

6 a) Trage die Punkte A (1|9), B (8|9), C (3|12), D (7|6), E (1|8), F (5|4), G (1|2) und H (4|8) in das Koordinatensystem deines Geometrieprogramms ein.
b) Zeichne die Strecken $\overline{AB}$, $\overline{CD}$, $\overline{EF}$ und $\overline{GH}$ und miss jeweils ihre Länge.
c) Die Strecken $\overline{AB}$ und $\overline{CD}$ sowie $\overline{EF}$ und $\overline{GH}$ schneiden sich jeweils in einem Punkt. Gib jeweils die Koordinaten dieser Schnittpunkte an.

7 a) Trage die Punkte A (2|6), B (8|9), C (6|3), D (11|3), E (9|10), F (11|4), G (13|5), H (13|10) und P (7|6) in das Koordinatensystem deines Geometrieprogramms ein.
b) Zeichne von P aus jeweils die Senkrechte zu den Geraden AB, CD, EF und GH.

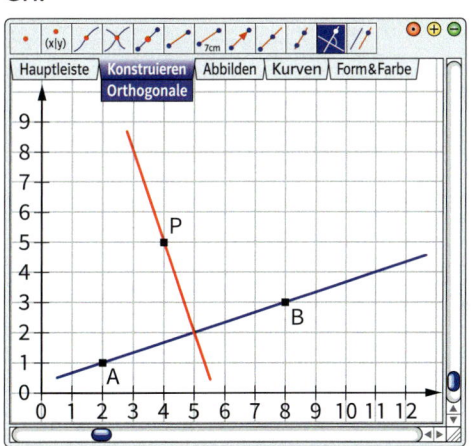

In welchem Punkt trifft eine Senkrechte auf eine Gerade? Gib die Koordinaten dieses Punktes an.

8 a) Zeichne eine Parallele durch einen Punkt P zu einer Geraden AB.

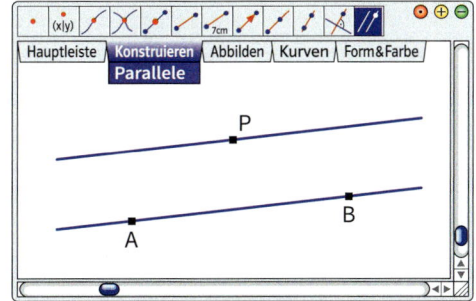

b) Zeichne zwei Parallelen im Abstand von 4 cm (5 cm; 3,5 cm).

> Die Orthogonale ist die Senkrechte.

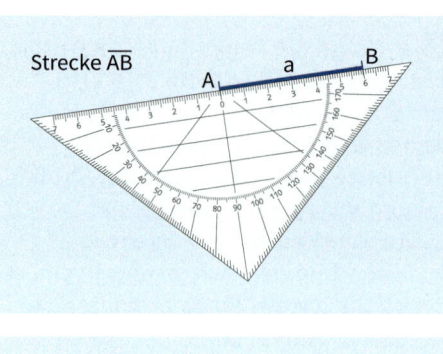

Eine Strecke ist die kürzeste Verbindung zwischen zwei Punkten.

Eine Strecke wird durch ihre Endpunkte oder mit kleinen Buchstaben bezeichnet.
Die Länge einer Strecke kannst du messen.

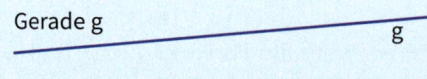

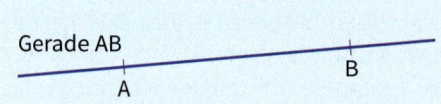

Eine Gerade hat keinen Anfangspunkt und keinen Endpunkt.

Geraden werden mit kleinen Buchstaben (g, h, a, b, …) bezeichnet.
Zwei Punkte legen genau eine Gerade fest.

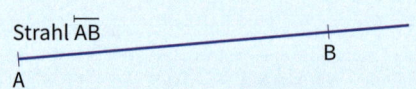

Ein Strahl (eine Halbgerade) hat einen Anfangspunkt, aber keinen Endpunkt.

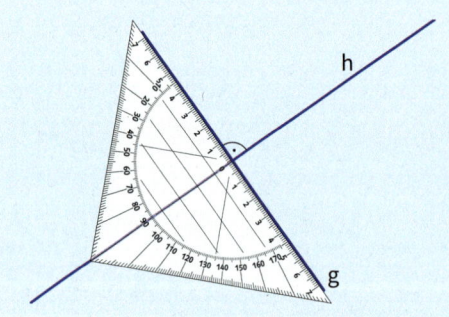

Die Geraden g und h stehen senkrecht zueinander, sie bilden rechte Winkel.

Man schreibt: $g \perp h$
Man sagt: g senkrecht zu h

In einer Zeichnung wird ein rechter Winkel durch das Symbol ∟ gekennzeichnet.

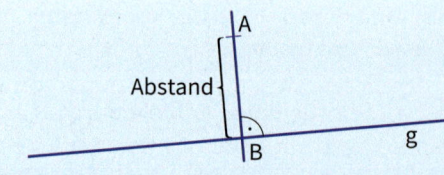

Die Länge der Strecke $\overline{AB}$ ist der Abstand des Punktes A von der Geraden g.

Der Abstand wird auf der Senkrechten zur Geraden g durch Punkt A gemessen.

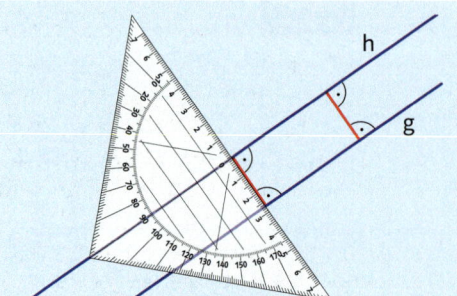

Zwei Geraden g und h, die zu einer dritten Geraden senkrecht stehen, heißen zueinander parallel.

Man schreibt: $g \parallel h$
Man sagt: g parallel zu h

Zueinander parallele Geraden haben überall den gleichen Abstand.

Üben und Vertiefen

1 Trage die folgenden Punkte in ein Koordinatensystem ein und verbinde die einzelnen Punkte miteinander.
A (9 | 2), B (14 | 4), C (16 | 9), D (14 | 14), E (9 | 16), F (4 | 14), G (2 | 9), H (4 | 4)

2 Zeichne die Vierecke mit den angegebenen Eckpunkten in ein Koordinatensystem. Welche Figur erhältst du jeweils?

Viereck I	Viereck II
A (5 | 1), B (10 | 4), C (7 | 9), D (2 | 6)	A (2 | 13), B (10 | 9), C (12 | 13), D (4 | 17)

3 Gib an, ob es sich in der Abbildung um eine Gerade, einen Strahl oder eine Strecke handelt.
Miss die Länge der einzelnen Strecken.

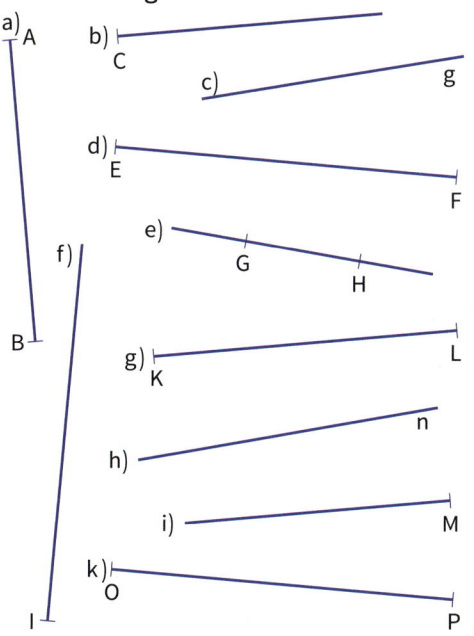

4 Zeichne die Strecke mit den angegebenen Endpunkten in ein Koordinatensystem. Gib jeweils die Koordinaten von drei weiteren Punkten an, die auf der Strecke liegen.

a)	b)	c)	d)
A (1 | 3) B (7 | 15)	C (4 | 4) D (14 | 9)	E (0 | 0) F (16 | 4)	G (2 | 11) H (14 | 7)

5 a) Trage die Punkte A (1 | 7), B (13 | 3), C (2 | 4), D (11 | 13), E (2 | 12) und F (13 | 1) in ein Koordinatensystem ein.
b) Zeichne die Strecken $\overline{AB}$, $\overline{CD}$ und $\overline{EF}$. In welchen Punkten schneiden sie sich? Gib jeweils die Koordinaten der Schnittpunkte an.

6 a) Zeichne durch die beiden in der Tabelle angegebenen Punkte eine Gerade. Bezeichne die Gerade mit dem zugehörigen kleinen Buchstaben.

Gerade g	Gerade h	Gerade e
A (2 | 2) B (3 | 7)	C (1 | 4) D (6 | 3)	E (3 | 10) F (13 | 6)

Gerade f	Gerade k	Gerade m
G (7 | 8) H (8 | 13)	I (11 | 11) K (17 | 3)	M (13 | 7) N (15 | 1)

b) Überprüfe mit dem Geodreieck, welche Geraden zueinander senkrecht sind. Schreibe so: g ⊥ h oder g ⊥̸ h.

7 Zeichne eine Gerade g schräg in dein Heft. Zeichne zu g eine Parallele mit 3 cm (4,5 cm; 38 mm; 6,2 cm) Abstand.

8 Trage die Punkte A (2 | 2), B (10 | 4), C (14 | 5), D (12 | 13), E (2 | 12), F (10 | 10), G (2 | 2, H (0 | 10) und P (5 | 7) in ein Koordinatensystem ein.
Zeichne von P aus jeweils die Senkrechte zu der Geraden AB, CD, EF und GH. Wo trifft die Senkrechte jeweils auf die Gerade? Gib die Koordinaten dieses Punktes an.

9 Übertrage und beschrifte die abgebildete Figur, sodass gilt:
a ∥ c;   d ∥ b;   e ⊥ f;   m ∥ a

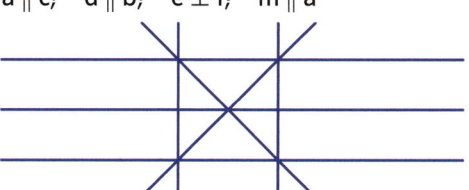

10 a) In welchem Gitterquadrat liegt Öslems Wohnung (Max Wohnung, die Schule)?
b) Wie viele Kilometer Schulweg werden Öslem und Max jeweils in einem Schuljahr zurücklegen? Schätze zunächst. Löse diese Aufgabe mit einem Partner.

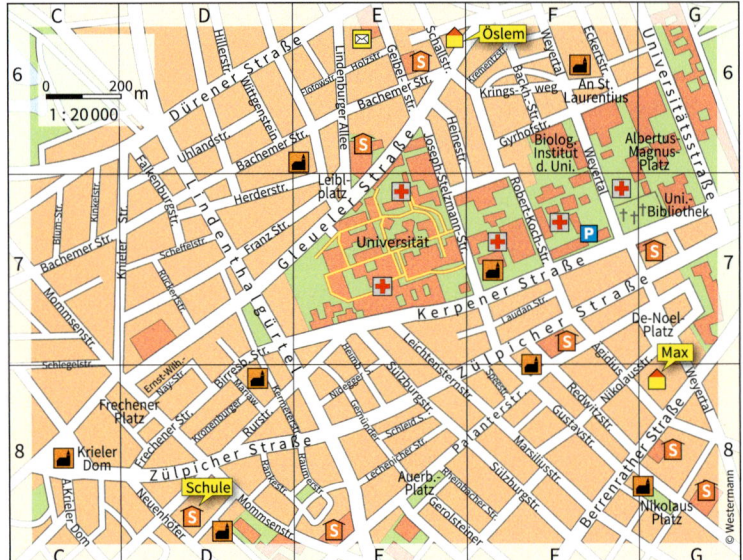

11

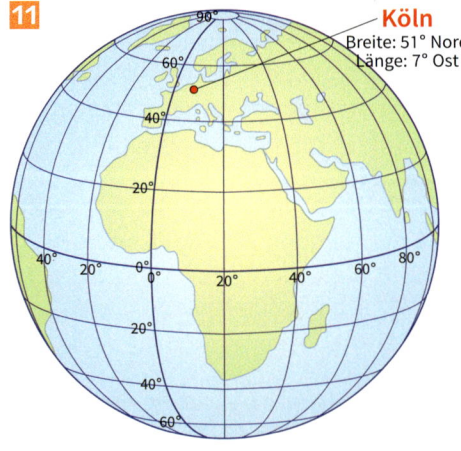

Köln
Breite: 51° Nord
Länge: 7° Ost

Für diese Aufgabe benötigt ihr einen Atlas.

a) Warum wurde die Erde mit einem Netz aus Längen- und Breitenkreisen überzogen?
b) Beschreibe den Verlauf der Meridiane.
c) Durch welche Länder verläuft der nördliche Polarkreis?
d) Gib die geografische Breite des Nordpols an.
e) Zwischen welchen Längen- und Breitengraden liegt Deutschland?

12 In den einzelnen Abbildungen siehst du jeweils drei Geraden a, b und c.

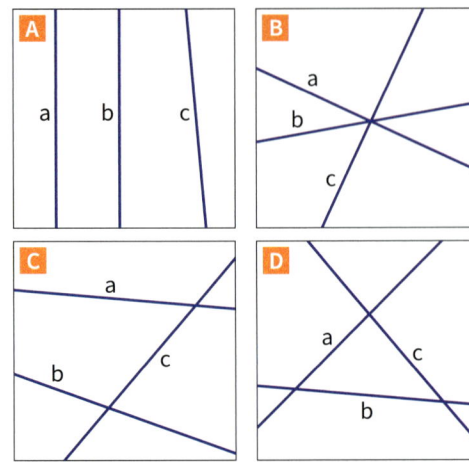

Wie viele Schnittpunkte haben die Geraden? Begründe deine Antwort.

13 a) Bestimme die Anzahl der Schnittpunkte in der abgebildeten Figur.

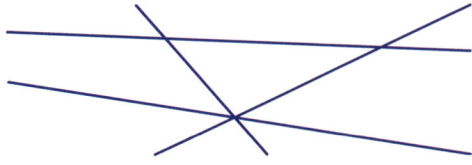

b) Zeichne vier Geraden so, dass du möglichst viele Schnittpunkte erhältst.
c) Ordne vier Geraden so an, dass du möglichst wenig Schnittpunkte erhältst.

14 a) Zeichne vier Geraden so, dass du vier (5, 6) Schnittpunkte erhältst.
b) Zeichne fünf Geraden so, dass du 7 (8, 9, 10) Schnittpunkte erhältst.

15 In der Abbildung sind einzelne Strecken zu einem geschlossenen Streckenzug aneinandergereiht.

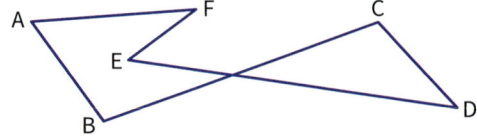

Versuche sechs Punkte in deinem Heft so anzuordnen, dass du sie zu einem geschlossenen Streckenzug verbinden kannst, bei dem zwei (drei) Überschneidungen auftreten.

1 Familie Rohrer plant an ihrem ersten Urlaubstag eine Radwanderung um den Tachinger See.
Sie starten von ihrer Ferienwohnung in Eging (47°58`N 12°43`O).

Wald	Ferienwohnung
Sumpf	Radweg
	Straße

0 — 650 m

Maßstab 1:65 000	
Länge in der Karte	Länge in der Natur
1,8 cm	1,8 cm · 65 000
	= 117 000 cm
	= 1170 m
	= 1,170 km

Berechne die Gesamtlänge der geplanten Radwanderstrecke.
Überlege auch, wie viel Zeit die Familie für diese Radwanderung veranschlagen sollte.
Betrachte dazu sehr genau den markierten Radweg auf der Karte.

2 Im Schaufenster einer Buchhandlung liegt eine Radwanderkarte im Maßstab 1:50 000, eine andere im Maßstab 1:30 000. Welche Karte würdest du kaufen? Begründe deine Entscheidung.

3 An einem anderen Urlaubstag will die Familie an einer geführten Wanderung durch ein Hochmoor teilnehmen. Die Teilnehmer treffen sich vor der Tourist-Information in Grassau.
Der Wanderweg führt zunächst durch Obermoosbach zur Aussichtsplattform. Anschließend geht es über den Ewigkeitsweg auf dem kürzesten Weg zurück zur Tourist-Information.

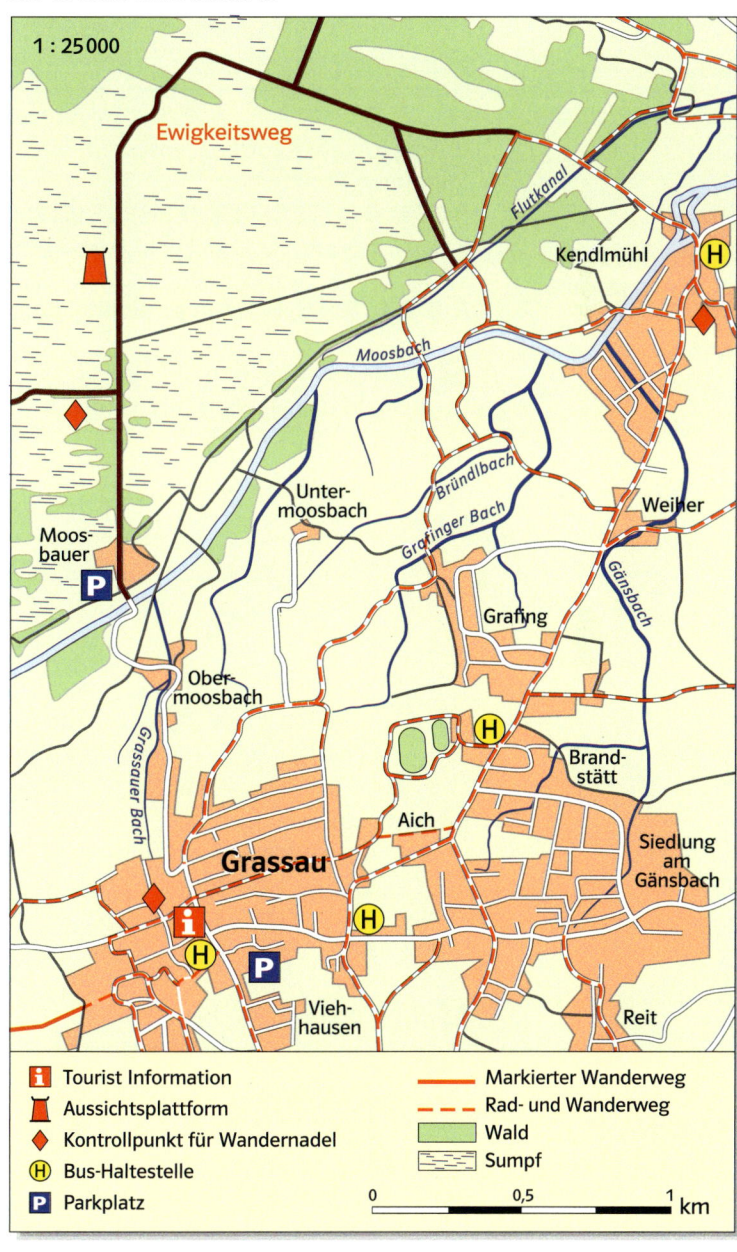

Tourist Information	Markierter Wanderweg
Aussichtsplattform	Rad- und Wanderweg
Kontrollpunkt für Wandernadel	Wald
Bus-Haltestelle	Sumpf
Parkplatz	

0 — 0,5 — 1 km

Für die gesamte Wanderstrecke sind 2,5 Stunden vorgesehen.

1 a) Gib die Koordinaten der Eckpunkte an.

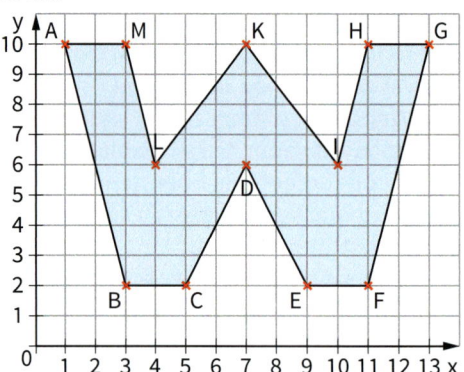

b) Trage in ein Koordinatensystem die folgenden Punkte ein:
A (2|2), B (4|2), C (4|5), D (6|5), E (6|7), F (4|7), G (4|9), H (7|9), I (7|11), K (2|11)
Verbinde die Punkte in der Reihenfolge A, B, C, D, E, F, G, H, I, K, A zu einer Figur.

2 Suche aus dem Bild die Strecken heraus und miss jeweils ihre Länge.

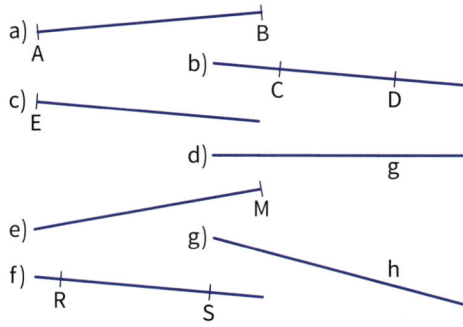

3 Übertrage die Punkte P und Q sowie die Gerade g in dein Heft.

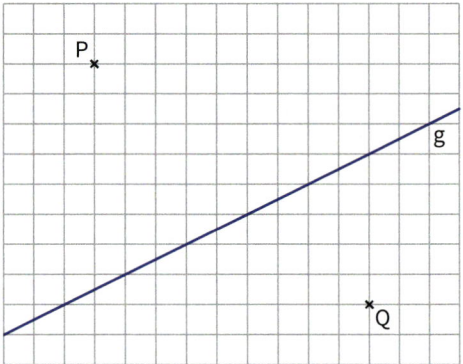

a) Zeichne durch die Punkte P und Q jeweils eine Senkrechte zu der Geraden g.
b) Zeichne durch die Punkte P und Q jeweils eine Parallele zu g.

4 Welche Abstände haben jeweils die Parallelen a und b, a und c und b und c?

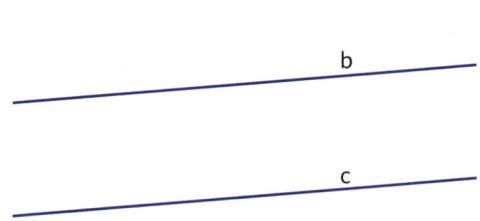

1 Multipliziere schriftlich.

a) 355 · 4   b) 634 · 8   c) 238 · 5
   555 · 3   129 · 6   673 · 7
   139 · 5   435 · 4   333 · 9
   320 · 8   501 · 7   466 · 8

2 Berechne das Produkt.

a) 34 · 17   b) 54 · 23   c) 86 · 22
   25 · 13   62 · 44   73 · 35
   19 · 54   48 · 37   44 · 44
   30 · 87   74 · 80   99 · 99

3 Multipliziere schriftlich.

a) 111 · 28   b) 232 · 35   c) 345 · 33
   456 · 42   732 · 24   545 · 63
   377 · 55   605 · 82   440 · 97

4 Berechne.

a) 25 · 432   b) 11 · 878   c) 655 · 28
   7 · 333   679 · 80   95 · 333
   12 · 303   878 · 5   9 · 555

5 Berechne das Produkt.

a) 34 523 · 6 b) 55 555 · 4 c) 23 232 · 9
   5 673 · 11   7 009 · 25   28 · 6 504

6 a) Multipliziere 26 und 17.
b) Bestimme das Produkt aus 36 und 25.
c) Drei Faktoren sind 24, 18 und 100. Berechne das Produkt.
d) Bestimme das 17fache von 111.
e) Berechne das Doppelte des Produktes aus 575 und 12.

1 Zeichne in einem Koordinatensystem eine Gerade durch die Punkte A(2|1) und B(8|7).
Zeichne eine weitere Gerade ein, die durch den Punkt C(1|8) geht und die senkrecht auf der ersten Geraden steht. Wo schneidet diese Senkrechte die x-Achse? Gib die Koordinaten an.

2 Zeichne zwei zueinander parallele Geraden im Abstand von 4,3 cm.

3 Zeichne eine Gerade g in dein Heft. Die Gerade g soll nicht auf einer Gitterlinie liegen.
Markiere fünf Punkte A, B, C, D und E so, dass Punkt A 4 cm, Punkt B 36 mm, Punkt C 2,7 cm, Punkt D 5,2 cm und Punkt E 1,3 cm Abstand hat.

4 Zeichne drei Geraden a, b und c nach folgenden Angaben:
a) a ⊥ b und b ⊥ c   b) a ⊥ b und b ∥ c
Beschrifte die Geraden.

5 Zeichne in ein Koordinatensystem die Gerade g durch die Punkte A (8 | 1) und B (1 | 4) sowie die Gerade h durch die Punkte C (5 | 8) und D (14 | 11). Gib die Koordinaten des Punktes an, der von g einen Abstand von 2,5 cm und von h einen Abstand von 1,6 cm hat.

6 Ein Frachtflugzeug muss mehrere Gepäckstücke und Container von Köln aus nach Berlin, Frankfurt, Hamburg, Hannover und Leipzig transportieren. Anschließend soll das Flugzeug nach Köln zurückkehren.

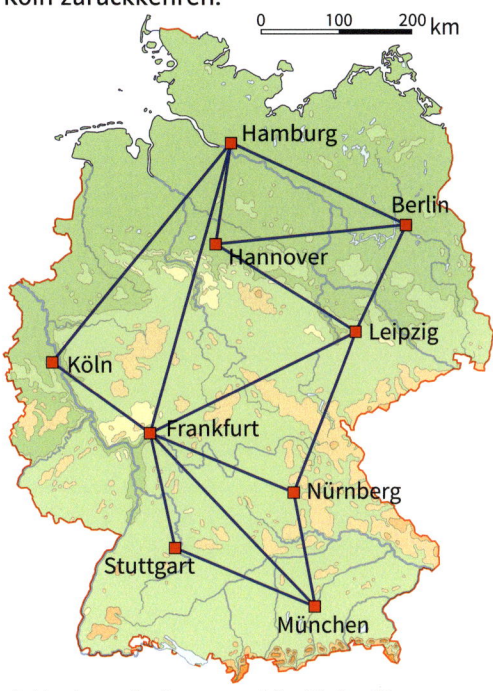

a) Notiere drei unterschiedliche Flugrouten.
b) Stelle für diesen Transport die kürzeste Flugroute zusammen.
Wie viele Kilometer legt das Flugzeug dafür insgesamt zurück?

---

1 Dividiere schriftlich.
a) 615 : 5   b) 208 : 8   c) 504 : 9
852 : 6   455 : 7   396 : 4
592 : 4   261 : 3   696 : 8
252 : 7   306 : 6   365 : 5

2 Berechne.
a) 1 179 : 9   b) 4 002 : 6   c) 1 410 : 6
1 968 : 8   4 160 : 8   2 680 : 5
4 578 : 7   3 850 : 7   1 791 : 9
2 712 : 4   4 995 : 5   1 962 : 3

3 Bestimme den Quotienten.
a) 1 680 : 30   b) 2 520 : 40   c) 4 400 : 80
3 780 : 60   3 450 : 50   7 020 : 90
3 600 : 80   1 980 : 20   6 230 : 70

4 Berechne.
a) 276 : 12   b) 715 : 11   c) 884 : 13
495 : 15   448 : 14   936 : 12
594 : 11   858 : 13   795 : 15

5 Bestimme den Quotienten.
a) 1 722 : 14   b) 3 132 : 12   c) 8 954 : 11
2 756 : 13   2 745 : 15   3 900 : 12

6 a) Dividiere 3210 durch 5.
b) Bestimme den Quotienten aus 540 und 15.
c) Mit welcher Zahl musst du 13 multiplizieren, um 299 zu erhalten?
d) Das Produkt ist 392, ein Faktor 14. Bestimme den zweiten Faktor.

Wiederholung

Der Bereich, der mit einem unbewegten Auge gesehen werden kann, wird als Gesichtsfeld eines Auges bezeichnet. Hier siehst du das horizontale Gesichtsfeld eines Auges.

7 Kreis und Winkel

Das Gesichtsfeld beider Augen ist der Bereich, der von beiden Augen gleichzeitig gesehen wird.

Das Gesichtsfeld des rechten und des linken Auges überschneiden sich in der Mitte. In diesem Überschneidungsbereich kann man Gegenstände räumlich sehen.

Das Gesichtsfeld von Tieren unterscheidet sich vom Gesichtsfeld des Menschen recht deutlich.

Pferde, Rehe oder auch Hasen erfassen, ohne den Kopf zu bewegen, fast den vollen Gesichtskreis.

Sie haben bei nur geringer Kopfbewegung volle Rundumsicht.

- ▢ nicht sichtbar
- ▢ einäugiges Sehen
- ▢ räumliches Sehen

Katzen, Luchse, Leoparden und auch Adler verfügen über einen großen Bereich des scharfen räumlichen Sehens.

Erläutere, warum verschiedene Tierarten unterschiedlich große Gesichtsfelder haben. Denke dabei an die Lebensweise der einzelnen Tierarten.

1 Dieses Foto entspricht etwa dem Gesichtsfeld des Menschen. Das horizontale Gesichtsfeld beider Augen ist der Bereich der Umgebung, der von beiden Augen gleichzeitig gesehen wird.

Du kannst mithilfe einer Mitschülerin oder eines Mitschülers in einem Selbstversuch die Größe deines horizontalen Gesichtsfeldes bestimmen. Führe dazu die folgenden Anweisungen aus.

Anschließend schaue ich starr nach vorne und bewege meine Arme langsam nach vorn. Jetzt sehe ich so gerade meine Daumen.

Zunächst strecke ich meine beiden Arme mit weit nach oben gerichteten Daumen aus und biege beide Arme so weit wie möglich nach hinten.

Schätzt die Größe des Winkels zwischen meinen Armen.

Wir bestimmen die Größe unseres Gesichtsfeldes

2 Durch den folgenden Versuch könnt ihr den Winkel des Gesichtsfeldes einer Mitschülerin oder eines Mitschülers ermitteln und auf dem Schulhof markieren.

Zeichnet mit Kreide und mithilfe einer Schnur zunächst einen nicht zu kleinen Kreis auf den Schulhof.

Eine Schülerin oder ein Schüler stellt sich auf den Mittelpunkt des Kreises, sieht genau geradeaus und bewegt den Kopf nicht.
a) Beschreibt anhand der Abbildungen, wie ihr den Winkel des Gesichtsfeldes bestimmen und markieren könnt.

Geht langsam los.

Halt! Jetzt kann ich euch nicht mehr sehen.

So groß ist der Winkel meines Gesichtsfeldes.

b) Wiederholt den Versuch. Bestimmt eine andere Mitschülerin oder einen anderen Mitschüler für die Kreismitte.
c) Führt einen Versuch durch, mit dem ihr jeweils das horizontale Gesichtsfeld des rechten und des linken Auges ermitteln könnt.

Kreise

1 a) Beschreibe, wie Paul in der Abbildung einen Kreis zeichnet.

b) Aus einer Holzplatte will Johanna eine kreisförmige Scheibe schneiden.

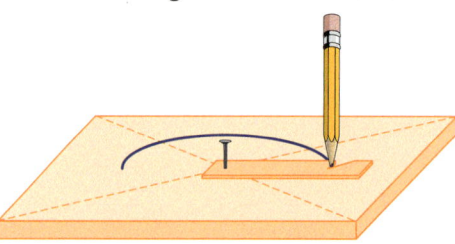

Erläutere anhand der Abbildung, wie sie einen Kreis auf der Holzplatte markiert.
c) Zeichne mit verschiedenen Hilfsmitteln jeweils einen Kreis auf dem Fußboden deines Klassenraums oder auf dem Schulhof.

2 Eine Gruppe will für eine Radwanderung verschiedene Ziele zusammenstellen, die nicht weiter als 15 km, 30 km oder 45 km vom Ausgangsort entfernt sind.
Erläutere, warum die Gruppe wie abgebildet drei Kreise auf die Karte gezeichnet hat.

3 Die Räder eines Fahrrads haben die Form eines Kreises.

Beschreibe, wie in dem Beispiel der Durchmesser dieses Kreises ermittelt wird.

4 Mit einem Messschieber kann der Durchmesser einer Münze sehr genau bestimmt werden.

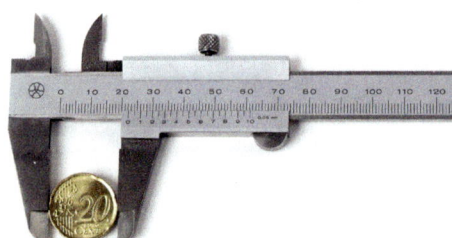

Nenne Gegenstände, an denen du eine Kreisfläche findest.
Bestimme, wenn möglich, jeweils den Durchmesser des Kreises.

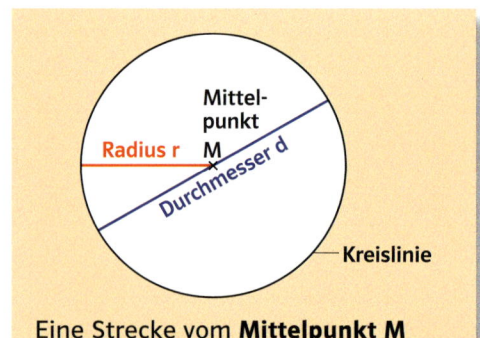

Eine Strecke vom **Mittelpunkt M** zu einem Punkt der Kreislinie heißt **Radius r.**
Der **Durchmesser d** verläuft durch den Mittelpunkt des Kreises. Er ist doppelt so lang wie der Radius r.

5 Zeichne mithilfe eines Zirkels einen Kreis mit dem angegebenen Radius. Markiere zuvor den Mittelpunkt M. Zeichne auch einen Radius ein.

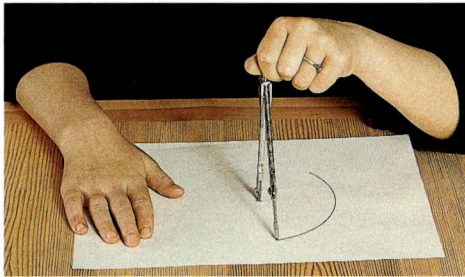

a) r = 3 cm   b) r = 4 cm   c) r = 20 mm
d) r = 3,5 cm   e) r = 27 mm   f) r = 4,3 cm

6 Zeichne einen Kreis mit dem angegebenen Durchmesser. Zeichne einen Durchmesser ein.
a) d = 6 cm   b) d = 5 cm   c) d = 40 mm
d) d = 5,4 cm   e) d = 8 cm 4 mm

7 Kreise mit gleichem Mittelpunkt heißen **konzentrische Kreise.**

Zeichne konzentrische Kreise in dein Heft. Färbe die einzelnen Ringe.

8 Zeichne einen Kreis mit r = 3 cm und einen zweiten mit r = 4 cm.
Ordne die beiden Kreise so an, dass sie
a) keinen gemeinsamen Punkt haben,
b) einen gemeinsamen Mittelpunkt haben,
c) sich berühren,
d) sich schneiden,
e) ineinander liegen,
f) ineinander liegen und sich berühren.

9 Zeichne ein Quadrat mit der Seitenlänge 10 cm. Zeichne anschließend in das Quadrat vier gleiche, möglichst große Kreise, die sich nicht schneiden. Beschreibe, wie du dabei vorgehst.

10 Übertrage das folgende Kreismuster in dein Heft. Überlege zunächst, wo die Kreismittelpunkte liegen.

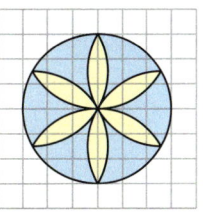

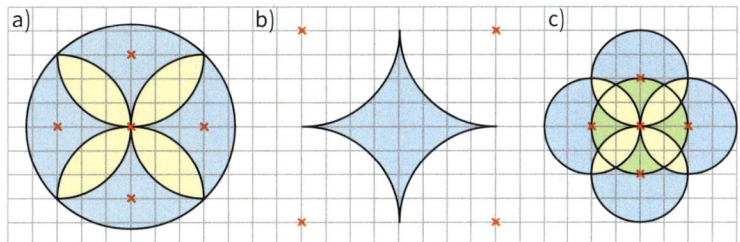

11

Zeichne die einzelnen Kreisfiguren in dein Heft. Suche für jede Figur einen passenden Namen.

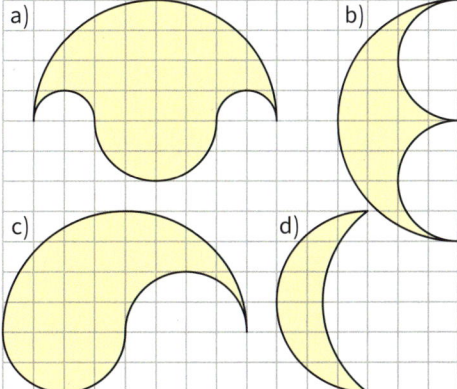

Winkel

1 Die verschiedenfarbigen Lichtbündel eines Leuchtfeuers helfen den Seeleuten sich auf dem Meer zu orientieren.

Wie viele farbig markierte Winkel erkennst du in der Abbildung?

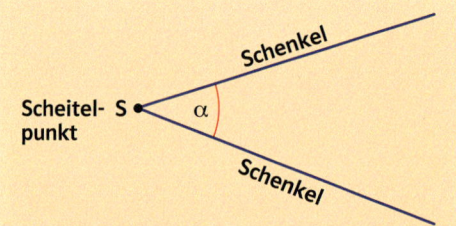

Ein **Winkel** wird von zwei Strahlen gebildet, die einen gemeinsamen Anfangspunkt haben.
Dieser Punkt heißt **Scheitelpunkt** des Winkels.
Die Strahlen heißen **Schenkel** des Winkels.

Wird ein Strahl um seinen Anfangspunkt links herum gedreht, so entsteht ein Winkel.

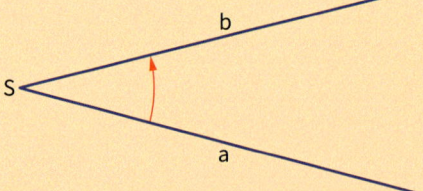

Ein Winkel kann durch seine Schenkel bezeichnet werden.
Man sagt: Winkel a, b
Man schreibt: ∢ (a, b)

Winkel werden oft mit kleinen griechischen Buchstaben bezeichnet.

alpha beta gamma delta epsilon
  α   β   γ   δ   ε

2 Schreibe die griechischen Buchstaben α, β, γ, δ und ε mehrmals in dein Heft.

3 Überprüfe, ob der markierte Winkel richtig bezeichnet ist.

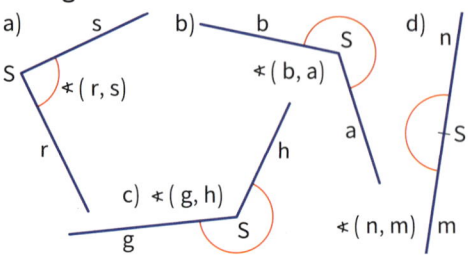

4 Du kannst einen Winkel auch durch seinen Scheitelpunkt und je einen Punkt auf seinen Schenkeln bezeichnen.

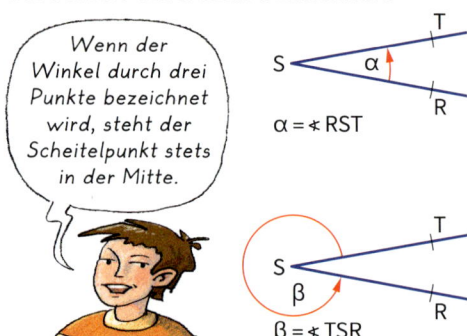

Bezeichne den markierten Winkel.
Schreibe so: α = ∢ (a, b) = ∢ ASB

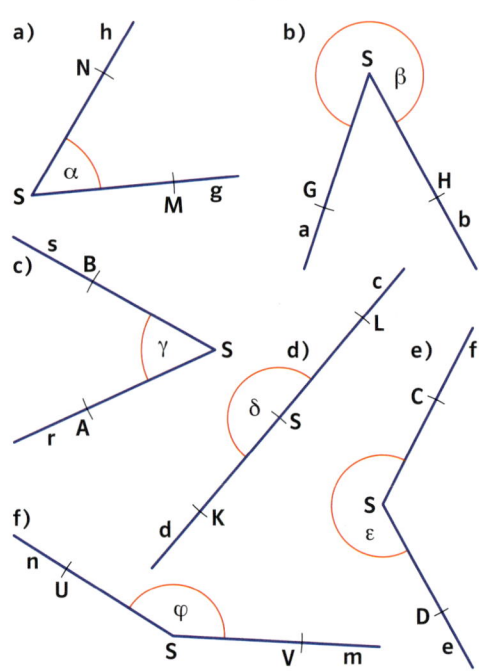

Winkelgrößen

1 Übertrage die Winkel α und β jeweils auf Transparentpapier. Schneide die Winkel aus und lege sie übereinander. Was stellst du fest?

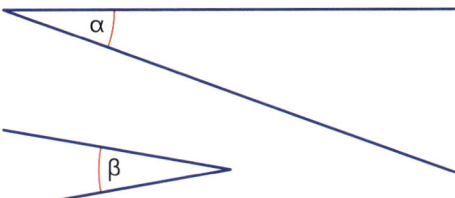

Ändert sich die Größe eines Winkels, wenn du die Schenkel verlängerst?

Die abgebildeten Kreise sind jeweils in gleich große Felder unterteilt.

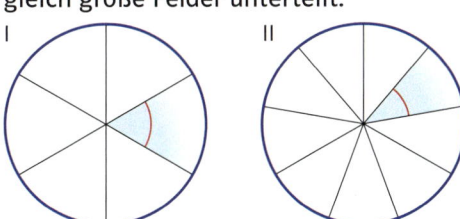

Bestimme die Größe des markierten Winkels.

Zum Messen eines Winkels wird ein Kreis (Vollwinkel) in 360 gleiche Teile geteilt.

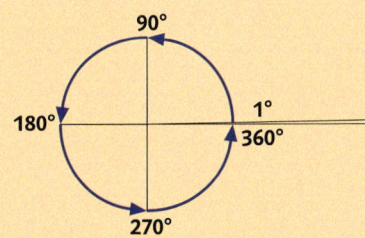

Die Größe eines Winkels wird in der **Einheit Grad** angegeben.
1 Grad (1°) ist der 360. Teil eines Vollwinkels.

3 In der folgenden Übersicht siehst du, wie die Winkel ihrer Größe nach eingeteilt werden.

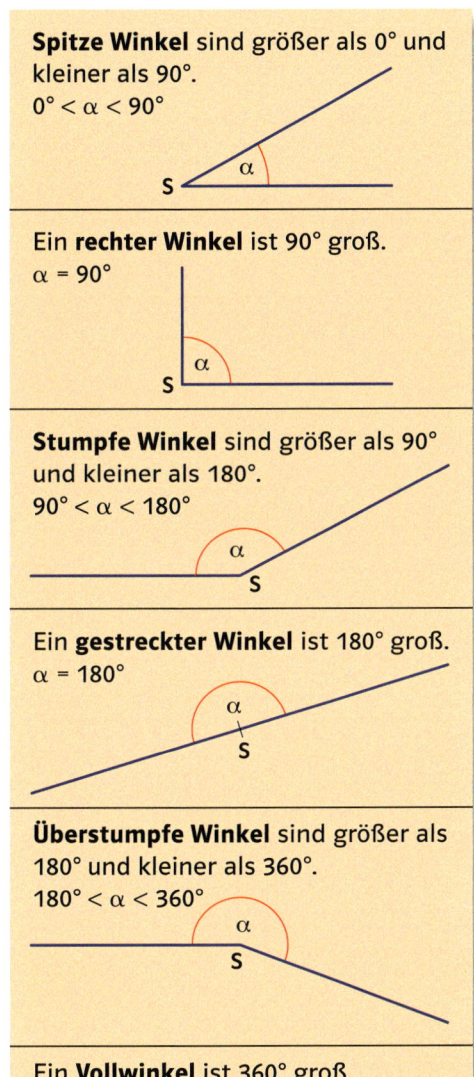

Spitze Winkel sind größer als 0° und kleiner als 90°.
$0° < α < 90°$

Ein **rechter Winkel** ist 90° groß.
$α = 90°$

Stumpfe Winkel sind größer als 90° und kleiner als 180°.
$90° < α < 180°$

Ein **gestreckter Winkel** ist 180° groß.
$α = 180°$

Überstumpfe Winkel sind größer als 180° und kleiner als 360°.
$180° < α < 360°$

Ein **Vollwinkel** ist 360° groß.
$α = 360°$

Wir sagen:
α ist 45 Grad groß
Wir schreiben:
$α = 45°$

Ordne die abgebildeten Winkel jeweils ihrer Winkelart zu.

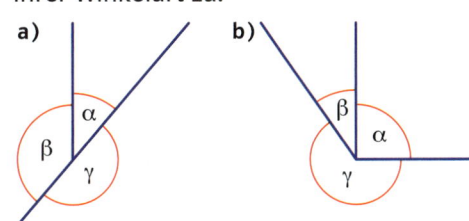

a)

b)

Winkel messen und zeichnen

1 Das Geodreieck ist ein Werkzeug, mit dem du die Größe eines Winkels messen kannst.

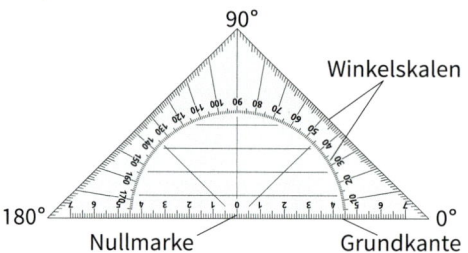

90°

Winkelskalen

180° — 0°

Nullmarke — Grundkante

Suche auf deinem Geodreieck die Skalenwerte 0°, 10°, 30°, 45°, 73°, 90°, 128°, 137°, 155° und 180°. Was stellst du fest?

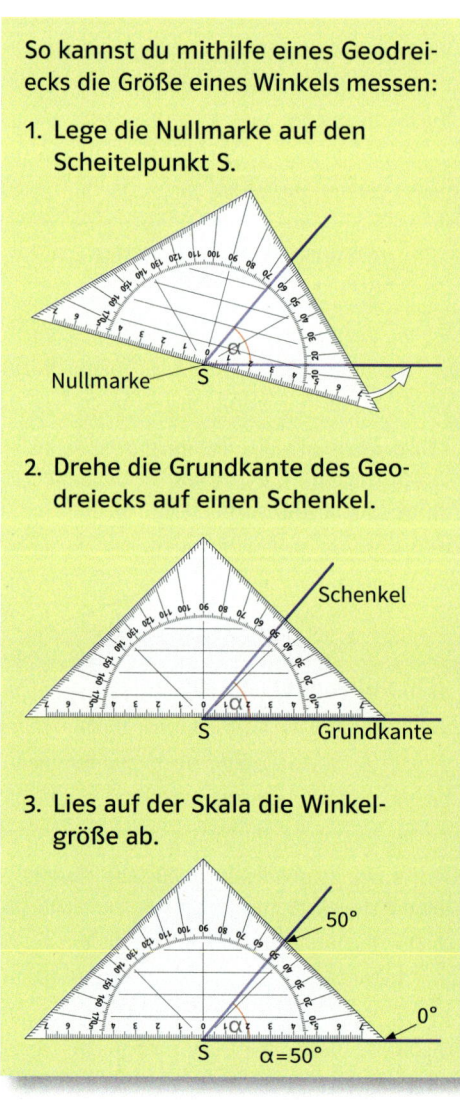

So kannst du mithilfe eines Geodreiecks die Größe eines Winkels messen:

1. Lege die Nullmarke auf den Scheitelpunkt S.

Nullmarke — S

2. Drehe die Grundkante des Geodreiecks auf einen Schenkel.

Schenkel

S — Grundkante

3. Lies auf der Skala die Winkelgröße ab.

50°

0°

S — α = 50°

α
S

2 Bestimme mit dem Geodreieck jeweils die Größe der abgebildeten Winkel. Schätze zunächst die Winkelgröße.

Winkel	α	β	▦
geschätzte Größe	60°	▦	▦
gemessene Größe	▦	▦	▦

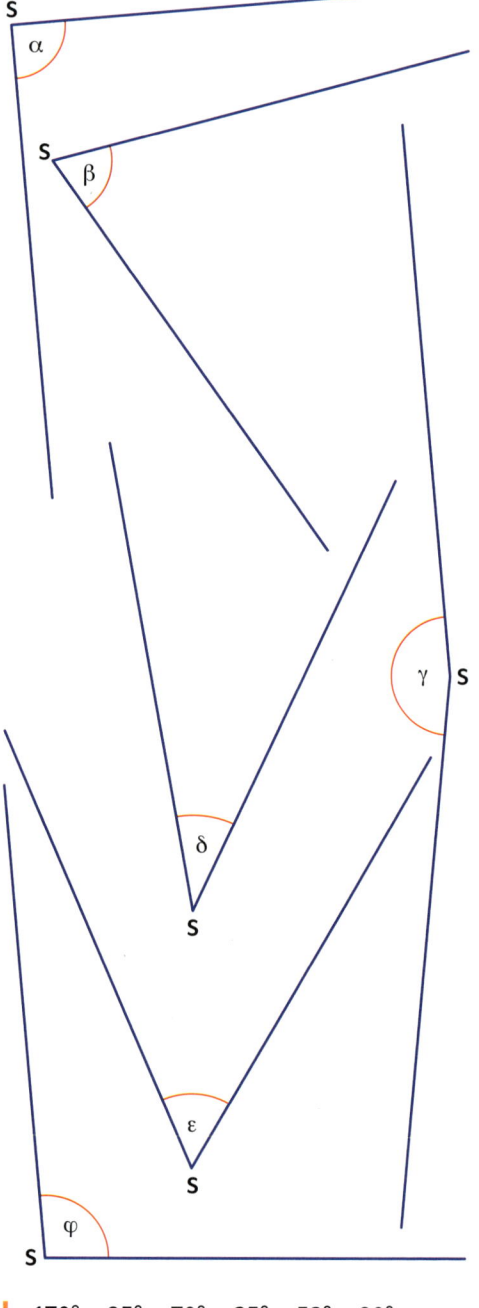

L 170°   95°   70°   35°   53°   90°

Winkel messen und zeichnen

3 In den Abbildungen sind zwei Verfahren dargestellt, einen 130° großen Winkel zu zeichnen.
Beschreibe die beiden Verfahren.

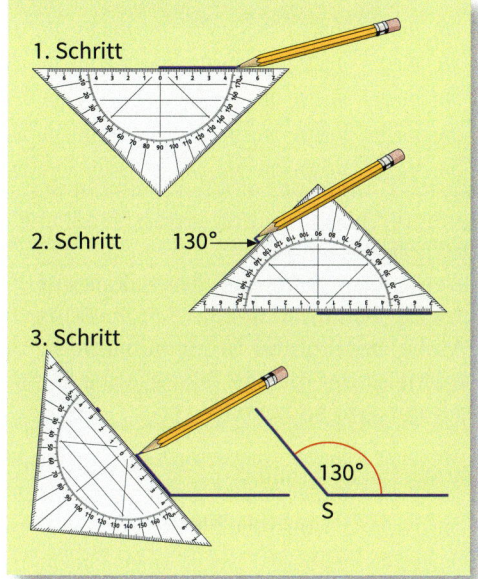

4 Zeichne jeweils einen Winkel der vorgegebenen Größe. Markiere den Winkel mit einem Kreisbogen.
a) 40°   80°   25°   15°   100°   165°
b) 175°   180°   70°   45°   105°   90°
c) 153°   93°   18°   114°   66°   144°
d) 8°   107°   133°   155°   34°   123°

+ 5 Die Größe des abgebildeten Winkels α liegt zwischen 180° und 360°.
a) Erläutere, wie mithilfe des Geodreiecks die Winkelgröße bestimmt wird.

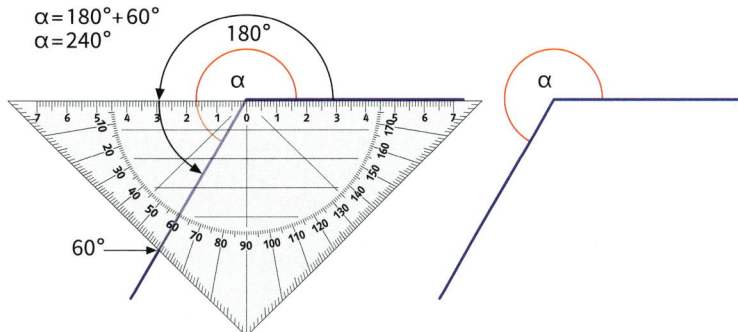

b) Finde einen zweiten Lösungsweg. Begründe ihn.
c) Bestimme jeweils die Größe der abgebildeten Winkel. Schätze zunächst.

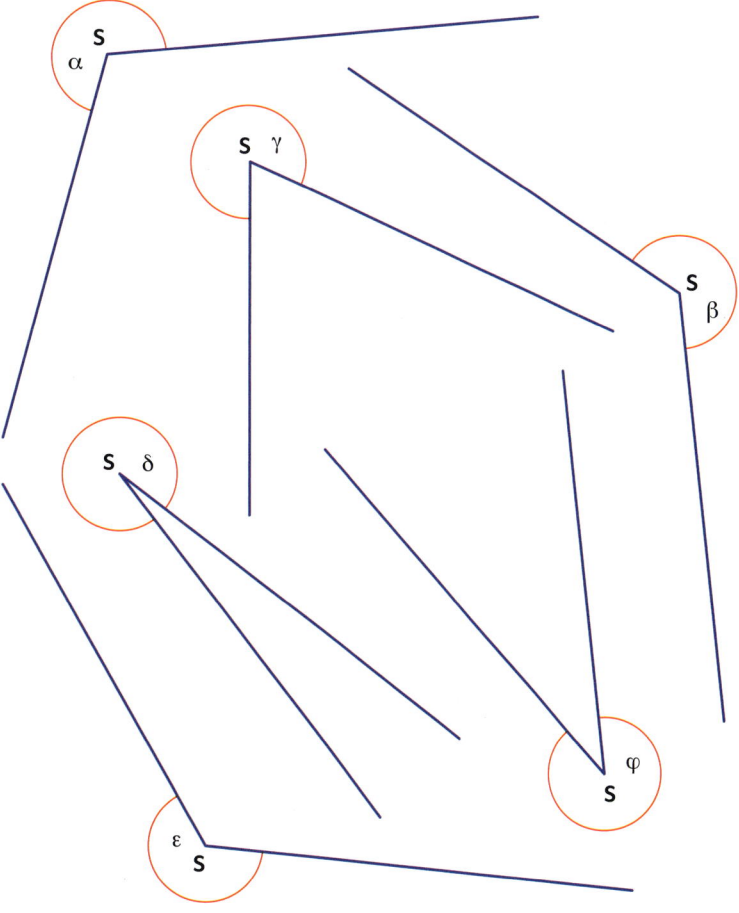

L 345°   235°   250°   295°   230°   325°

Winkelgrößen mit der Winkelscheibe darstellen

1 Fertigt in Partnerarbeit eine Winkelscheibe an. Dazu benötigt ihr zwei verschieden farbige Tonkartonbögen. Zeichnet zunächst auf jeden Bogen einen Kreis mit dem Radius 7 cm und schneidet anschließend die Kreise sorgfältig aus.

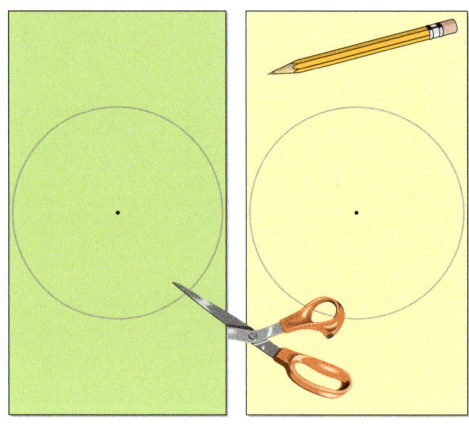

I Wie ihr weiterarbeiten könnt, zeigen die folgenden Abbildungen.

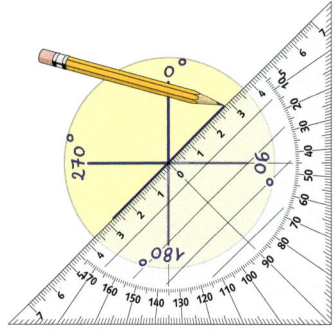

II Jede Scheibe bis zum Mittelpunkt einschneiden.

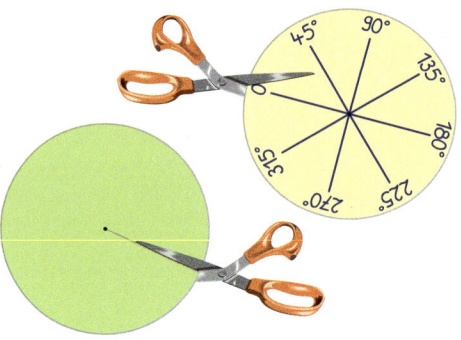

III Steckt die beiden Scheiben ineinander.

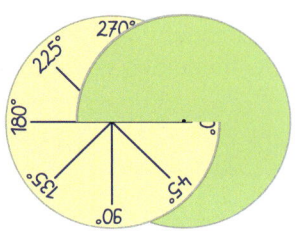

Durch Drehen der einen Scheibe in der anderen könnt ihr nun unterschiedliche Winkel einstellen.
Wenn ihr mithilfe der Winkelskala auf der abgebildeten gelben Scheibe einen Winkel bestimmter Größe einstellt, so erscheint der gleiche Winkel ohne Skala auf der grünen Scheibe.

IV Winkel einstellen

gleicher Winkel

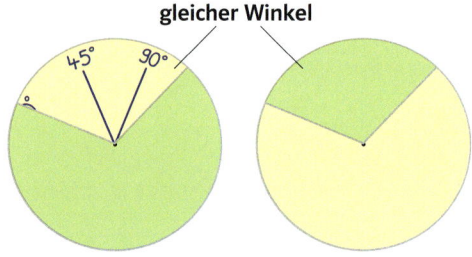

Mithilfe der Winkelscheibe könnt ihr das Schätzen von Winkelgrößen üben.

Gib auch die Winkelart an.

Ein Partner stellt mit der Skala einen Winkel ein, der andere sieht nur den Winkel auf der Rückseite und schätzt dessen Größe.

Grundwissen: Kreis und Winkel

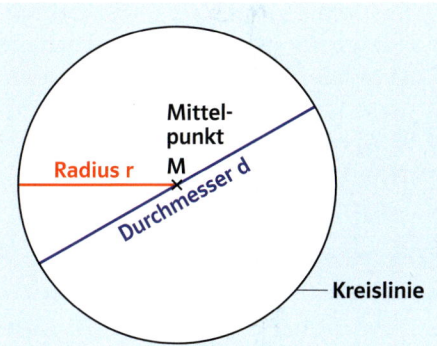

Eine Strecke vom **Mittelpunkt M** zu einem Punkt der Kreislinie heißt **Radius r.**
Der **Durchmesser d** verläuft durch den Mittelpunkt des Kreises.
Der Durchmesser d ist doppelt so lang wie der Radius r.

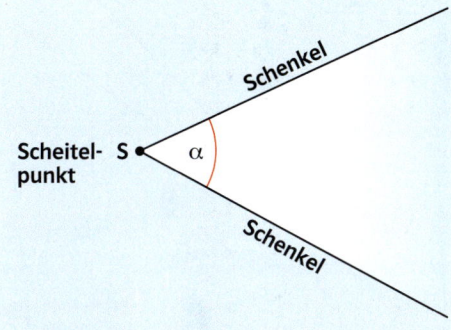

Ein **Winkel** wird von zwei Strahlen gebildet, die einen gemeinsamen Anfangspunkt haben.

Dieser Punkt heißt **Scheitelpunkt** des Winkels.

Die Strahlen heißen **Schenkel** des Winkels.

Ein Winkel kann mit kleinen griechischen Buchstaben, durch die Nennung seiner Schenkel oder durch seinen Scheitelpunkt und je einen Punkt auf seinen Schenkeln bezeichnet werden.

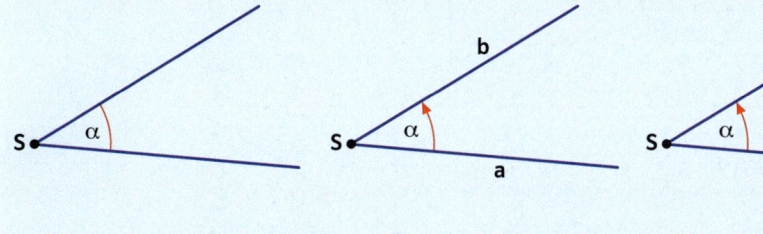

alpha	beta	gamma	delta	$\alpha = \sphericalangle (a, b)$	$\alpha = \sphericalangle ASB$
α	β	γ	δ		

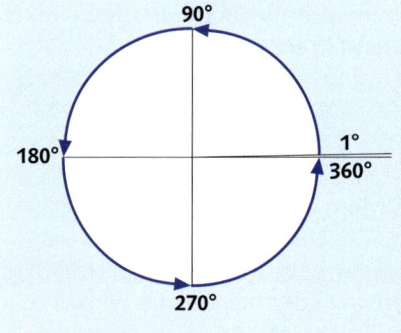

Zum **Messen eines Winkels** wird ein Kreis (Vollwinkel) in 360 gleiche Teile geteilt.
Die Größe eines Winkels wird in der Einheit Grad angegeben. 1 Grad (1°) ist der 360. Teil eines Vollwinkels.

Üben und Vertiefen

1 Treffen die folgenden Aussagen für die folgende Abbildung zu? Notiere jeweils eine Begründung für deine Antwort.

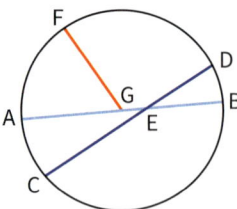

a) Der Punkt E ist der Mittelpunkt des Kreises.
b) Die Strecke $\overline{FG}$ ist halb so lang wie die Strecke $\overline{AB}$.
c) Die Strecke $\overline{CD}$ ist länger als die Strecke $\overline{AB}$.

2 Zeichne einen Kreis mit dem angegebenen Radius (Durchmesser).
a) r = 2,5 cm b) r = 4,3 cm   c) r = 16 mm
d) d = 6,4 cm e) d = 0,54 dm d) d = 48 mm

3 Bezeichne die markierten Winkel durch die Nennung seiner Schenkel. Schreibe so: $\alpha = \sphericalangle$ (■, ■).

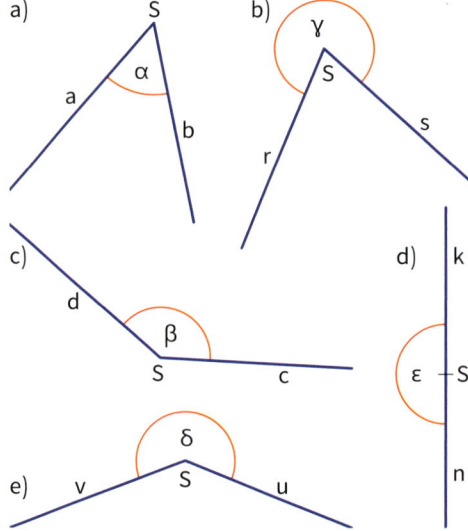

Einer vollen Drehung entspricht ein Winkel von 360°.

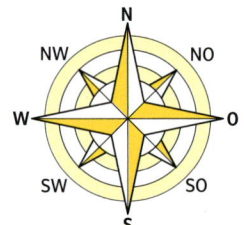

4 Wie groß ist der Winkel, den die Wetterfahne bei einer Winddrehung von
a) S nach W,   b) SO nach NW,
c) W nach SW,   d) N nach NO,
e) O nach S,   f) SW nach W
überstrichen hat? Es gibt jeweils zwei Lösungen. Begründe.

5 Bestimme jeweils die Größe der abgebildeten Winkel. Schätze zunächst die Winkelgröße. Gib auch die Winkelart an.

Winkel	α	■
Winkelart	stumpfer W.	■
geschätzte Größe	120°	■
gemessene Größe	■	■

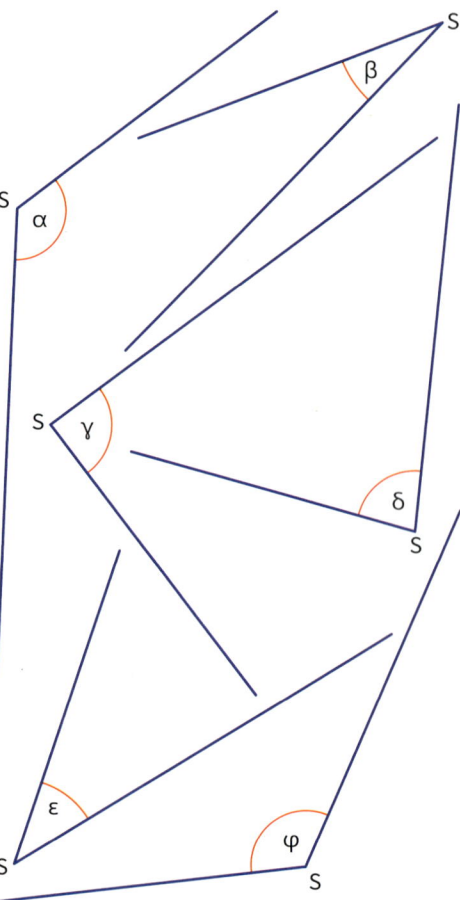

6 Zeichne jeweils einen Winkel der angegebenen Größe. Markiere den Winkel mit einem Kreisbogen.
a) 30°   70°   80°   15°   110°   115°
b) 165°   170°   60°   55°   115°   90°
c) 143°   83°   28°   124°   76°   152°

7 Diktiere einer Mitschülerin oder einem Mitschüler die Gradzahlen verschiedener spitzer und stumpfer Winkel. Fordere sie oder ihn auf, die Winkel zu zeichnen. Kontrolliere die Zeichnung.

8 Beim Kugelstoßen steht die Sport-lerin zum Schwungholen in einem Kreis mit einem Durchmesser von 2,135 m (7 engl. Fuß).

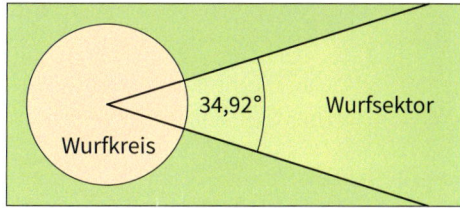

Zeichne die abgebildete Wettkampfan-lage im Maßstab 1 : 100. Runde zuvor die gegebenen Größen sinnvoll.

9 a) Erläutere, wie in dem Beispiel ein 250° großer Winkel gezeichnet wird.

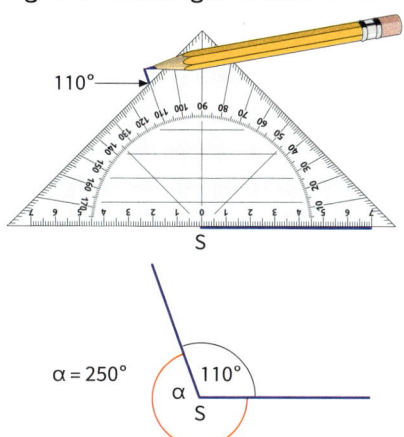

b) Beschreibe eine weitere Möglichkeit, den Winkel zu zeichnen.

10 Zeichne den Winkel der angegebe-nen Größe. Markiere den Winkel mit einem Kreisbogen.
a) 240° b) 210° c) 270° d) 320° e) 190°
f) 195° g) 285° h) 214° i) 293° k) 344

11 Bestimme mithilfe des Geodreiecks jeweils die Größe des markierten Winkels.

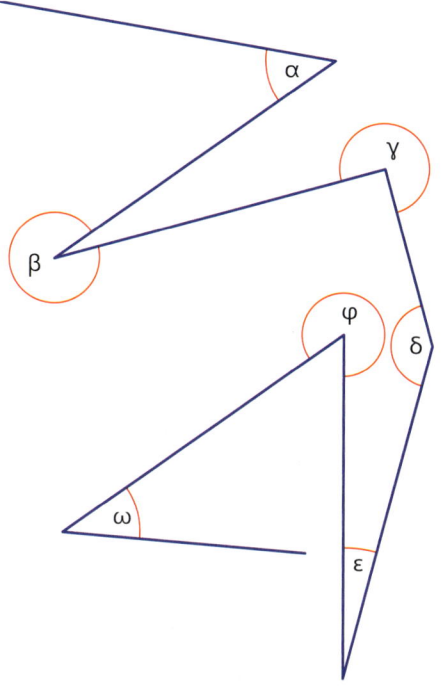

12 Zeichne in ein Koordinatensystem (Einheit 1 cm) einen Winkel ∢ (a, b). Der Scheitelpunkt des Winkels ist der Punkt S. Schenkel a geht durch Punkt A, Schenkel b durch Punkt B. Miss die Größe des Winkels.
a) S (2 | 1,5)   A (6,5 | 0)   B (0 | 7,5)
b) S (3 | 8)   A (4 | 2)   B (2 | 4)
c) S (7 | 8)   A (3,5 | 7)   B (6 | 2)
d) S (9,5 | 2,5)   A (6,5 | 1)   B (7,5 | 6,5)

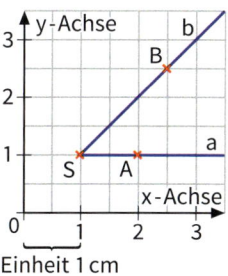

13 a) Zeichne wie abgebildet sechs Strahlen a, b, c, d, e und f in dein Heft.

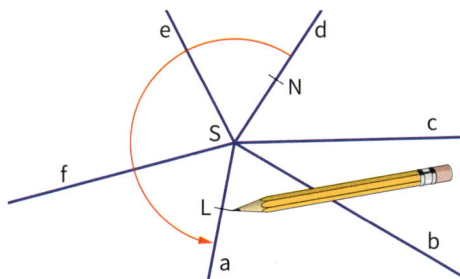

b) Markiere auf jedem Strahl jeweils einen Punkt K, L, M, N, R oder T so, dass du die folgenden Winkel durch einen Kreisbogen kennzeichnen kannst:
∢ (d, a) = ∢ NSL;   ∢ (b, f) = ∢ KSM;
∢ (c, e) = ∢ RST

147

Baustile erkennst du an typischen Formen. Hauptkennzeichen der Gotik (ca. 1200 – 1500) ist der Spitzbogen. Du findest ihn häufig bei Gewölben, Türen und Fenstern.

Auf dem Foto erkennst du ein durch Kreise und Kreisbögen kunstvoll ausgestaltetes Fenster. Seine steinernen Ornamente wurden von den Baumeistern der Gotik mit Zirkel und Lineal entworfen. Sie werden deshalb auch als „Maßwerk" bezeichnet.

1 Suche im Internet Abbildungen gotischer Fenster, drucke sie aus und klebe sie in dein Heft.

2 a) In der Abbildung siehst du, wie mithilfe eines Zirkels ein Spitzbogen gezeichnet werden kann. Beschreibe die Form des Spitzbogens. Wo liegen die einzelnen Mittelpunkte der Kreisbögen?

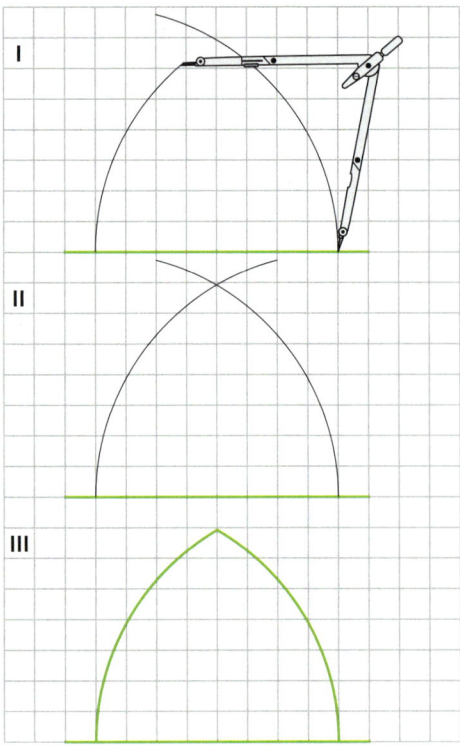

b) David hat im Internet die folgende Konstruktionsskizze eines Fensters gefunden. Übertrage die Skizze in doppelter Größe in dein Heft.

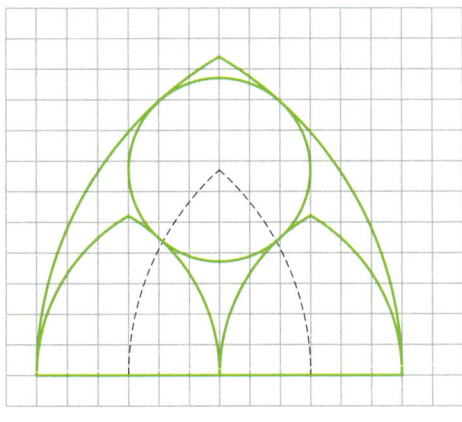

3 Die steinernen Ornamente in den gotischen Fenstern zeigen häufig Kreise in einem Kreis. Je nach der Anzahl der inneren ineinandergreifenden Kreise nennt man solche Formen Dreipass, Vierpass, Sechspass oder auch Vielpass.

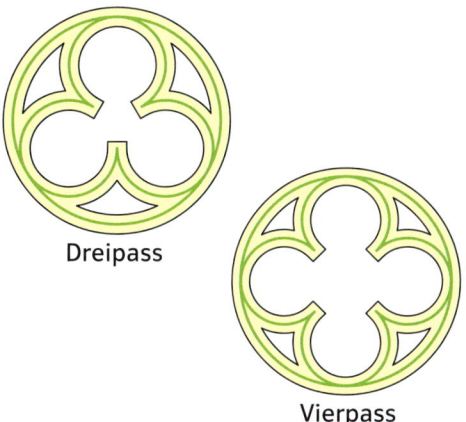

Dreipass

Vierpass

In der Sprache der gotischen Baumeister bedeutet „Pass" soviel wie „Zirkelschlag". Ein Dreipass wird danach aus drei, ein Vierpass aus vier und ein Sechspass aus sechs Zirkelschlägen geformt.

Vielpass

a) Versuche, anhand der folgenden Abbildungen einen Dreipass zu zeichnen.

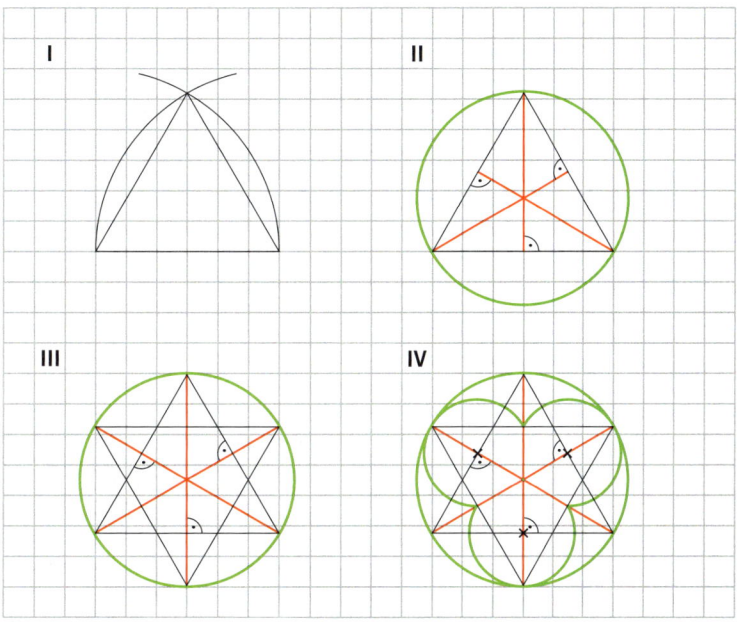

b) Zeichne einen Vierpass. Die Abbildungen zeigen dir, wie du beginnen kannst.

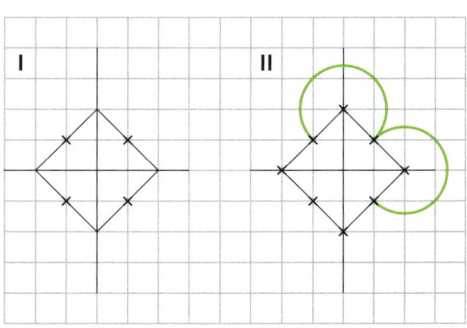

c) Die Kreise in einem Kreis lassen sich auch so verbinden, dass sogenannte „Fischblasen" entstehen. Zeichne jeweils ein „Fischblasen"-Fenster mit zwei und vier Fischblasen.

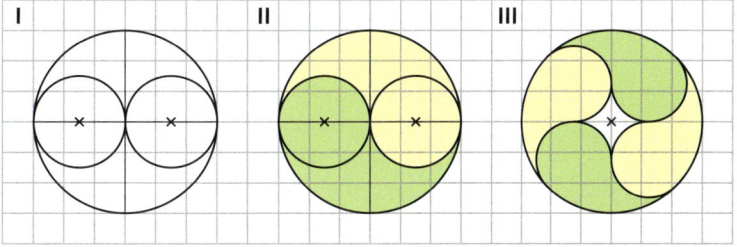

Lernkontrolle 1

1 Zeichne einen Kreis mit dem angegebenen Radius. Zeichne einen Radius und einen Durchmesser ein.
a) 2,5 cm   b) 32 mm   c) 1,8 cm

2 Aus einer quadratischen Korkplatte von 10 cm Seitenlänge sollen zwei gleiche und möglichst große Kreisscheiben geschnitten werden.
Zeichne und gib jeweils die Größe des Durchmessers an.

3 Übertrage das Muster in dein Heft.

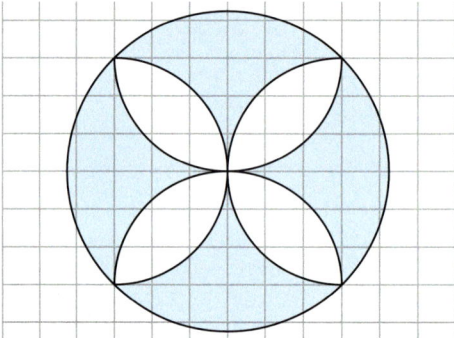

4 Beschreibe in einem Satz die folgenden Winkelarten:
a) rechter Winkel b) gestreckter Winkel
c) spitzer Winkel d) stumpfer Winkel.

5 Miss die Größe der abgebildeten Winkel. Gib jeweils die Winkelart an.

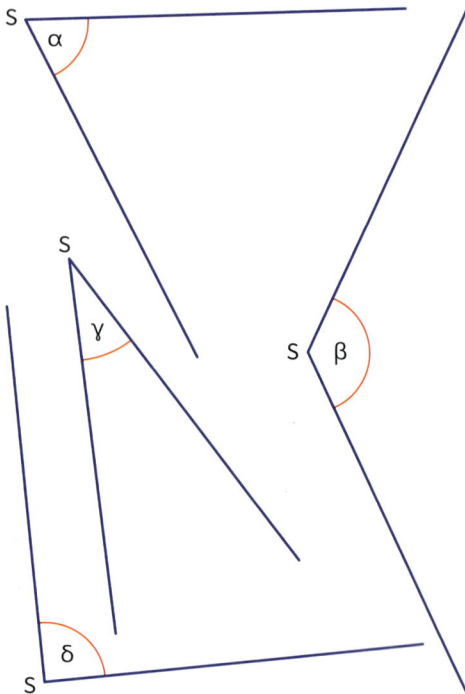

6 Zeichne folgende Winkel und kennzeichne sie jeweils mit einem Kreisbogen.
α = 65°   β = 78°   γ = 115°   δ = 160°

Wiederholung

1 Wandle in die Einheit um, die in Klammern steht.
a) 8 cm (mm)   b) 60 mm (cm)
   60 cm (mm)   7000 mm (cm)
   0,90 m (cm)   480 cm (m)
   54 m (dm)   6400 cm (m)

c) 37 mm (cm)   d) 4,6 cm (mm)
   148 cm (m)   0,6 cm (mm)
   0,053 km (m)   0,58 m (cm)
   3,23 m (cm)   0,003 km (m)

2 Ordne der Größe nach.
a) 557 cm; 1 m 36 cm; 2 m 87 cm;
2,6 m 4 cm; 3,58 m; 256 cm 60 mm
b) 5 km 39 m; 5122 m; 486 240 cm;
5 887 000 mm; 4 km 630 m

3 Achte auf die Einheiten.
a) 267 m 25 cm + 97 cm
b) 0,400 km + 270 m
c) 824 m – 917 cm
d) 7 km 4 m – 2 km 67 m
e) 1584 cm : 0,4 m

4 Berechne den Umfang der Figur.

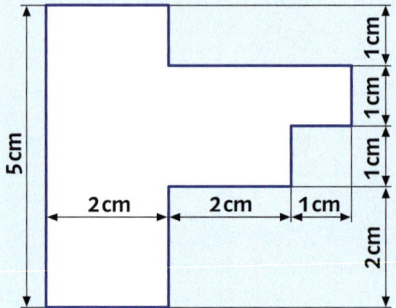

1 a) Wie groß ist der Winkel, um den sich der große Zeiger einer Uhr in 25 Minuten gedreht hat?

b) Auf welche Ziffer der Uhr zeigt der große Zeiger, wenn er sich von 12.00 Uhr aus um 240° gedreht hat?

2 Die Abbildungen zeigen das Gesichtsfeld einer Eule und eines Turmfalken.

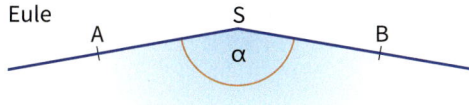

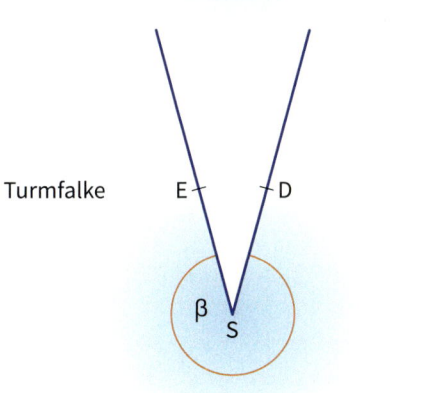

Bezeichne die markierten Winkel jeweils mit großen Buchstaben und bestimme ihre Größe.

3 Sind die Aussagen wahr oder falsch? Begründe deine Antwort in einem kurzen Text.

a) Wenn ∢ (a, b) ein spitzer Winkel ist, dann ist ∢ (b, a) ein stumpfer Winkel.

b) Wenn ∢ (a, b) ein rechter Winkel ist, dann ist ∢ (b, a) ein überstumpfer Winkel.

4 Zeichne den Winkel der angegebenen Größe. Markiere den Winkel mit einem Kreisbogen.

a) 195°   b) 225°   c) 310°   d) 345°

5 Zeichne einen Kreis mit einem Radius von 5 cm. Unterteile den Kreis in gleich große Felder. Die Winkel am Kreismittelpunkt sollen jeweils 40° (120°) groß sein. Woran kannst du erkennen, dass du richtig gezeichnet hast?

6 Zeichne von einem gemeinsamen Anfangspunkt aus vier Strahlen. Markiere auf jedem Strahl einen Punkt. Beschrifte die Figur so, dass die folgenden durch eine Linksdrehung festgelegten Winkel entstehen:

∢ ERG = ∢ (c, a)   ∢ FRH = ∢ (d, b)
∢ FRG = ∢ (d, a)   ∢ GRH = ∢ (a, b)

---

1 Wandle in die Einheit um, die in Klammern steht.

a) 2 kg (g)   b) 87 000 kg (t)
   51 g (mg)   70 000 mg (g)
   820 t (kg)   9000 g (kg)

c) 200 kg (t)   d) 3456 g (kg)
   128 mg (g)   60 mg (g)
   217 g (kg)   1320 kg (t)

2 Setze das richtige Zeichen (>, <, =) ein.

a) 2500 g ☐ 2 kg 50 g
b) 900 g ☐ 0,900 kg
c) 7 kg 5 g ☐ 7050 g
d) 8 t 21 kg ☐ 8210 kg
e) 19 g ☐ 19 000 mg

3 Achte auf die Einheiten.

a) 3701 kg + 0,5 kg + 3990 g + 0,456 kg
b) 4930 t + 70 kg + 26 kg + 0,9 t + 330 kg
c) 296 kg − 55 400 g − 13 200 g

4 In einem Fahrstuhl steht auf einem Schild: „1200 kg Traglast oder 15 Personen." Welches Gewicht nimmt man für eine Person an?

5 Ein Lastenaufzug auf einer Baustelle hat eine zulässige Traglast von 225 kg.

a) Wie viele Steine kann man aufladen, wenn ein Stein 800 g wiegt?

b) Im Aufzug liegen 250 Steine. Darf noch ein Sack Zement (50 kg) hinzugeladen werden?

Wiederholung

8 Brüche

Jana geht in die Klasse 5 b. Sie behauptet: Genau die Hälfte der Kinder sind Jungen.
Stimmt diese Behauptung?
Einige Kinder in der Klasse kennt sie bereits seit vielen Jahren. Mit Paul, Erkan, Luise, Felix, Svenja, Rosalie und Ayshe ist sie zusammen in die Kita gegangen.
Kannst du diesen Anteil als Bruch ausdrücken?

- Einige Kinder tragen einen rotes Shirt. Jasper sagt, das sei ein Viertel der Kinder. Hat er recht?
- Welcher Anteil der Kinder steht in der zweiten Reihe?
- Ein Drittel der Kinder muss zeitweise eine Brille tragen. Wie viele Kinder sind das? Welcher Anteil der Kinder trägt keine Brille?
- Ist ein Viertel oder ein Sechstel der Kinder 12 Jahre alt?
- Ein Achtel der Kinder kommt mit dem Fahrrad zur Schule. Wie viele Kinder sind das?
- Vier von 24 Kindern sind Jungen und neun Jahre alt. Kannst du das durch einen Bruch ausdrücken?
- Zwei Drittel der Kinder sind in einem Sportverein.
- Denke dir weitere Fragen aus.

Vorname	Männlich Weiblich	Alter
Sophia	W	11
Judith	W	11
Philipp	M	11
Marcus	M	10
Paul	M	12
Erkan	M	12
Luise	W	10
Felix	M	9
Svenja	W	10
Rosalie	W	10
Ayshe	W	11
Jana	W	12
Mathias	M	10
Karl	M	10
Fabienne	W	10
Jasper	M	9
Sascha	M	9
Karolin	W	10
Katharina	W	10
Maximilian	M	10
Melissa	W	10
Max	M	10
Amina	W	12
Florian	M	9

Bruchteile

1 Ein Kuchenblech kann in unterschiedlich viele Stücke unterteilt werden. Zeichne ein verkleinertes Kuchenblech (6 cm lang, 8 cm breit) in dein Heft und zerteile es in 12 gleich große Teile.
a) Welchen Bruchteil stellt ein Stück dar?
b) Färbe vier Stücke ein und gib den Bruchteil an.

2 In der Regel zerteilt man auch Torten in 12 Stücke. Ein Bäcker benutzt dazu kein Geodreieck. Dies gelingt ihm nach Augenmaß.
Zeichne eine Torte als Kreis und unterteile sie nach Augenmaß in 12 gleich große Stücke.
Jessica hat zum Geburtstag drei gegessen. Färbe drei Stücke in der Zeichnung ein und gib den Anteil als Bruch an.

3 Brüche werden im Alltag in unterschiedlichen Zusammenhängen benutzt.
a) Notiere zu jedem Bild einen Bruch.
b) Nenne weitere Situationen im Alltag, in denen Brüche benutzt werden.

In einer dreiviertel Stunde kommt die Flut.

Zweieinhalb Kilogramm Nüsse.

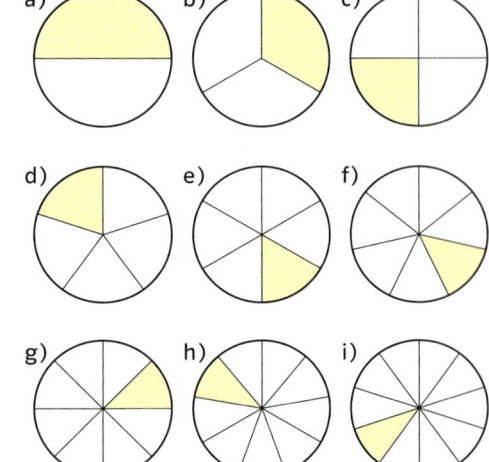

4 Eine Pizza kann in unterschiedlich viele gleich große Stücke geteilt werden. Zeichne in dein Heft ein Rechteck als Pizzablech (6 cm lang, 4 cm breit) und zerteile es in 24 gleich große Stücke. Zeichne die folgenden Bruchteile ein:
$\frac{1}{6}$ $\frac{1}{4}$ $\frac{1}{24}$ $\frac{1}{12}$ $\frac{1}{8}$

5 Die abgebildeten Kuchen sind in gleich große Teile geteilt. Gib an, welcher Bruchteil des Ganzen hier abgeteilt wurde.

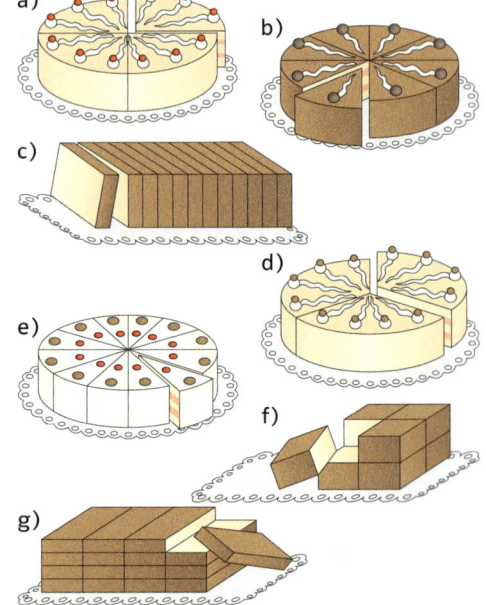

a)
b)
c)
d)
e)
f)
g)

6 Welcher Bruchteil ist gefärbt?

a)   b)   c)

d)   e)   f)

g)   h)   i)

j)   k)

Ein Halb $\frac{1}{2}$, ein Drittel $\frac{1}{3}$, ein Viertel $\frac{1}{4}$, ein Fünftel $\frac{1}{5}$, … sind Bezeichnungen für Bruchteile.

Brüche darstellen

1 In wie viele gleichgroße Teile ist die Figur geteilt? Wie viele Teile sind gefärbt? Gib den gefärbten Bruchteil an.

2 Welcher Bruchteil ist hier eingefärbt? Es gibt mehrere Möglichkeiten.

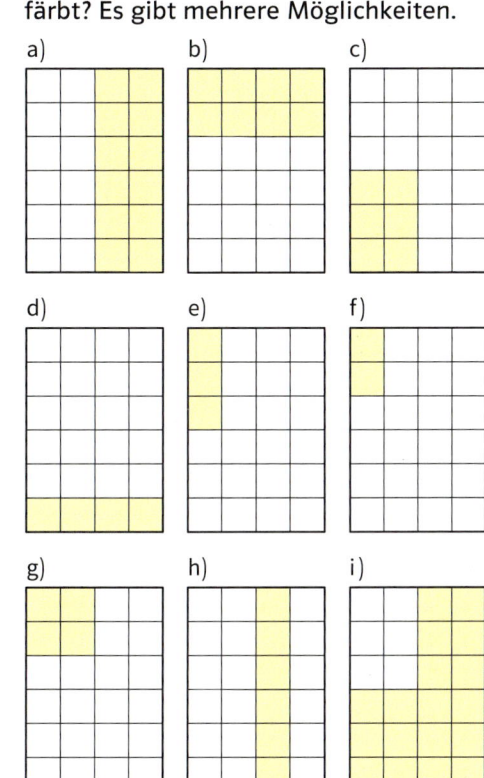

a) b) c)

d) e) f)

g) h) i)

3 Stelle die folgenden Brüche mithilfe von Rechtecken in deinem Heft dar. Die Rechtecke können unterschiedlich groß sein.

$\frac{1}{8}$ $\frac{3}{12}$ $\frac{4}{6}$ $\frac{7}{24}$ $\frac{3}{4}$ $\frac{5}{16}$

Brüche beschreiben Teile eines Ganzen

Die untere Zahl, der Nenner, beschreibt, in wie viele gleich große Teile das Ganze geteilt wurde.

$$\frac{3}{8}$$

Die obere Zahl, der Zähler, beschreibt, wie viele Teile betrachtet werden.

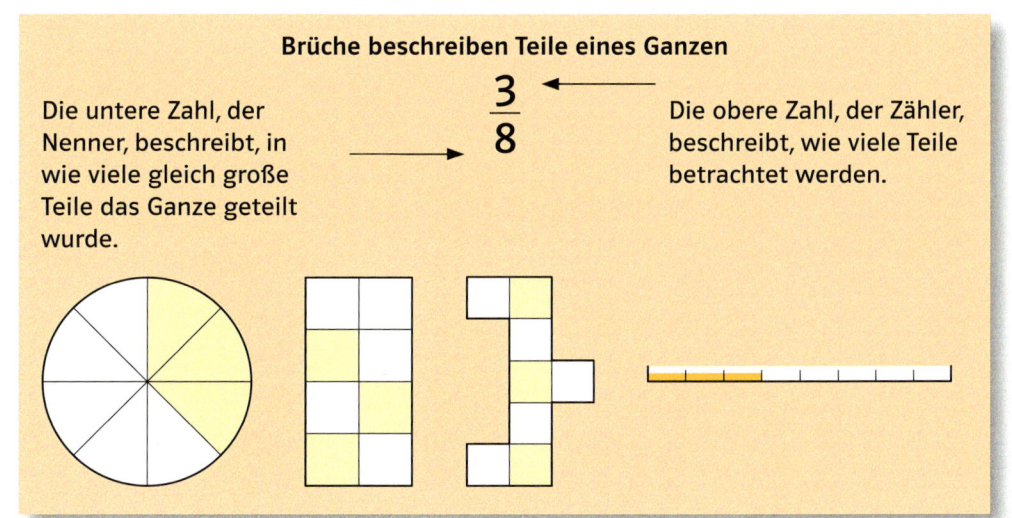

Brüche durch Falten darstellen

1 Shirin hat quadratische Zettel gefaltet. Die Faltlinien werden nachgezeichnet und einige Teilflächen gefärbt.

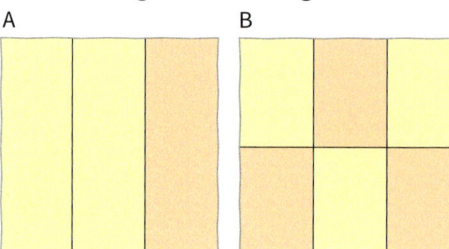

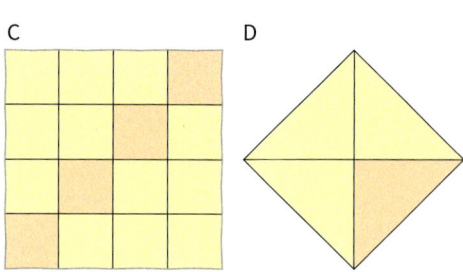

Falte und färbe die oben abgebildeten Quadrate, klebe sie in dein Heft. Notiere den Bruch, der den gefärbten Bruchteil beschreibt.

2 Versuche jeweils auf zwei unterschiedliche Arten die beiden Brüche durch Falten darzustellen.

$\frac{1}{4}$ $\frac{1}{8}$

3 Stelle durch Falten und Färben die folgenden Brüche dar, klebe die Quadrate in dein Heft und beschrifte sie.

$\frac{3}{4}$ $\frac{5}{8}$ $\frac{2}{3}$ $\frac{7}{12}$ $\frac{5}{16}$

4 Falte ein Quadrat so, dass die kleinste Unterteilung $\frac{1}{16}$ ist. Zeichne in dieses Quadrat die folgenden Brüche ein:

$\frac{1}{16}$ $\frac{1}{8}$ $\frac{1}{4}$ $\frac{3}{16}$

5 Die unten abgebildeten Bruchteile sind durch Falten entstanden. Nach dem Falten wurden Rechtecke beziehungsweise Dreiecke abgeschnitten. Bezeichne die gefärbten Bruchteile jeweils durch einen Bruch.

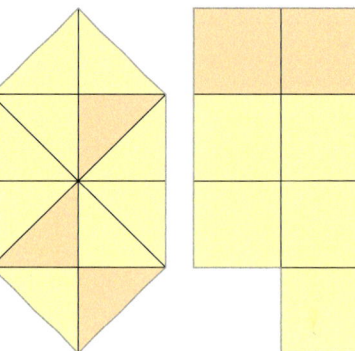

6 Versuche durch Falten, Abschneiden und Färben die folgenden Brüche darzustellen.

$\frac{7}{12}$ $\frac{5}{6}$ $\frac{4}{15}$ $\frac{2}{5}$

7 Judith hat das unten dargestellte Quadrat gefaltet, gefärbt und beschriftet. In ihrer Tischgruppe gibt es aber Streit darüber, ob sie dies richtig gemacht hat.

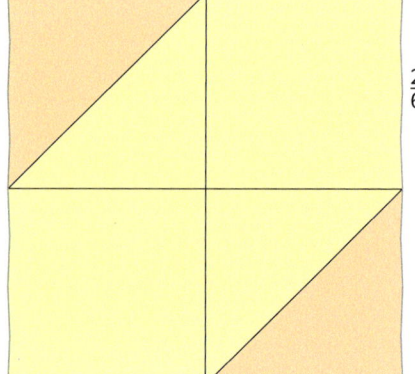

$\frac{2}{6}$

1 Das Ziffernblatt einer Uhr eignet sich gut um Brüche darzustellen. Wenn der große Zeiger wandert, so vergeht ein Teil einer Stunde. Diesen Teil kann man in Minuten oder auch mit Brüchen ausdrücken. In den drei Zeichnungen unten ist die Bewegung des großen Zeigers dargestellt. Die vergangene Zeit soll als Bruchteil einer Stunde angegeben werden.

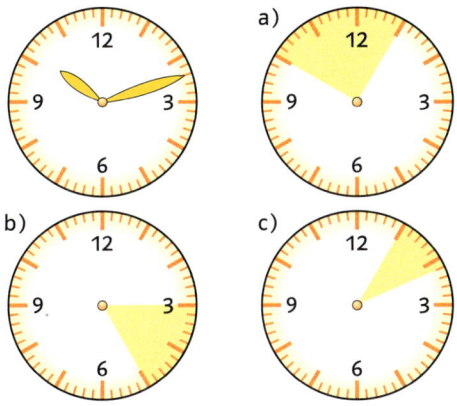

2 Stelle mithilfe der Uhrenscheibe unten die folgenden Brüche dar. Mache dich zunächst mit der Uhrenscheibe vertraut.

$\frac{1}{3}$ $\frac{1}{6}$ $\frac{7}{60}$ $\frac{3}{10}$ $\frac{3}{4}$ $\frac{25}{60}$

3 Verwandle die folgenden Brüche in Brüche mit dem Nenner 60.

a) $\frac{1}{6} = \frac{\blacksquare}{60}$

$\frac{2}{12} = \frac{\blacksquare}{60}$

$\frac{5}{6} = \frac{\blacksquare}{60}$

$\frac{1}{2} = \frac{\blacksquare}{60}$

$\frac{1}{3} = \frac{\blacksquare}{60}$

b) $\frac{1}{4} = \frac{\blacksquare}{60}$

$\frac{3}{4} = \frac{\blacksquare}{60}$

$\frac{3}{10} = \frac{\blacksquare}{60}$

$\frac{4}{15} = \frac{\blacksquare}{60}$

$\frac{1}{5} = \frac{\blacksquare}{60}$

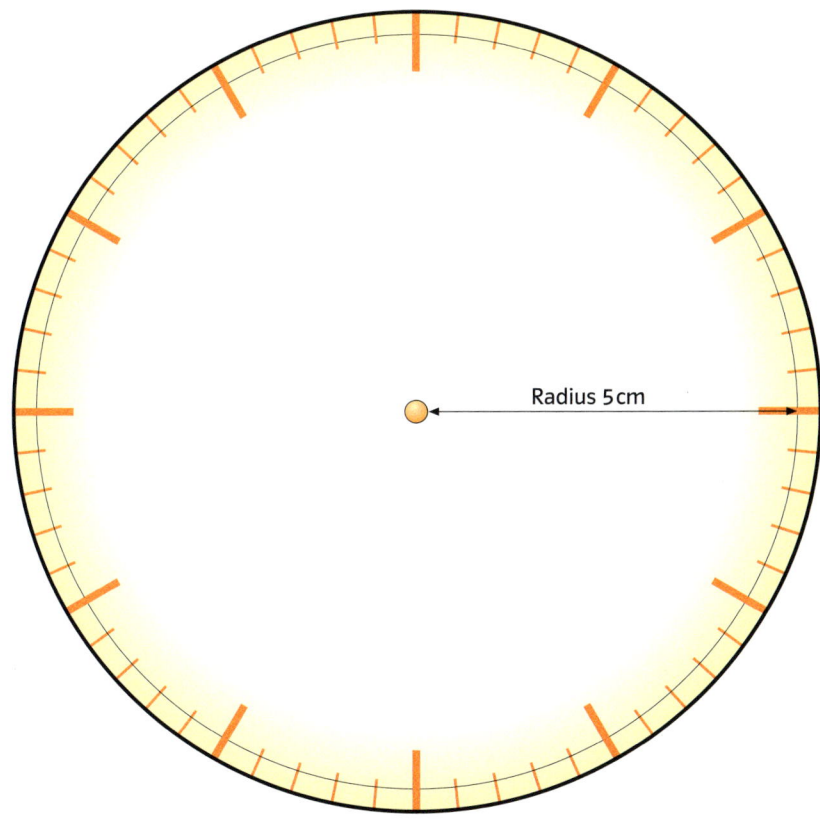

Radius 5 cm

Mithilfe dieser Uhrenscheibe kannst du Brüche darstellen. Zeichne mit einem Zirkel auf farbigem Papier mehrere Kreise mit einem Radius von 5 cm. Schneide die Kreise aus und zeichne einen Radius ein. Lege den ausgeschnittenen Kreis in diese Uhrenscheibe und zeichne den Bruchteil ein. Die Einteilungen auf der Scheibe werden dir helfen.
Schneide den Bruchteil von deiner Kreisscheibe ab. Klebe ihn ins Heft und beschrifte ihn richtig. Aus einem Kreis können mehrere Bruchteile erzeugt werden.

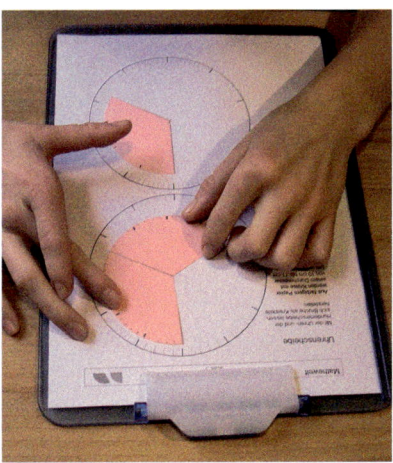

Brüche mit dem Geobrett darstellen

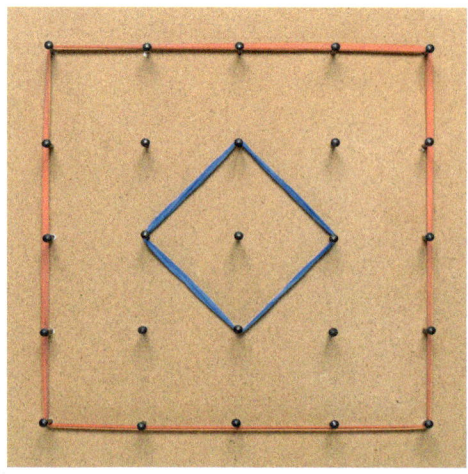

Mit dem Geobrett kannst du Brüche darstellen. Das rote Gummiband umfasst das Ganze, das blaue Gummiband einen Bruchteil.

1 a) Welcher Bruch wird mit dem abgebildeten Geobrett dargestellt?
b) Denke dir eine andere Möglichkeit aus, diesen Bruch mit zwei Gummibändern darzustellen.
c) Stelle den Bruch $\frac{2}{3}$ auf drei verschiedene Arten dar.
d) Stelle den Bruch $\frac{3}{5}$ dar.

2 Das rote Gummi umfasst das Ganze, das blaue Gummi den Anteil des Ganzen. Finde für jede Bruchdarstellung die richtige Bezeichnung und notiere das Ergebnis in deinem Heft.

a) 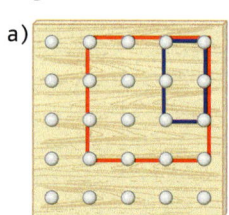 b)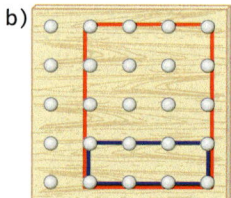

c) d)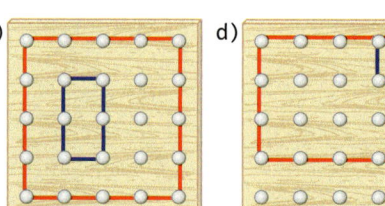

e) f)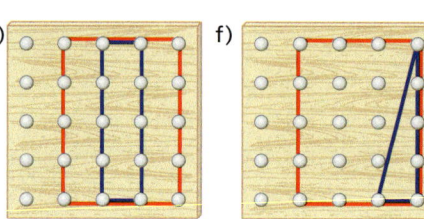

3 Welche Brüche sind hier dargestellt?

a) 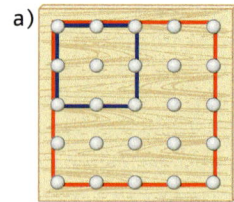 b)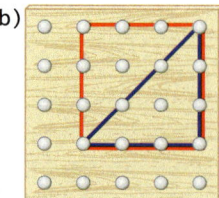

c) d)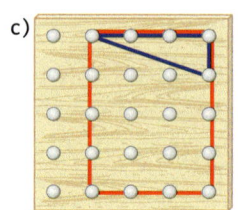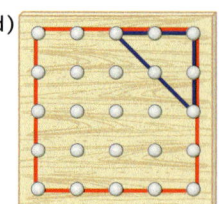

e) f)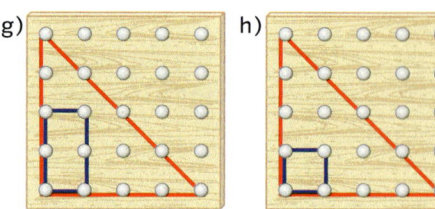

g) h)

i) k)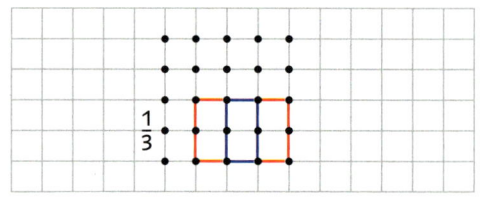

4 Stelle die folgenden Brüche mit dem Geobrett dar. Zeichne die Ergebnisse wie im Beispiel in dein Heft.

$\frac{1}{3}$

a) $\frac{1}{3}$ b) $\frac{2}{9}$ c) $\frac{5}{16}$ d) $\frac{3}{7}$ e) $\frac{2}{10}$

Bruchteile berechnen

1 Eisberge sind ein wunderbares Naturschauspiel, aber gleichzeitig auch eine Gefahr für die Schifffahrt. 1912 sank die Titanic, das damals größte Passagierschiff, nach einer Kollision mit einem Eisberg.
Nur ein Neuntel seines Volumens ragt aus dem Wasser heraus. Ein kleiner Eisberg hat ein Volumen von 810 000 000 m³. Berechne das Volumen des Eises, das sich unterhalb der Wasseroberfläche befindet.

So kannst du $\frac{2}{3}$ von 60 cm berechnen:

1. Berechne ein Drittel von 60 cm.
   $\frac{1}{3}$ von 60 cm sind   60 cm : 3 = 20 cm
   $$60 \text{ cm} \xrightarrow{:3} 20 \text{ cm}$$

2. Bestimme zwei Drittel von 60 cm.
   $\frac{2}{3}$ von 60 cm sind   2 · 20 cm = 40 cm
   $$60 \text{ cm} \xrightarrow{:3} 20 \text{ cm} \xrightarrow{·2} 40 \text{ cm}$$
   $\frac{2}{3}$ von 60 cm sind 40 cm

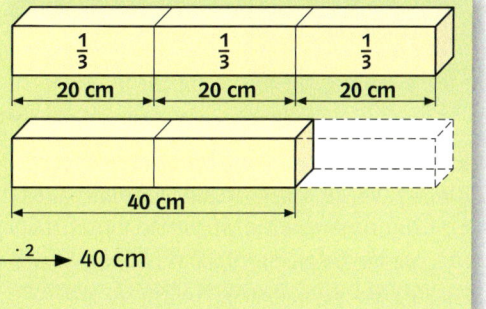

2 Berechne.

a) $\frac{1}{4}$ von 120 cm   b) $\frac{2}{5}$ von 250 m

c) $\frac{2}{7}$ von 56 kg   d) $\frac{1}{11}$ von 770 g

e) $\frac{1}{3}$ von 1500 m   f) $\frac{5}{9}$ von 45 min

g) $\frac{3}{8}$ von 24 h   h) $\frac{7}{9}$ von 810 km

i) $\frac{2}{3}$ von 639 kg   k) $\frac{5}{7}$ von 210 mm

l) $\frac{5}{17}$ von 51 mm   m) $\frac{6}{7}$ von 434 g

3 Pro Kopf verbraucht ein Bürger der Bundesrepublik täglich etwa 120 *l* Trinkwasser. Davon entfallen auf Körperpflege $\frac{1}{8}$, Trinken und Kochen $\frac{1}{24}$, Toilettenspülung $\frac{7}{24}$, Wohnungsreinigung $\frac{5}{24}$, Baden und Duschen $\frac{1}{12}$, Geschirrreinigung $\frac{1}{12}$, Wäsche waschen $\frac{1}{8}$, Garten $\frac{1}{24}$. Wie viele Liter sind das jeweils?

4 Ein Tank für Oberflächenwasser fasst 1200 Liter. Er wird im Erdboden eingegraben und durch das Regenwasser gefüllt. Im Monat Mai war er zu $\frac{2}{3}$ gefüllt. Nach einer Trockenperiode war er nur noch halb voll.

5 Der sichtbare Teil eines Eisbergs wird auf ein Volumen von 162 000 m³ geschätzt. Wie groß ist das Volumen des Eisbergs, das sich unter Wasser befindet?

6 In jeder Aufgabe steckt ein Fehler. Berichtige.

a) $\frac{2}{5}$ von 450 kg sind 100 kg

b) $\frac{3}{8}$ von 240 m sind 120 m

c) $\frac{4}{9}$ von 450 *l* sind 180 *l*

d) $\frac{5}{12}$ von 155 kg sind 50 kg

Leuchtturm
Roter Sand
www.roter-sand.de

1 Typisch für diesen Leuchtturm ist die rot weiße Markierung, die bald zum Erkennungsmerkmal für viele Leuchttürme wurde. Der Leuchtturm „Roter Sand" ist von der Wasseroberfläche ab gemessen ungefähr 30 Meter hoch.
Die Hälfte des Gebäudes ragt aus dem Wasser heraus, ein Drittel wird vom Wasser umspült und das Fundament im Meeresboden ist ein Sechstel der Gesamthöhe.
a) Fertige eine vereinfachte Skizze des Leuchtturms an.
b) Wie tief ist das Wasser an seinem Standort?
c) Wie tief ragt das Fundament in den Meeresboden hinein?

Lösen durch Rückwärtsrechnen

$\frac{7}{10}$ von [ ] sind 21 m

[ ] $\xrightarrow{\ :10\ }$ [ ] $\xrightarrow{\ \cdot 7\ }$ 21 m

[ ] $\xleftarrow{\ \cdot 10\ }$ [ ] $\xleftarrow{\ :7\ }$ 21 m

30 m $\xleftarrow{\ \cdot 10\ }$ 3 m $\xleftarrow{\ :7\ }$ 21 m

$\frac{7}{10}$ von 30 m sind 21 m

2 Bestimme den Platzhalter.

a) $\frac{4}{5}$ von [ ] sind 72 l

b) $\frac{3}{7}$ von [ ] sind 27 kg

c) $\frac{5}{8}$ von [ ] sind 60 m

d) $\frac{7}{10}$ von [ ] sind 84 km

e) $\frac{5}{9}$ von [ ] sind 40 t

f) $\frac{3}{4}$ von [ ] sind 120 cm

g) $\frac{2}{11}$ von [ ] sind 18 km

h) $\frac{5}{12}$ von [ ] sind 40 min

3 Berechne das Ganze.

a) $\frac{3}{4}$ einer Strecke sind 75 cm

b) $\frac{2}{3}$ einer Strecke sind 12 m

c) $\frac{5}{8}$ einer Strecke sind 250 m

d) $\frac{5}{7}$ eines Geldbetrages sind 85 €

e) $\frac{4}{5}$ eines Geldbetrages sind 256 €

f) $\frac{9}{10}$ einer Masse sind 450 g

g) $\frac{5}{6}$ einer Masse sind 1000 kg

4 Auf dem Foto wird ein junger Kuckuck von einem Zaunkönig ernährt. Der Kuckuck ist ein Brutschmarotzer, der seine Eier in die Nester fremder Vögel legt.
Der Zaunkönig auf dem Bild wiegt 10 g, das sind $\frac{2}{15}$ des Gewichts des Kuckucks.

Vergröbern und Verfeinern

1 Vergleiche in den Figuren die gefärbten Bruchteile. Was stellst du fest?

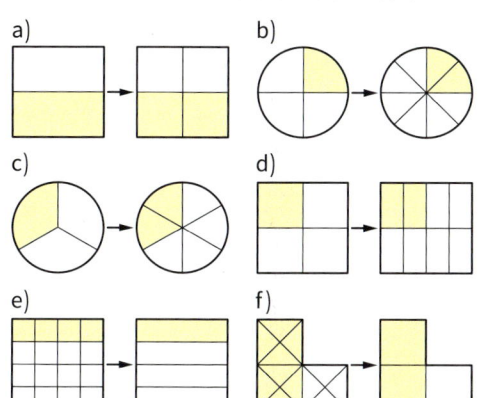

a)   b)

c)   d)

e)   f)

2 Suche mindestens zwei Brüche, die den gleichen Bruchteil bezeichnen.

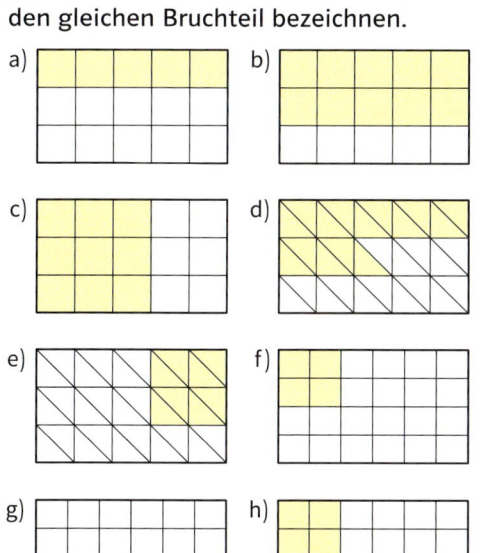

a)   b)

c)   d)

e)   f)

g)   h)

3 Zeichne ein Rechteck mit 24 Kästchen in dein Heft und stelle den Bruch dar. Suche einen zweiten Bruch, der den gleichen Bruchteil bezeichnet.

a) $\frac{2}{3}$ b) $\frac{1}{4}$ c) $\frac{1}{6}$

4 Zeichne in dein Heft ein Quadrat mit 100 Kästchen und stelle den Bruch dar. Suche einen zweiten Bruch, der den gleichen Bruchteil bezeichnet.

a) $\frac{1}{5}$ b) $\frac{3}{10}$ c) $\frac{1}{4}$

5 Gib zwei Brüche an, die den dargestellten Bruchteil bezeichnen.

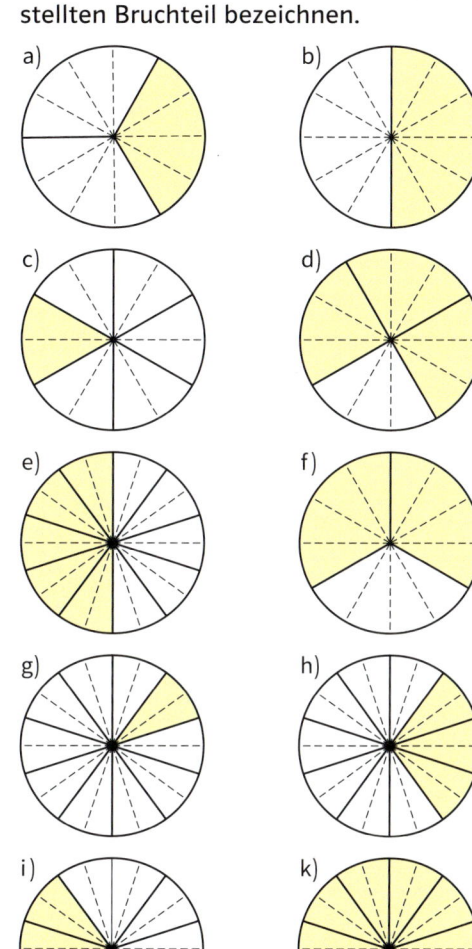

a)   b)

c)   d)

e)   f)

g)   h)

i)   k)

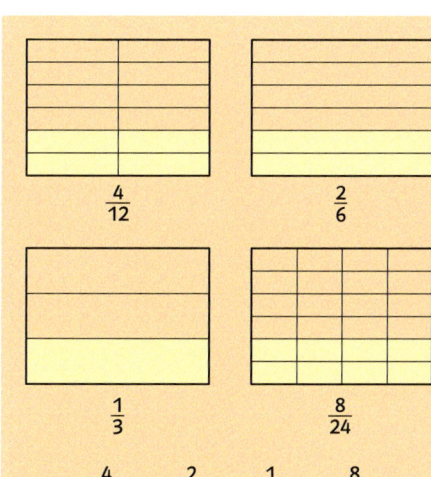

$\frac{4}{12}$ $\frac{2}{6}$

$\frac{1}{3}$ $\frac{8}{24}$

$$\frac{4}{12} = \frac{2}{6} = \frac{1}{3} = \frac{8}{24}$$

Der gelb gefärbte Bruchteil des Rechtecks kann mit unterschiedlichen (gleichwertigen) Brüchen bezeichnet werden. Die unterschiedlichen Bezeichnungen entstehen durch **Verfeinern** oder **Vergröbern** der Unterteilungen des Rechtecks.

Vergröbern und Verfeinern

6 Welcher Bruchteil ist eingefärbt? Zeichne ein weiteres Rechteck mit einer gröberen Einteilung und bezeichne den gefärbten Anteil.

a)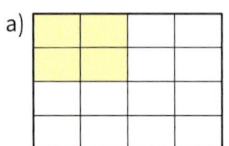

b)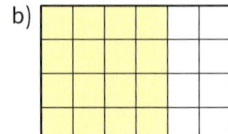

c)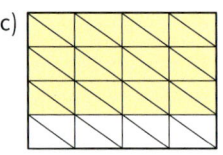

d)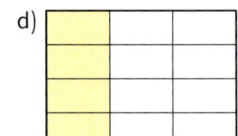

e)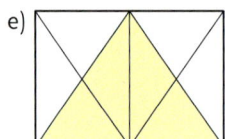

f)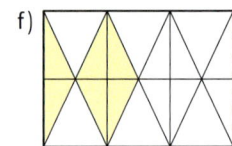

7 Zeichne das Rechteck mit einer feineren Einteilung und bezeichne den Anteil der gefärbten Fläche.

a)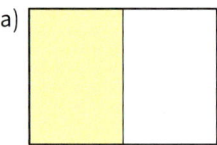

b)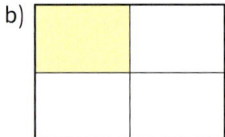

c)

d)

e)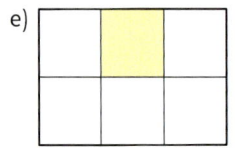

f)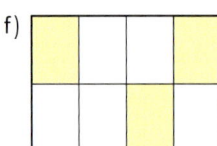

g)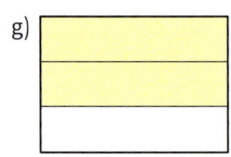

h)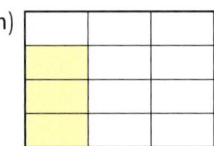

Gleichwertige Brüche bezeichnen gleiche Bruchteile.

8 Beschreibe in einem kurzen Text, wie du zu einem Bruch (zum Beispiel $\frac{2}{9}$) einen anderen gleichwertigen Bruch finden kannst.

9 Beschreibe den gefärbten Bruchteil durch mindestens zwei Brüche.

a)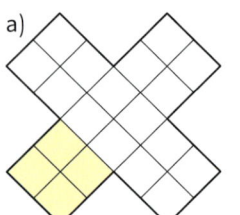

b)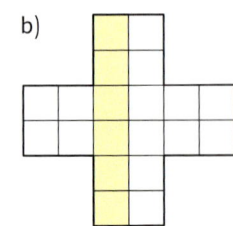

c)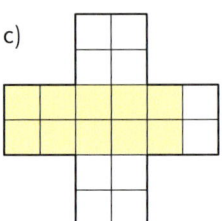

d)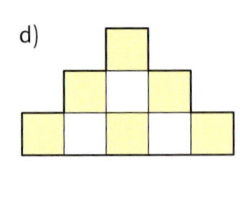

e)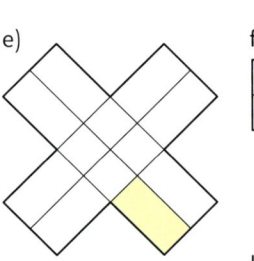

f)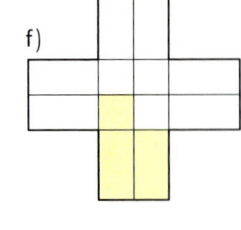

g)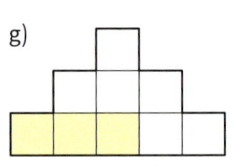

h)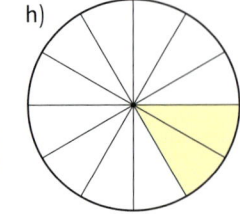

i)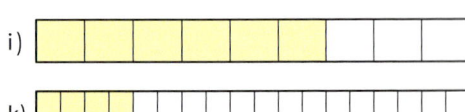

k)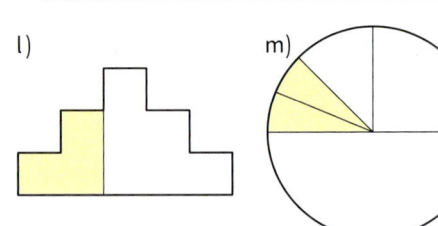

l)

m)

10 Finde zu den gegebenen Brüchen jeweils zwei andere gleichwertige Brüche. Beschreibe, wie du vorgegangen bist.

a) $\frac{6}{8}$

b) $\frac{5}{30}$

c) $\frac{4}{10}$

Erweitern und Kürzen

Durch **Erweitern** (Verfeinern der Einteilung) oder durch **Kürzen** (Vergröbern der Einteilung) ändert sich der Wert eines Bruchs nicht.

Erweitern

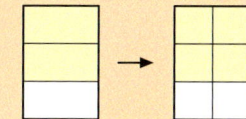

$\frac{2}{3}$ wird erweitert mit **2**

$$\frac{2 \cdot 2}{3 \cdot 2} = \frac{4}{6}$$

Zähler **und** Nenner werden mit **derselben** Zahl multipliziert.

Kürzen

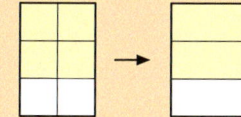

$\frac{4}{6}$ wird gekürzt durch **2**

$$\frac{4 : 2}{6 : 2} = \frac{2}{3}$$

Zähler **und** Nenner werden durch **dieselbe** Zahl dividiert.

1 Mit welcher Zahl wurde erweitert?

a) $\frac{1}{7} = \frac{5}{35}$ b) $\frac{1}{8} = \frac{6}{48}$ c) $\frac{2}{5} = \frac{14}{35}$

d) $\frac{3}{8} = \frac{18}{48}$ e) $\frac{2}{11} = \frac{14}{77}$ f) $\frac{4}{7} = \frac{32}{56}$

g) $\frac{4}{9} = \frac{12}{27}$ h) $\frac{7}{10} = \frac{28}{40}$ i) $\frac{3}{4} = \frac{27}{36}$

2 Durch welche Zahl wurde gekürzt?

a) $\frac{54}{81} = \frac{6}{9}$ b) $\frac{20}{140} = \frac{2}{14}$ c) $\frac{60}{72} = \frac{5}{6}$

d) $\frac{64}{80} = \frac{8}{10}$ e) $\frac{49}{84} = \frac{7}{12}$ f) $\frac{30}{57} = \frac{10}{19}$

g) $\frac{42}{48} = \frac{7}{8}$ h) $\frac{21}{69} = \frac{7}{23}$ i) $\frac{21}{49} = \frac{3}{7}$

3 Mit welcher Zahl wurde erweitert oder gekürzt?

a) $\frac{2}{7} = \frac{4}{14}$ b) $\frac{15}{20} = \frac{3}{4}$ c) $\frac{7}{63} = \frac{1}{9}$

d) $\frac{15}{45} = \frac{3}{9}$ e) $\frac{7}{8} = \frac{28}{32}$ f) $\frac{12}{20} = \frac{6}{10}$

g) $\frac{25}{100} = \frac{5}{20}$ h) $\frac{4}{9} = \frac{12}{27}$ i) $\frac{4}{3} = \frac{16}{12}$

4 Suche die Erweiterungszahl und berechne den Platzhalter.

a) $\frac{5}{6} = \frac{\blacksquare}{30}$ b) $\frac{11}{16} = \frac{55}{\blacksquare}$ c) $\frac{35}{80} = \frac{70}{\blacksquare}$

d) $\frac{6}{7} = \frac{\blacksquare}{21}$ e) $\frac{3}{4} = \frac{27}{\blacksquare}$ f) $\frac{5}{13} = \frac{\blacksquare}{65}$

g) $\frac{3}{10} = \frac{\blacksquare}{50}$ h) $\frac{7}{9} = \frac{42}{\blacksquare}$ i) $\frac{12}{17} = \frac{84}{\blacksquare}$

5 Suche die Kürzungszahl und berechne den Platzhalter.

a) $\frac{15}{35} = \frac{\blacksquare}{7}$ b) $\frac{16}{20} = \frac{8}{\blacksquare}$ c) $\frac{21}{36} = \frac{7}{\blacksquare}$

d) $\frac{32}{48} = \frac{\blacksquare}{24}$ e) $\frac{26}{39} = \frac{\blacksquare}{3}$ f) $\frac{64}{96} = \frac{16}{\blacksquare}$

g) $\frac{35}{77} = \frac{5}{\blacksquare}$ h) $\frac{45}{105} = \frac{\blacksquare}{7}$ i) $\frac{51}{85} = \frac{3}{\blacksquare}$

6 Bestimme den Platzhalter.

a) $\frac{24}{\blacksquare} = \frac{72}{96}$ b) $\frac{\blacksquare}{16} = \frac{90}{96}$ c) $\frac{13}{17} = \frac{65}{\blacksquare}$

d) $\frac{63}{84} = \frac{\blacksquare}{12}$ e) $\frac{96}{\blacksquare} = \frac{8}{9}$ f) $\frac{52}{88} = \frac{13}{\blacksquare}$

g) $\frac{5}{12} = \frac{\blacksquare}{60}$ h) $\frac{4}{9} = \frac{\blacksquare}{90}$ i) $\frac{2}{\blacksquare} = \frac{16}{64}$

+ 7 Kürze so weit wie möglich.

a) $\frac{12}{18}$ $\frac{6}{9}$ $\frac{12}{16}$ $\frac{20}{25}$ $\frac{18}{30}$ $\frac{6}{16}$

b) $\frac{30}{50}$ $\frac{26}{36}$ $\frac{24}{28}$ $\frac{16}{18}$ $\frac{40}{45}$ $\frac{21}{28}$

c) $\frac{81}{162}$ $\frac{27}{72}$ $\frac{54}{135}$ $\frac{63}{99}$ $\frac{15}{27}$ $\frac{38}{95}$

d) $\frac{72}{126}$ $\frac{30}{75}$ $\frac{42}{102}$ $\frac{88}{122}$ $\frac{40}{100}$ $\frac{96}{136}$

8 Welche Brüche wurden richtig erweitert oder gekürzt? Die Buchstaben der richtigen Rechnungen ergeben hintereinander gelesen ein Lösungswort.

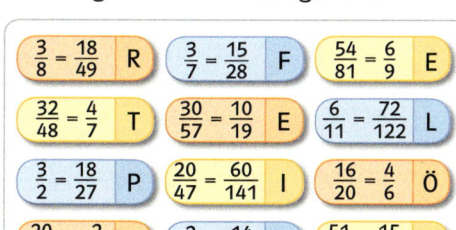

Findest du den Fehler?

Brüche vergleichen

1

Sinas Vater hat für eine Klassenfeier zwei Bleche Kuchen gebacken. Vom Apfelkuchen wurden $\frac{2}{3}$ verzehrt, vom Streuselkuchen $\frac{7}{12}$.
Von welchem Kuchen wurde mehr gegessen?

2 Vergleiche die Brüche.

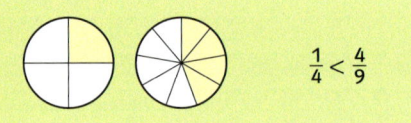

$\frac{1}{4} < \frac{4}{9}$

a)

b)

c)

d)

e)

f)

g)

h)

3 Ordne die dargestellten Brüche der Größe nach. Beginne mit dem kleinsten Bruch.

A

B

C

D

E

F

G

H

4 Vergleiche die Brüche. Setze kleiner oder größer (<, >) ein. Begründe deine Entscheidung.

a) $\frac{3}{7} \blacksquare \frac{3}{12}$ b) $\frac{5}{10} \blacksquare \frac{5}{150}$ c) $\frac{2}{7} \blacksquare \frac{2}{9}$

d) $\frac{3}{8} \blacksquare \frac{4}{8}$ e) $\frac{5}{11} \blacksquare \frac{7}{11}$ f) $\frac{9}{20} \blacksquare \frac{2}{20}$

g) $\frac{12}{14} \blacksquare \frac{13}{14}$ h) $\frac{4}{9} \blacksquare \frac{4}{5}$ i) $\frac{7}{8} \blacksquare \frac{7}{10}$

5 Mache die Brüche nennergleich und vergleiche sie dann.

$$\left.\begin{array}{l} \frac{2}{3} = \frac{20}{30} \\ \frac{3}{10} = \frac{9}{30} \end{array}\right\} \quad \frac{20}{30} > \frac{9}{30}$$

a) $\frac{2}{3}$ $\frac{5}{6}$ b) $\frac{5}{10}$ $\frac{2}{5}$

c) $\frac{3}{4}$ $\frac{7}{8}$ d) $\frac{5}{8}$ $\frac{6}{10}$

e) $\frac{1}{2}$ $\frac{5}{6}$ f) $\frac{3}{5}$ $\frac{4}{10}$

g) $\frac{7}{20}$ $\frac{3}{5}$ h) $\frac{12}{15}$ $\frac{2}{3}$

i) $\frac{5}{8}$ $\frac{17}{24}$ k) $\frac{2}{5}$ $\frac{18}{25}$

6 Ordne die folgenden Brüche der Größe nach. Beginne mit dem kleinsten.

a) $\frac{5}{40}$ $\frac{5}{17}$ $\frac{5}{29}$ $\frac{5}{64}$ $\frac{5}{100}$ $\frac{5}{18}$

b) $\frac{7}{12}$ $\frac{1}{4}$ $\frac{5}{6}$ $\frac{1}{2}$ $\frac{2}{3}$ $\frac{5}{12}$

c) $\frac{3}{10}$ $\frac{3}{4}$ $\frac{6}{25}$ $\frac{2}{5}$ $\frac{11}{50}$ $\frac{13}{20}$

Gemischte Zahlen

1 Simon hat Waffeln gebacken. Nachdem er und seine Freunde sich satt gegessen haben, sind noch einige Stücke übrig geblieben.
a) Wie viele Fünftel bleiben insgesamt übrig?
b) Wie viele ganze Waffeln lassen sich aus den restlichen Stücken zusammenlegen? Wie viele Fünftel sind danach noch vorhanden?

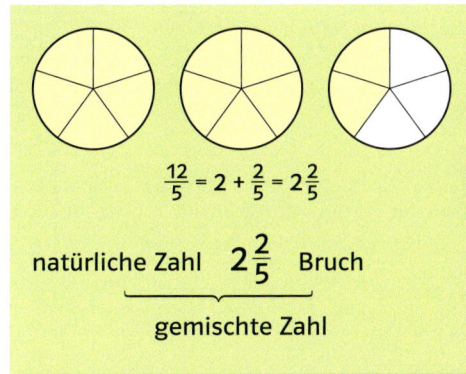

$\frac{12}{5} = 2 + \frac{2}{5} = 2\frac{2}{5}$

natürliche Zahl $\quad 2\frac{2}{5} \quad$ Bruch

gemischte Zahl

2 Schreibe als Bruch und als gemischte Zahl.

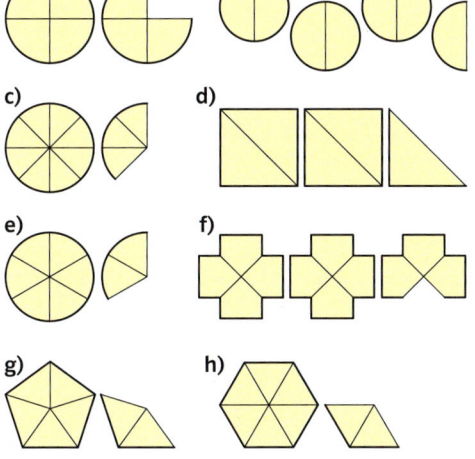

3 Schreibe als Bruch und als gemischte Zahl.

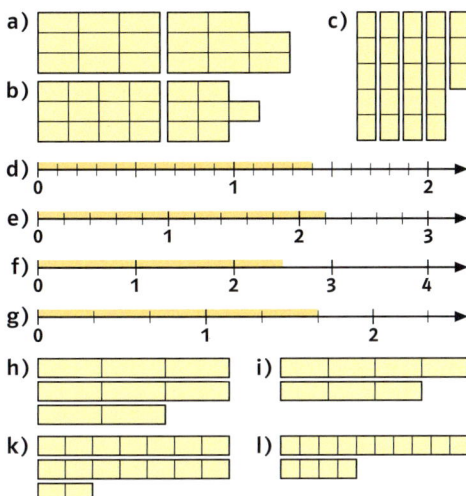

4 Schreibe als Bruch.

a) $3 = \frac{\blacksquare}{7}$ b) $4 = \frac{\blacksquare}{3}$ c) $3 = \frac{9}{\blacksquare}$

$2 = \frac{\blacksquare}{5}$ $2 = \frac{\blacksquare}{8}$ $2 = \frac{10}{\blacksquare}$

$1 = \frac{\blacksquare}{13}$ $3 = \frac{\blacksquare}{6}$ $5 = \frac{10}{\blacksquare}$

5 Schreibe als Bruch.

$2\frac{5}{7} = 2 + \frac{5}{7} = \frac{14}{7} + \frac{5}{7} = \frac{19}{7}$

a) $3\frac{1}{2}$ b) $2\frac{1}{4}$ c) $3\frac{4}{4}$ d) $2\frac{2}{7}$

$2\frac{1}{5}$ $3\frac{1}{3}$ $1\frac{2}{9}$ $7\frac{3}{4}$

$3\frac{7}{9}$ $2\frac{3}{10}$ $5\frac{1}{4}$ $4\frac{2}{9}$

6 Bestimme die Platzhalter.

a) $2\frac{3}{7} = \frac{\blacksquare}{7}$ b) $2\frac{1}{3} = \frac{\blacksquare}{3}$ c) $2\frac{3}{4} = \frac{\blacksquare}{4}$

$1\frac{1}{5} = \frac{\blacksquare}{5}$ $4\frac{3}{8} = \frac{\blacksquare}{8}$ $7\frac{1}{2} = \frac{\blacksquare}{2}$

7 Schreibe als gemischte Zahl oder als natürliche Zahl.

a) $\frac{7}{4}$ b) $\frac{27}{9}$ c) $\frac{12}{4}$ d) $\frac{9}{7}$

$\frac{5}{2}$ $\frac{6}{3}$ $\frac{17}{5}$ $\frac{12}{5}$

$\frac{8}{3}$ $\frac{13}{10}$ $\frac{10}{3}$ $\frac{27}{4}$

Gleichnamige Brüche addieren und subtrahieren

1 Zu Daniels Geburtstag hat seine Mutter eine Torte gebacken und sie in 12 Stücke aufgeteilt. Florian und seine Freunde Kai, Felix, Klaus und Jan haben die Torte restlos verzehrt.
Daniel aß $\frac{2}{12}$ der Torte, Kai $\frac{2}{12}$, Klaus $\frac{3}{12}$ und Felix $\frac{2}{12}$.
Welchen Bruchteil der Torte aß Jan?

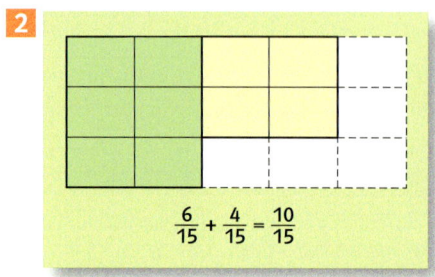

2

$$\frac{6}{15} + \frac{4}{15} = \frac{10}{15}$$

Formuliere für jede Zeichnung eine Additionsaufgabe.

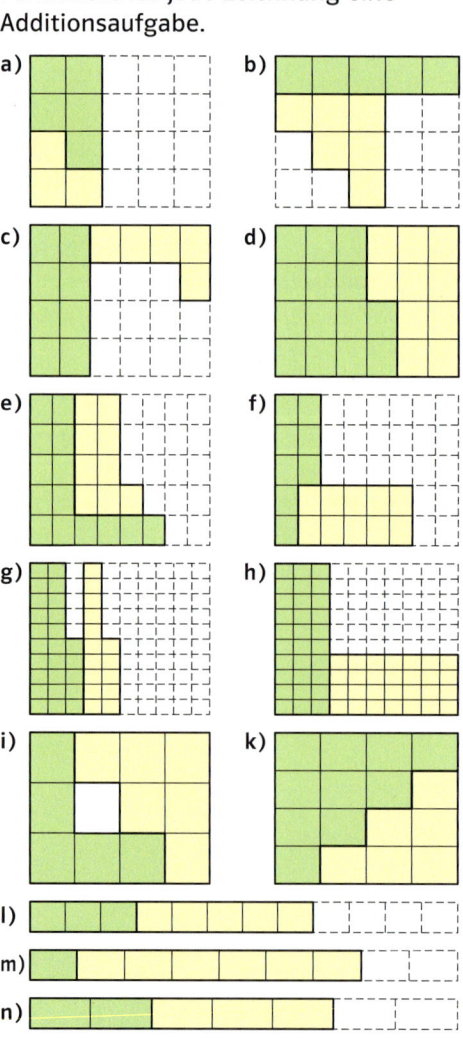

3

$$\frac{4}{6} - \frac{1}{6} = \frac{3}{6}$$

Welche Subtraktionsaufgabe ist hier dargestellt?

a) 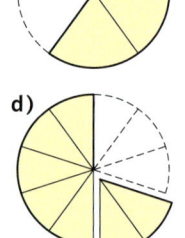 b) 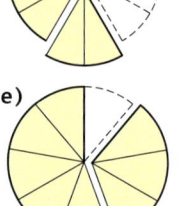 c)

d) 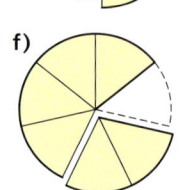 e)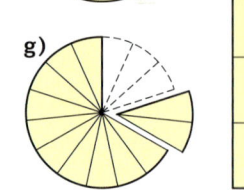

f) 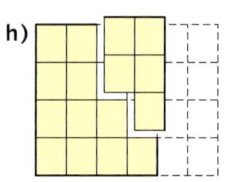 g)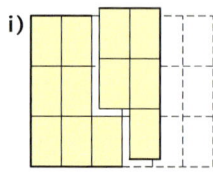

h) 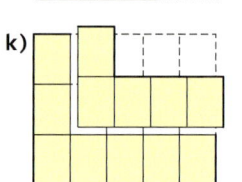 i)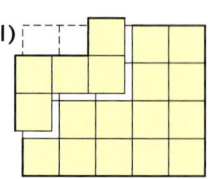

k) l)

m) 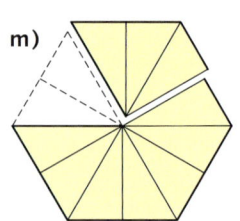 n)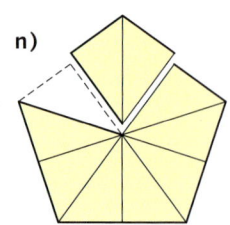

4 Beschreibe, wie du gleichnamige Brüche addieren (subtrahieren) kannst. Erläutere dies an einem Beispiel.

Gleichnamige Brüche addieren und subtrahieren

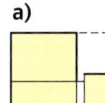 Formuliere für jede Zeichnung eine Subtraktionsaufgabe. Wie lautet das Ergebnis?

a) 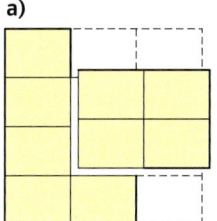   b)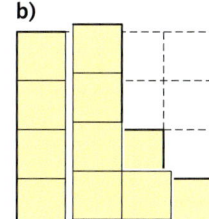

c) 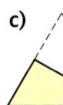   d)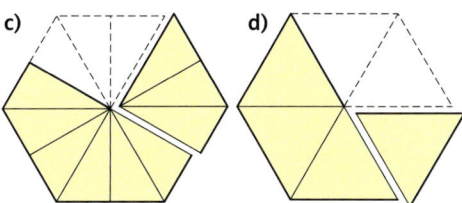

e)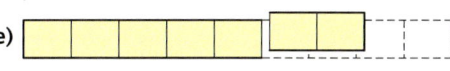

f)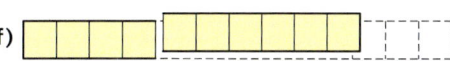

g)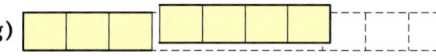

h)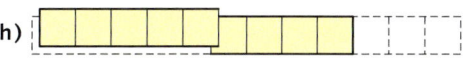

i)

6 Stelle die Aufgaben jeweils zeichnerisch dar und bestimme das Ergebnis.

a) $\frac{2}{10} + \frac{3}{10}$ b) $\frac{5}{12} + \frac{3}{12}$

$\frac{5}{8} + \frac{1}{8}$ $\frac{1}{6} + \frac{2}{6}$

7 Berechne.

a) $\frac{2}{5} + \frac{1}{5}$ b) $\frac{5}{7} - \frac{3}{7}$

$\frac{3}{7} + \frac{2}{7}$ $\frac{8}{9} - \frac{4}{9}$

$\frac{2}{9} + \frac{5}{9}$ $\frac{7}{10} - \frac{6}{10}$

$\frac{6}{13} + \frac{4}{13}$ $\frac{6}{15} - \frac{5}{15}$

$\frac{7}{20} + \frac{6}{20}$ $\frac{8}{11} - \frac{5}{11}$

$\frac{4}{12} + \frac{7}{12}$ $\frac{11}{13} - \frac{9}{13}$

8 Welche Aufgabe ist hier dargestellt?

a)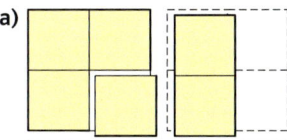

b)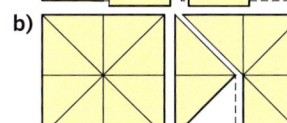

c)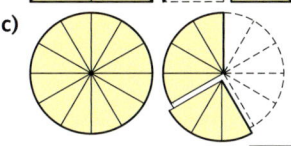

d)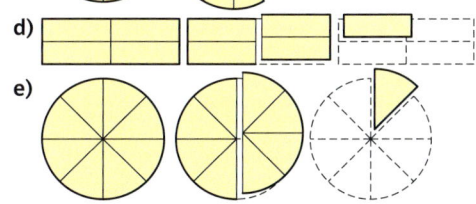

e)

9 Berechne und gib das Ergebnis, wenn möglich, als gemischte Zahl an.

a) $\frac{5}{7} + \frac{6}{7}$ b) $\frac{7}{8} + \frac{5}{8}$

$\frac{10}{11} + \frac{5}{11}$ $\frac{8}{9} + \frac{8}{9}$

$\frac{4}{5} + \frac{3}{5}$ $\frac{5}{3} + \frac{2}{3}$

$\frac{2}{3} + \frac{4}{3}$ $\frac{7}{12} + \frac{11}{12}$

10 Berechne. Gib das Ergebnis als gemischte Zahl an.

a) $10 - \frac{2}{3}$ b) $3 - \frac{5}{7}$ c) $4 - 2\frac{1}{3}$

$3 - \frac{5}{8}$ $4 - \frac{7}{10}$ $4 - 1\frac{2}{5}$

$2 - \frac{1}{3}$ $2 - \frac{1}{9}$ $5 - 3\frac{7}{9}$

✚ **11** Berechne. Gib das Ergebnis als gemischte Zahl an.

a) $2\frac{5}{6} + \frac{3}{6}$ b) $3\frac{1}{3} - \frac{2}{3}$ c) $2\frac{4}{8} + 3\frac{5}{8}$

$3\frac{7}{12} + \frac{11}{12}$ $5\frac{1}{4} - \frac{3}{4}$ $7\frac{7}{10} + 1\frac{8}{10}$

$2\frac{3}{7} + \frac{6}{7}$ $4\frac{2}{7} - \frac{6}{7}$ $2\frac{6}{11} + 3\frac{7}{11}$

$4\frac{7}{12} + \frac{5}{12}$ $9\frac{7}{18} - \frac{11}{18}$ $6\frac{3}{5} + 1\frac{3}{5}$

Wenn möglich, kürze jedes Ergebnis.

$\frac{4}{5} + \frac{3}{5}$

$= \frac{7}{5}$

$= 1\frac{2}{5}$

$6 - \frac{5}{9}$

$= 5\frac{9}{9} - \frac{5}{9}$

$= 5\frac{4}{9}$

$3\frac{3}{4} + \frac{3}{4}$

$= 3\frac{6}{4}$

$= 4\frac{2}{4} = 4\frac{1}{2}$

Grundwissen: Brüche

Brüche beschreiben Teile eines Ganzen

Die untere Zahl, der **Nenner**, beschreibt, in wie viele gleich große Teile das Ganze geteilt wurde.

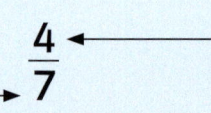

Die obere Zahl, der **Zähler**, beschreibt, wie viele Teile betrachtet werden.

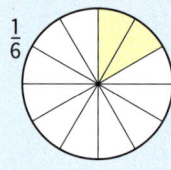 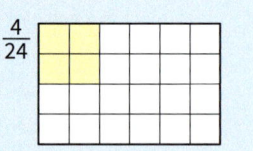 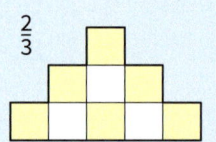 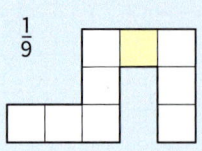

0      $\frac{4}{12}$ 1

Erweitern (Verfeinern der Einteilung)

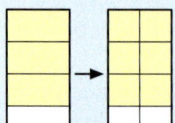

$\frac{3}{4}$ wird erweitert mit **2**

$$\frac{3 \cdot 2}{4 \cdot 2} = \frac{6}{8}$$

Zähler **und** Nenner werden mit **derselben** Zahl multipliziert.

Kürzen (Vergröbern der Einteilung)

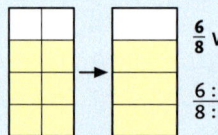

$\frac{6}{8}$ wird gekürzt durch **2**

$$\frac{6 : 2}{8 : 2} = \frac{3}{4}$$

Zähler **und** Nenner werden durch **dieselbe** Zahl dividiert.

Brüche lassen sich vergleichen, wenn sie **nennergleich** (gleichnamig) sind.

$\frac{5}{12} < \frac{7}{12}$, denn 5 < 7

Brüche lassen sich vergleichen, wenn sie **zählergleich** sind.

$\frac{7}{10} > \frac{7}{15}$, denn $\frac{1}{10} > \frac{1}{15}$

Brüche mit verschiedenen Nennern nennt man **ungleichnamige Brüche**. Ungleichnamige Brüche werden gleichnamig gemacht, indem man sie erweitert oder kürzt.

$\frac{2}{3} \square \frac{5}{6}$ $\frac{2}{3} \square \frac{1}{2}$ $\frac{2}{5} \square \frac{6}{15}$

$\frac{4}{6} < \frac{5}{6}$ $\frac{4}{6} > \frac{3}{6}$ $\frac{2}{5} = \frac{2}{5}$

$\frac{2}{3} < \frac{5}{6}$ $\frac{2}{3} > \frac{1}{2}$ $\frac{2}{5} = \frac{6}{15}$

Gleichnamige Brüche addieren und subtrahieren

Die Zähler werden addiert. Der Nenner ändert sich nicht.

$$\frac{9}{16} + \frac{4}{16} = \frac{9 + 4}{16} = \frac{13}{16}$$

Die Zähler werden subtrahiert. Der Nenner ändert sich nicht.

$$\frac{13}{16} - \frac{4}{16} = \frac{13 - 4}{16} = \frac{9}{16}$$

Üben und Vertiefen

1 Welcher Bruchteil ist gefärbt (nicht gefärbt)?

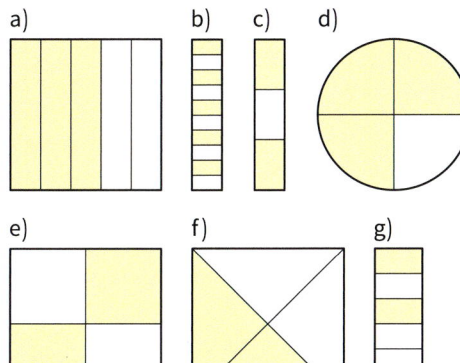

a) b) c) d)

e) f) g)

2 Welche Brüche werden durch die farbigen Strecken dargestellt?

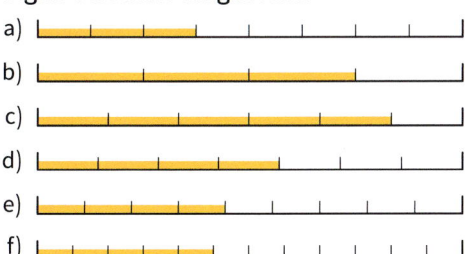

a)

b)

c)

d)

e)

f)

3 Welcher Bruchteil fehlt hier am Ganzen?

a)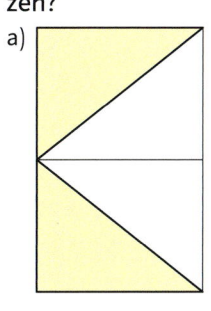

b)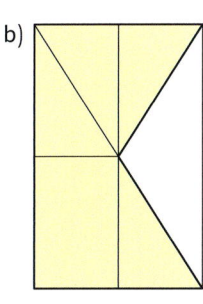

c)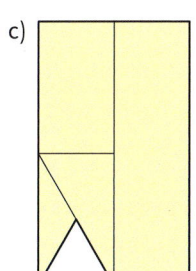

d)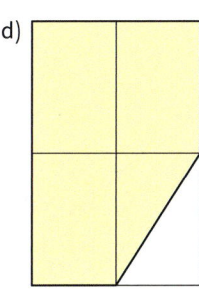

4 Gib zu jeder farbigen Teilfläche einen Bruch an.

a) 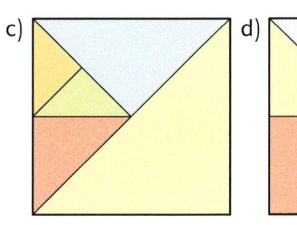 b)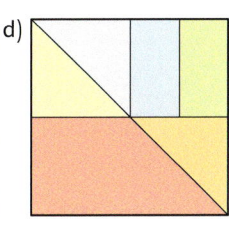

c) 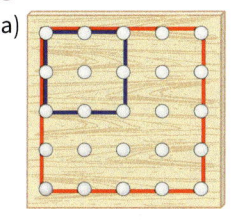 d)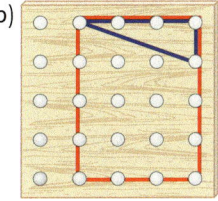

5 Welche Bruchteile werden hier dargestellt?

a) 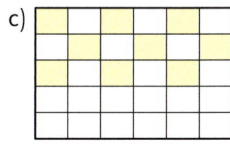 b)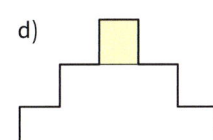

c) 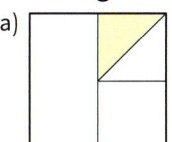 d)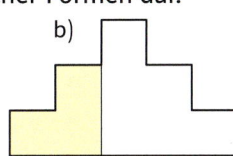

6 Welche Bruchteile sind hier dargestellt? Stelle die Bruchteile mithilfe anderer geometrischer Formen dar.

a) 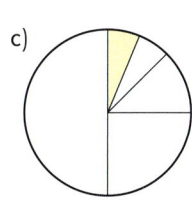 b)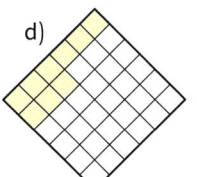

c) d)

e)

f)

Üben und Vertiefen

7 Mache die Brüche gleichnamig (nennergleich). Zeichne die Bruchteile jeweils in ein gemeinsames Rechteck.

a) $\frac{2}{3}$ und $\frac{1}{6}$ b) $\frac{4}{10}$ und $\frac{3}{5}$ c) $\frac{2}{7}$ und $\frac{1}{5}$

8 In den Figuren sollte der angegebene Bruchteil eingefärbt werden. Doch nicht immer ist alles richtig gemacht worden. Finde die Fehler. Begründe.

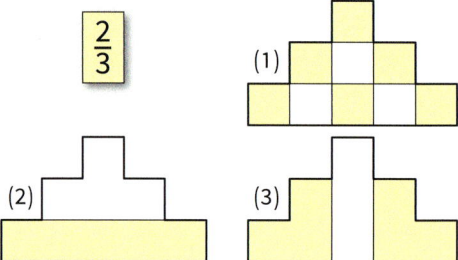

$\frac{2}{3}$

9 Berechne den Bruchteil.

a) $\frac{2}{3}$ von 12 kg   b) $\frac{5}{7}$ von 35 m

c) $\frac{7}{8}$ von 160 g   d) $\frac{3}{4}$ von 200 €

e) $\frac{7}{9}$ von 108 km   f) $\frac{5}{6}$ von 18 h

10 Bestimme den Platzhalter.

a) $\frac{1}{2}$ kg = ■ g   b) $\frac{1}{3}$ h = ■ min

$\frac{1}{4}$ m = ■ cm $\frac{1}{4}$ min = ■ s

$\frac{1}{5}$ t = ■ kg $\frac{1}{10}$ g = ■ mg

✛ **11** a) Die Havel ist auf $\frac{7}{10}$ ihrer Länge schiffbar, das sind 245 km. Bestimme ihre Länge.
b) Berechne die Gesamtlänge folgender Flüsse:
Elbe (schiffbar auf $\frac{4}{5}$ ihrer Länge, das sind 932 km),
Rhein (schiffbar auf $\frac{3}{4}$ der Länge, das sind 990 km).

12 Mit welcher Zahl wurde gekürzt oder erweitert?

a) $\frac{2}{3} = \frac{6}{9}$ b) $\frac{8}{20} = \frac{2}{5}$ c) $\frac{2}{11} = \frac{6}{33}$

d) $\frac{1}{5} = \frac{7}{35}$ e) $\frac{10}{24} = \frac{5}{12}$ f) $\frac{16}{40} = \frac{4}{10}$

13 Erweitere die Brüche auf den angegebenen Nenner.

a) $\frac{2}{5} = \frac{■}{25}$ b) $\frac{3}{8} = \frac{■}{32}$

c) $\frac{6}{7} = \frac{■}{42}$ d) $\frac{4}{10} = \frac{■}{50}$

e) $\frac{1}{4} = \frac{■}{100}$ f) $\frac{3}{12} = \frac{■}{60}$

14 Ergänze die fehlenden Zahlen.

a) $\frac{3}{7} = \frac{9}{■}$ b) $\frac{4}{10} = \frac{12}{■}$

c) $\frac{5}{12} = \frac{25}{■}$ d) $\frac{35}{75} = \frac{■}{15}$

e) $\frac{18}{42} = \frac{■}{7}$ f) $\frac{56}{96} = \frac{7}{■}$

15 Setze die Zeichen < oder >.

a) $\frac{6}{7}$ ■ $\frac{3}{7}$ b) $\frac{5}{7}$ ■ $\frac{5}{6}$

c) $\frac{12}{14}$ ■ $\frac{12}{20}$ d) $\frac{9}{4}$ ■ $\frac{9}{2}$

e) $\frac{3}{4}$ ■ $\frac{3}{5}$ f) $\frac{7}{24}$ ■ $\frac{3}{24}$

g) $\frac{3}{4}$ ■ $\frac{1}{2}$ h) $\frac{6}{7}$ ■ $\frac{5}{10}$

16 Berechne und kürze das Ergebnis soweit wie möglich.

a) $\frac{3}{14} + \frac{1}{14}$ b) $\frac{5}{18} + \frac{1}{18}$

$\frac{7}{12} + \frac{1}{12}$ $\frac{7}{10} - \frac{2}{10}$

✛ **17** Berechne.

a) $7\frac{15}{20} + 2\frac{15}{20}$ b) $6\frac{3}{5} + 1\frac{3}{5}$

$9\frac{11}{12} + 2\frac{7}{12}$ $3\frac{6}{8} + 4\frac{6}{8}$

c) $9\frac{5}{27} - \frac{8}{27}$ d) $9\frac{1}{9} - \frac{8}{9}$

$6\frac{1}{24} - \frac{7}{24}$ $3\frac{1}{10} - \frac{9}{10}$

✛ **18** Erstelle ein Lernplakat. Beachte die Hinweise auf der nächsten Seite.
a) Erstelle ein Lernplakat zum Thema „Brüche durch Falten darstellen".
b) Erstelle ein Lernplakat zum Thema „Brüche am Geobrett darstellen".
c) Erstelle ein Lernplakat zum Thema „Brüche vergleichen".

Mögliche Arbeitsschritte

- Überlegt, was auf dem Plakat dargestellt werden soll.
- Erstellt in Partnerarbeit jeweils einen Entwurf auf einem DIN-A4-Blatt.
- Diskutiert die verschiedenen Entwürfe in der Gruppe.
- Verteilt Arbeitsaufträge an die einzelnen Gruppenmitglieder. Jeder Schüler ist für eine Teilaufgabe verantwortlich: Texte, Bilder, Grafiken …

Es ist sinnvoll das Lernplakat in Gruppenarbeit zu erstellen.
Die Gruppe sollte nicht zu groß sein. Achtet darauf, dass jeder etwas zum Gelingen der Arbeit beiträgt.
Regeln für die Gruppenarbeit findet ihr in diesem Buch auf Seite 81.

Auf einem Lernplakat werden Informationen übersichtlich und anschaulich dargestellt.
Dazu werden Texte, Bilder und Zeichnungen benutzt.
Jedes Plakat besitzt eine Überschrift, die weithin sichtbar ist.
Die Schriftgröße muss immer so gewählt werden, dass die Texte aus einer Entfernung von einem Meter noch lesbar sind.

Vernetzen: Anteile bestimmen

1 In der Albert-Schweitzer-Schule wird ein Fußballturnier im 5. Jahrgang durchgeführt. Da es keine Verlängerung gibt, wird in den unentschiedenen Spielen ein Elfmeterschießen durchgeführt. Vor dem Turnier wurden das Elfmeterschießen trainiert und die Ergebnisse notiert.

Name	Anzahl der Versuche	Treffer
Julia	24	14
Philipp	20	10
Janosch	25	15
Shirin	18	14
Max	22	14
Judith	16	10
Marleen	15	7
Marlon	21	14

a) Vergleiche die Ergebnisse von Julia und Marleen. Entscheide und begründe, wer besser Elfmeter schießen kann.
b) Wer schießt besser, Shirin oder Max? Begründe deine Entscheidung.
c) Bei welchen Schülern ist die Trefferquote größer als 50 Prozent?
d) Wer ist der beste Elfmeter-Schütze? Begründe deine Entscheidung.

2 Auf dem Jahrmarkt gibt es zwei Losbuden. Die Gewinne unterscheiden sich nicht. Beide Losverkäufer bieten ihre Ware lautstark an. Bei welchem Losverkäufer würdest du ein Los kaufen? Begründe deine Entscheidung schriftlich.

3 Herr Fliege und Herr Hummel bekommen Konkurrenz.

Da aber die Lose täglich neu gemischt und an den Wochentagen unterschiedlich viele Lose verkauft werden, muss der Losverkäufer viel rechnen. Fülle die Tabelle aus.

Gewinne	20	50				
Nieten			90	210		
Lose					160	32

4 Die Klasse 5b hat eine Wahl des Klassensprechers durchgeführt.
Josie hat die Ergebnisse dieser Wahl in einer Grafik dargestellt. Bei der Wahl hatte jeder Schüler eine Stimme.
a) Wer ist der Klassensprecher, wer sein Stellvertreter?
b) Wie viele Stimmen hat jeder Kandidat bekommen?
c) Drücke den Stimmenanteil der Kandidaten als Bruch aus.
d) Zeichne ein Säulendiagramm, das das Ergebnis dieser Wahl darstellt.

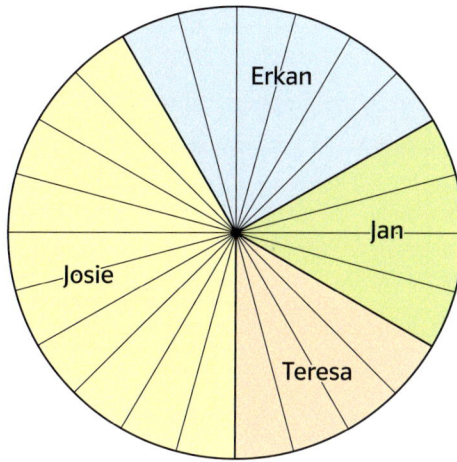

5 In der Klasse 5c wird mit einem anderen Wahlverfahren eine Klassensprecherin und ein Klassensprecher gewählt. Jede Schülerin und jeder Schüler hat zwei Stimmen und muss ein Mädchen und einen Jungen wählen. Gib die Stimmanteile der einzelnen Kandidaten jeweils als Bruch an.

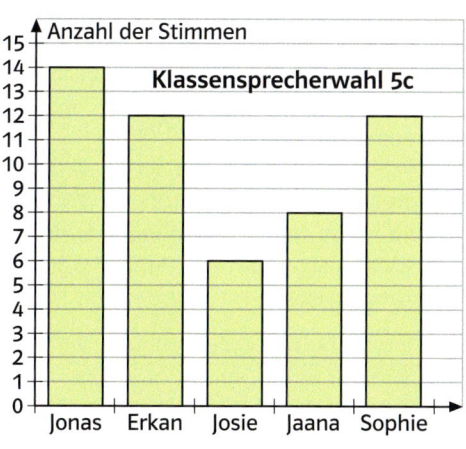

6 Die Klasse 5a hat durch eine Befragung am Anfang des Schuljahrs viele Informationen über die Schülerinnen und Schüler herausgefunden. Die Ergebnisse wurden in Diagrammen dargestellt.

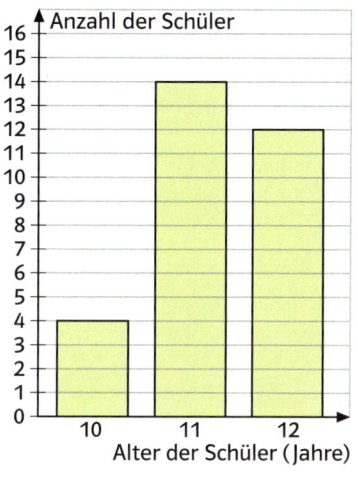

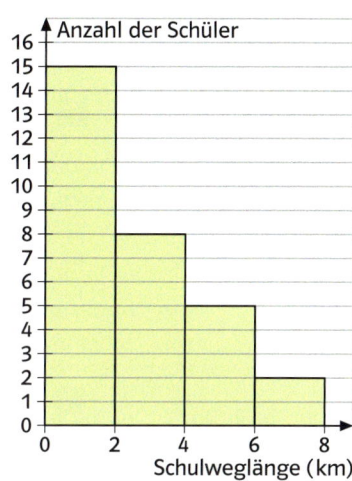

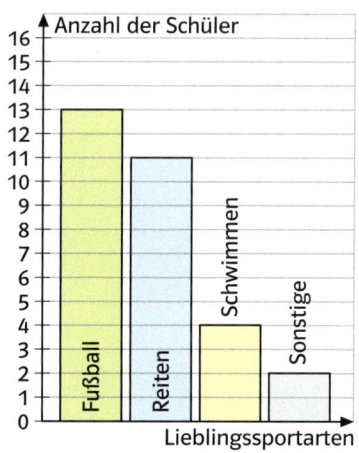

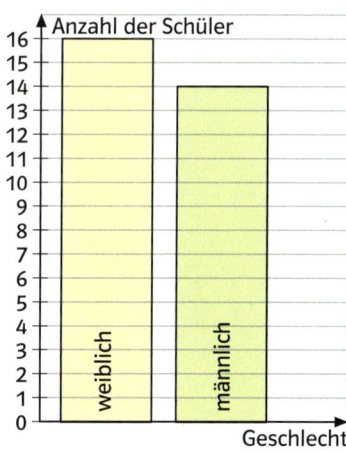

a) Wie groß ist der Anteil der Schülerinnen und Schüler, die 12 Jahre alt sind?
b) Drücke den Anteil der Kinder, die Fußball als Lieblingssportart gewählt haben, als Bruch aus.
c) Nach einem Ausflug bei schlechtem Wetter ist ein Sechstel der Kinder krank geworden.
d) Wie groß ist der Anteil der Schülerinnen und Schüler, die einen längeren Schulweg als 2 km haben?
e) Fasse in einem kurzen Text über die Klasse 5a die Informationen zusammen, die du den Diagrammen entnommen hast.

Lernkontrolle 1

1 Stelle die folgenden Brüche zeichnerisch dar. Wähle jeweils eine andere geometrische Form. Färbe die Brüche farbig und beschrifte sie.

a) $\frac{2}{3}$ b) $\frac{3}{4}$

c) $\frac{4}{15}$ d) $\frac{5}{12}$

2 Gib als Bruchteil einer Stunde an.

a) 15 Minuten
b) 5 Minuten
c) 20 Minuten
d) 12 Minuten

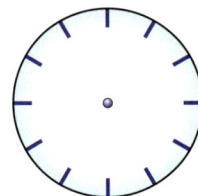

3 Welche Brüche werden hier dargestellt?

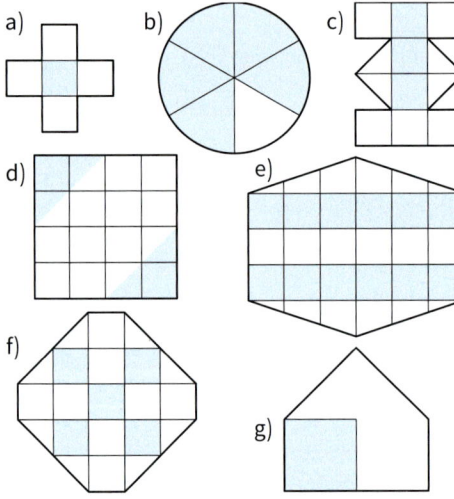

a)   b)   c)

d)   e)

f)   g)

4 Stelle die drei dargestellten Brüche in einer anderen Form dar.

a)

b)

c)

5 Mache die folgenden Brüche gleichnamig (nennergleich).

a) $\frac{2}{3}$, $\frac{4}{5}$ b) $\frac{3}{5}$, $\frac{3}{4}$

c) $\frac{1}{7}$, $\frac{3}{2}$ d) $\frac{4}{10}$, $\frac{3}{5}$

6 Setze die Zeichen < und > richtig ein.

a) $\frac{2}{5}$ ▩ $\frac{2}{6}$ b) $\frac{7}{45}$ ▩ $\frac{7}{42}$

c) $\frac{3}{7}$ ▩ $\frac{2}{7}$ d) $\frac{5}{14}$ ▩ $\frac{9}{14}$

e) $\frac{3}{6}$ ▩ $\frac{4}{9}$ f) $\frac{9}{10}$ ▩ $\frac{11}{12}$

7 Berechne.

a) $\frac{4}{11} + \frac{3}{11}$ b) $\frac{13}{15} - \frac{2}{15}$

8 Berechne und gib das Ergebnis, wenn möglich, als gemischte Zahl an.

a) $\frac{3}{4} + \frac{7}{4}$ b) $\frac{7}{13} + \frac{11}{13}$

9 Berechne. Gib das Ergebnis als gemischte Zahl an.

a) $4 - \frac{1}{3}$ b) $9 - \frac{2}{9}$

Wiederholung

1 Ermittle die Koordinaten der dargestellten Punkte.

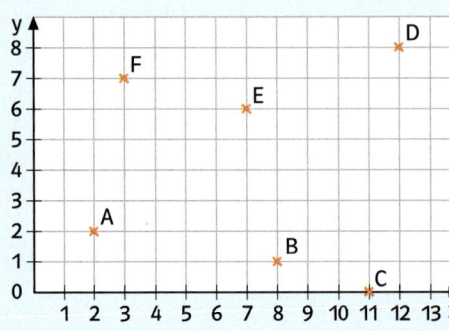

2 a) Zeichne die folgenden Punkte in ein Koordinatensystem ein und verbinde sie jeweils zu der angegebenen Figur.
Dreieck A (0|1) B (2|7) C (5|2)
Viereck D (6|0) E (0|0) F (0|6) G (6|6)
Quadrat H (5|7) I (8|7) J (8|10) K (|)
b) Wie heißt das spezielle Viereck, das durch das Verbinden der Punkte D bis G entstanden ist?

Lernkontrolle 2

1 Stelle die folgenden Brüche zeichnerisch dar. Wähle jeweils eine andere geometrische Form. Färbe die Bruchteile und beschrifte sie.

a) $\frac{2}{8}$　　b) $\frac{3}{10}$　　c) $\frac{7}{15}$　　d) $\frac{5}{12}$

2 Rechne die Anteile einer Stunde in Minuten um.

a) $\frac{1}{4}$ Stunden

b) $\frac{5}{6}$ Stunden

c) $\frac{3}{12}$ Stunden

d) $\frac{4}{10}$ Stunden

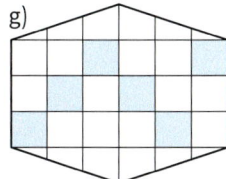

3 Welche Brüche werden hier dargestellt?

a)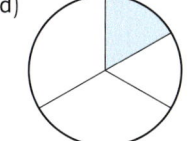

b)

c)

d) 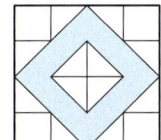　　e)

f) 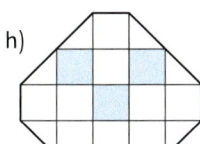　　g)

h)　　i)

4 Welche Brüche werden durch die gelbe, grüne, rote, graue und blaue Fläche dargestellt?

5 Berechne die fehlenden Zahlen.

a) $\frac{3}{5} = \frac{\blacksquare}{25}$　　　b) $\frac{2}{7} = \frac{\blacksquare}{77}$

c) $\frac{\blacksquare}{12} = \frac{4}{24}$　　　d) $\frac{28}{8} = \frac{\blacksquare}{2}$

6 Stelle die folgenden Brüche jeweils in einem gemeinsamen Rechteck dar.

a) $\frac{3}{5}$; $\frac{1}{8}$　　b) $\frac{2}{3}$; $\frac{2}{7}$　　c) $\frac{3}{10}$; $\frac{1}{2}$

7 Bestimme den Bruchteil.

a) $\frac{1}{4}$ von 1 t　　b) $\frac{2}{3}$ von 1 h

c) $\frac{2}{5}$ von 2 kg　　d) $\frac{7}{10}$ von 1 l

8 Bestimme den Platzhalter.

a) $\frac{2}{7}$ von ▇ sind 6 km

b) $\frac{4}{9}$ von ▇ sind 20 kg

c) $\frac{3}{8}$ von ▇ sind 45 l

9 Welche Additionsaufgaben sind dargestellt?

a) 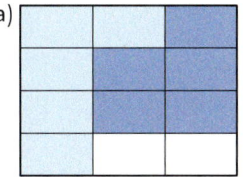　　b)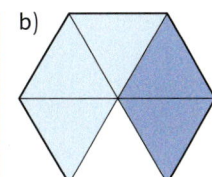

Wiederholung

1 Modelleisenbahnen der Spur H0 werden im Maßstab 1 : 87 gefertigt. Die abgebildete Lok ist im Modell 29,6 cm lang. Berechne ihre wahre Länge.

2 Für eine Fahrradtour soll eine Tagesroute geplant werden. Die Karte hat einen Maßstab von 1 : 25 000. Die Tour soll nicht länger als 50 km sein. Wie lang ist die entsprechende Strecke auf der Karte?

Über 1000 Jahre lang, von 776 v. Chr. bis 395 n. Chr., fanden in Olympia, einem Ort in Griechenland, alle vier Jahre im Spätsommer die Olympischen Spiele statt. Der Sage nach wurden sie von Herakles, dem griechischen Helden, zu Ehren des Gottes Zeus gegründet. Neben den Sportstätten stand ein Tempel mit einer 13 Meter hohen Statue des Zeus aus Elfenbein und Gold, die zu den sieben Weltwundern zählte.

9 Dezimalbrüche

Die Sportler kamen aus ganz Griechenland und den griechischen Kolonien rund um das Mittelmeer. Frauen durften damals an den Olympischen Spielen nicht teilnehmen.
In ihrer Heimat bereiteten sich die Sportler sorgfältig auf die Olympischen Spiele vor. Die meisten von ihnen besuchten Sportschulen, in denen sie von Trainern und Ärzten betreut wurden.

Das Programm der Olympischen Spiele sah verschiedene Laufwettbewerbe, Weitsprung sowie Speer- und Diskuswerfen vor. Darüber hinaus gab es Wettkämpfe im Ringen und Boxen, aber auch Pferde- und Wagenrennen.
Neben den sportlichen Wettkämpfen fanden auch Vorträge von Dichtern und Gelehrten statt.

Welcher Sportler einen Wettbewerb gewonnen hatte, wurde von Kampfrichtern entschieden. Die Kampfrichter mussten sich zu Beginn der Spiele durch einen Eid dazu verpflichten, unparteiisch zu urteilen. Ein Olympiasieger wurde mit einem Siegerkranz geehrt, der aus den Zweigen des heiligen Ölbaums beim Tempel des Zeus hergestellt war. Der Zweite und Dritte eines Wettbewerbs wurden nicht besonders ausgezeichnet.
Wer einen Olympiasieg errungen hatte, war bei allen Griechen hoch angesehen.

177

Olympische Rekorde

Im Jahr 1896 fanden die ersten Olympischen Spiele der Neuzeit statt. Ihr Zeichen ist die olympische Flagge mit den fünf verschieden farbigen ineinander verschlungenen Ringen, die die fünf Erdteile darstellen. Seit 1924 gibt es zusätzlich die Olympischen Winterspiele. Die Anzahl der Sportarten und der Teilnehmer ist ständig gewachsen. Bei den Olympischen Spielen 2012 in London nahmen über 11 000 Sportler aus 204 Ländern an 302 Wettbewerben in 26 Sportarten teil.

Heute werden bei Olympischen Spielen die Ergebnisse in vielen Sportarten, z. B. beim Laufen, Schwimmen und Rodeln, mithilfe moderner Messtechnik bestimmt. Dabei werden Zeiten auf hundertstel oder sogar tausendstel Sekunden genau gemessen.

Lies die Zeiten der Schwimmerinnen.

Olympische Spiele 2012 50 m Freistil	
Gold	Ranomi Kromowidjojo
	24,05 s
Silber	Aliaksandra Herasimenia
	24,28 s
Bronze	Marleen Veldhuis
	24,39 s

Olympische Rekorde

In London siegte Shelly-Ann Fraser-Pryce beim 100-Meter-Lauf in 10,75 Sekunden und erhielt die Goldmedaille. Die Zweite war drei hundertstel Sekunden langsamer, die Dritte 6 hundertstel Sekunden langsamer als die Siegerin. Welche Zeiten erreichten Carmelita Jeter und Veronica Campbell-Brown?

100-m-Lauf	
Gold	Shelly-Ann Fraser-Pryce
Silber	Carmelita Jeter
Bronze	Veronica Campbell-Brown

Am 18.10.1968 stellte Bob Beamon in Mexiko mit 8,90 m einen Weltrekord im Weitsprung auf, der erst 23 Jahre später übertroffen wurde. Die Messanlage war damals nur 8,50 m lang. Wie viel Zentimeter fehlten den Olympiasiegern an Bob Beamons Rekord?

Weitsprung		
1972	Randy Williams	8,24 m
1980	Lutz Dombrowski	8,54 m
1988	Carl Lewis	8,72 m
2012	Greg Rutherford	8,31 m

Bei den Olympischen Winterspielen 2010 in Vancouver gewann der Deutsche Felix Loch die Goldmedaille im Rodeln der Einsitzer. Bei diesem Wettbewerb fahren alle Teilnehmer vier Mal über die Rodelbahn. Bei welchem Lauf war Loch am schnellsten, bei welchem am langsamsten?

Zeiten von Felix Loch	
1. Lauf	48,168 s
2. Lauf	48,402 s
3. Lauf	48,344 s
4. Lauf	48,171 s

Dezimalbrüche lesen und schreiben

Achtundfünfzig Komma vier sechs Sekunden, das ist Weltrekord!

**Olympische Spiele 2012
Schwimmen**

100-m-Brust der Männer

1	Cameron van der Burgh	58,46 s
2	Christian Sprenger	58,93 s
3	Brendan Hansen	59,49 s
4	Dániel Gyurta	59,53 s
5	Kosuke Kitajima	59,79 s
6	Brenton Rickard	59,87 s
7	Fabio Scozzoli	59,97 s
8	Giedrius Titenis	60,84 s

1 Lies die Zeiten der Schwimmer.

2 In der Abbildung siehst du eine Stellenwerttafel, die nach rechts erweitert ist. Hinzugekommen sind die Zehntel (z), Hundertstel (h), Tausendstel (t), …

H	Z	E	z	h	t	
100	10	1	$\frac{1}{10}$	$\frac{1}{100}$	$\frac{1}{1000}$	
		1	8			1,8
		2	3	6		2,36
		0	1	4	7	0,147
		0	0	1	5	0,015
	2	4	8	0	2	24,802

Lies die Dezimalbrüche in der Stellenwerttafel.

3 Lege in deinem Heft eine Stellenwerttafel an und trage ein.
a) 7 Zehntel   b) 3 Hundertstel
   8 Hundertstel   5 Tausendstel
   9 Zehntel   4 Tausendstel

c) 8 Zehntel 7 Hundertstel
   2 Hundertstel 4 Tausendstel
   6 Zehntel 9 Tausendstel

d) 4 Einer 5 Hundertstel 7 Tausendstel
   7 Einer 4 Zehntel 6 Tausendstel
   5 Zehner 1 Einer 1 Tausendstel

4 Schreibe als Dezimalbruch.
a) 5 E 7 z 9 h   b) 2 Z 6 E 5 z
   9 z 3 h 2 t   5 E 7 z 4 t
   3 Z 1 h 6 t   7 h 8 t

---

2 Zehntel 1 Hundertstel	
	= 21 Hundertstel
4 Hundertstel	= 40 Tausendstel
56 Hundertstel	= 560 Tausendstel
3 Zehntel	= 300 Tausendstel

5 a) Gib in Hundertstel an.
   5 Zehntel 6 Hundertstel
   7 Zehntel 4 Hundertstel
   4 Zehntel

b) Gib in Tausendstel an.
   8 Hundertstel 4 Tausendstel
   5 Hundertstel 2 Tausendstel
   2 Hundertstel

c) Gib in Tausendstel an.
   3 Hundertstel 4 Tausendstel
   72 Hundertstel
   9 Zehntel 6 Hundertstel

6 Einen Bruch mit dem Nenner 10, 100, 1000, … kann man als Dezimalbruch schreiben.

$\frac{5}{10} = 0{,}5$ $1\frac{7}{10} = 1{,}7$ $\frac{23}{10} = 2{,}3$

$\frac{56}{100} = 0{,}56$ $\frac{3}{100} = 0{,}03$

$2\frac{11}{100} = 2{,}11$ $\frac{416}{100} = 4{,}16$

$\frac{307}{1000} = 0{,}307$ $\frac{8}{1000} = 0{,}008$

$2\frac{455}{1000} = 2{,}455$ $\frac{3218}{1000} = 3{,}218$

Schreibe als Dezimalbruch.

a) $\frac{7}{10}$ $\frac{9}{10}$ $\frac{3}{10}$ $1\frac{7}{10}$ $3\frac{4}{10}$ $17\frac{9}{10}$

b) $\frac{47}{100}$ $\frac{81}{100}$ $\frac{17}{100}$ $\frac{33}{100}$ $\frac{7}{100}$ $\frac{9}{100}$

c) $\frac{509}{1000}$ $\frac{128}{1000}$ $\frac{707}{1000}$ $\frac{3}{1000}$ $\frac{19}{1000}$

d) $\frac{19}{10}$ $\frac{27}{10}$ $\frac{49}{10}$ $\frac{89}{10}$ $\frac{93}{10}$

e) $19\frac{17}{100}$ $38\frac{43}{100}$ $52\frac{56}{100}$ $\frac{329}{100}$ $\frac{777}{100}$

f) $15\frac{333}{1000}$ $18\frac{808}{1000}$ $24\frac{904}{1000}$ $\frac{6218}{1000}$

Dezimalbrüche anordnen

Olympische Spiele 2012 400-m-Lauf der Frauen	
Novlene Williams-Mills	50,11 s
Amantle Montsho	49,75 s
Christine Ohuruogu	49,70 s
DeeDee Trotter	49,72 s
Sanya Richards-Ross	49,55 s
Antonina Kriwoschapka	50,17 s

1 Wer gewann die Gold-, Silber- und Bronzemedaille?

So kannst du Dezimalbrüche vergleichen:

1. Schreibe die Dezimalbrüche stellenrichtig untereinander. Ergänze, wenn nötig, Nullen.

0,542 ■ 0,539   2,53 ■ 2,532

2. Vergleiche die Ziffern, die genau untereinander stehen. Gehe dabei von links nach rechts vor. Die erste Stelle, an der die Ziffern verschieden sind, entscheidet, welcher Dezimalbruch größer ist.

0,5 4 2   2,5 3 0
0,5 3 9   2,5 3 2

0,542 > 0,539   2,53 < 2,532

2 Vergleiche die Dezimalbrüche. Setze >, < oder = ein.

a) 9,85 ■ 9,58
3,47 ■ 3,59
2,19 ■ 2,22

b) 0,03 ■ 0,031
1,41 ■ 1,1444
2,08 ■ 2,058

c) 7,382 ■ 7,328
4,987 ■ 4,789
6,808 ■ 6,088

d) 10,01 ■ 10,010
12,02 ■ 12,002
14,09 ■ 14,090

3 Ersetze den Platzhalter durch einen passenden Dezimalbruch.

a) 23,6 < ■ < 23,9
0,46 < ■ < 0,49

b) 1,97 > ■ > 1,94
1,01 > ■ > 0,99

c) 1,237 < ■ < 1,239
3,41 < ■ < 3,413

d) 0,44 > ■ > 0,435
0,61 > ■ > 0,6

4 Ordne die Dezimalbrüche in einer Kette nach der Beziehung „ist kleiner als".

a) 2,134; 2,413; 2,314; 2,431; 2,143
b) 0,099; 0,909; 0,99; 0,999; 0,009
c) 14,41; 41,44; 14,44; 14,14; 14,11

5 Ordne die Dezimalbrüche in einer Kette nach der Beziehung „ist größer als".

a) 0,676; 0,766; 0,776; 0,677; 0,667
b) 1,004; 1,04; 1,404; 1,44; 1,044
c) 0,08; 0,808; 0,0088; 0,088; 0,008

6 In welcher Reihenfolge kamen die Sportlerinnen und Sportler ins Ziel?

a)

400-Meter-Hürden der Männer	
Angelo Taylor	48,25 s
Javier Culson	48,10 s
Michael Tinsley	47,91 s
David Greene	48,24 s
Félix Sánchez	47,63 s
Jehue Gordon	48,86 s

b)

200-Meter-Lauf der Frauen	
Carmelita Jeter	22,14 s
Murielle Ahouré	22,57 s
Shelly-Ann Fraser-Pryce	22,09 s
Allyson Felix	21,88 s
Sanya Richards-Ross	22,39 s
Veronica Campbell-Brown	22,38 s

Brüche und Dezimalbrüche am Zahlenstrahl darstellen

1 Auf dem Zahlenstrahl können nicht nur natürliche Zahlen, sondern auch Dezimalbrüche dargestellt werden. Im Beispiel siehst du, wo die Zahl 6,274 auf dem Zahlenstrahl liegt. Erkläre die Abbildung.

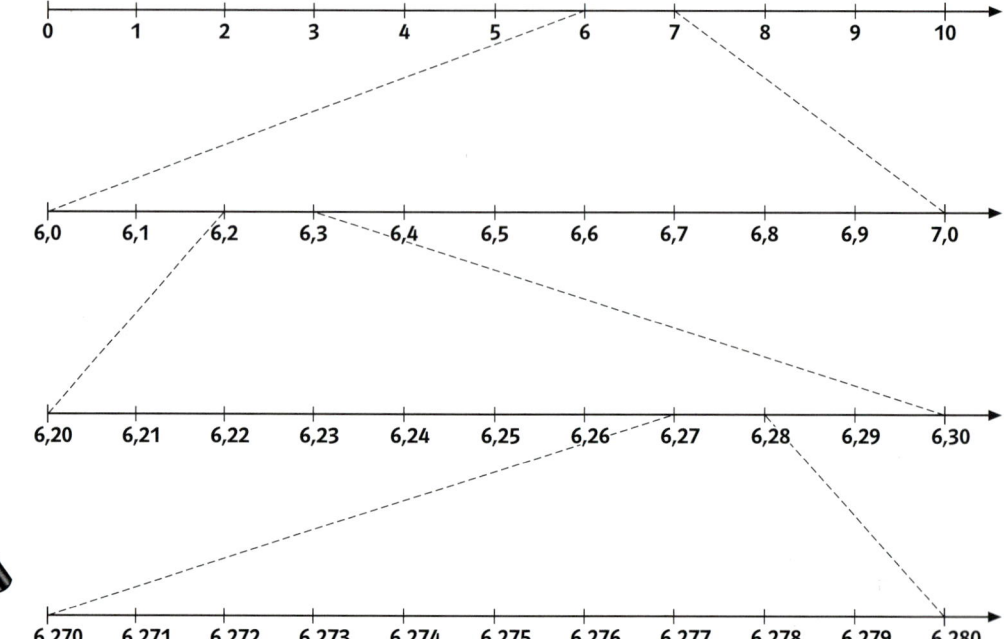

2 Welche Dezimalbrüche sind auf dem Zahlenstrahl gekennzeichnet?

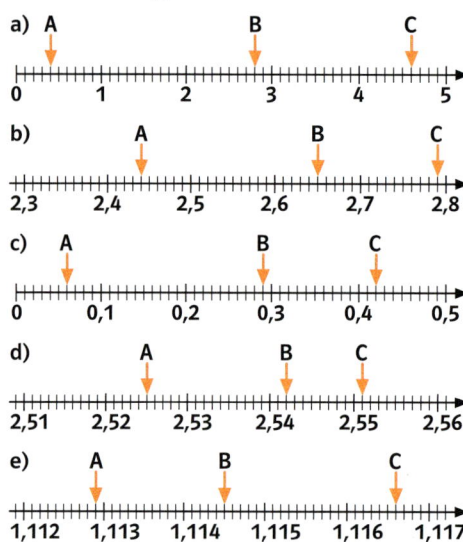

a) A ... B ... C
0 1 2 3 4 5

b) A ... B ... C
2,3 2,4 2,5 2,6 2,7 2,8

c) A ... B ... C
0 0,1 0,2 0,3 0,4 0,5

d) A ... B C
2,51 2,52 2,53 2,54 2,55 2,56

e) A ... B ... C
1,112 1,113 1,114 1,115 1,116 1,117

3 a) Gehe auf dem Zahlenstrahl von 1,73 aus 0,1 (0,02; 0,07; 0,09) nach rechts. Welche Zahl findest du dort?
b) Gehe auf dem Zahlenstrahl von 4,68 aus 0,2 (0,03; 0,08; 0,09) nach links. Welche Zahl findest du dort?

4 Nenne jeweils drei Zahlen, die zwischen den angegebenen Zahlen liegen.
a) 1,4 und 1,5
3,8 und 3,9
0,71 und 0,72

b) 1,7 und 1,8
1,72 und 1,73
1,728 und 1,729

c) 0,4 und 0,5
0,24 und 0,25
0,247 und 0,248

d) 0,69 und 0,7
1,94 und 2
2,99 und 3

e) 4,8 und 4,84
4,8 und 4,82
4,8 und 4,801

f) 0 und 0,1
0 und 0,01
0 und 0,0001

5 Wie viele Dezimalbrüche liegen zwischen 1,7 und 1,8?

6 Bei den Olympischen Spielen in London gewann der Amerikaner Aries Merritt über 110-m-Hürden die Goldmedaille in der Zeit von 12,92 s. Jason Richardson wurde Zweiter mit einem winzigen Vorsprung vor Hansle Parchment, der eine Zeit von 13,12 s erreichte. Überlege, welche Zeit Richardson für die Strecke benötigt haben könnte.

Brüche und Dezimalbrüche am Zahlenstrahl darstellen

7 Brüche und Dezimalbrüche, die auf dem Zahlenstrahl an der gleichen Stelle liegen, bezeichnen dieselbe **gebrochene Zahl.**

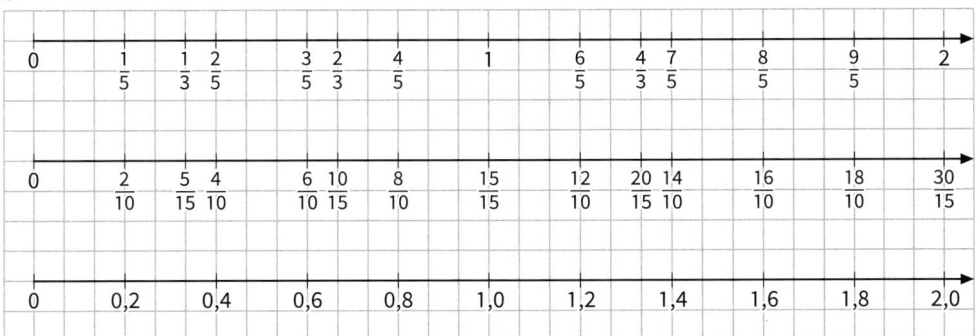

Welche Brüche und Dezimalbrüche stellen hier dieselbe gebrochene Zahl dar?

8 Zeichne einen Zahlenstrahl von 0 bis 2 (16 cm) und trage folgende Brüche und Dezimalbrüche ein:

$\frac{1}{4}$ $\frac{12}{8}$ $1\frac{1}{2}$ $\frac{12}{16}$ 0,5 $\frac{8}{8}$ 0,75 $\frac{8}{4}$

$1\frac{1}{8}$ 1,5 $\frac{8}{16}$ $1\frac{5}{16}$ $1\frac{3}{4}$ $\frac{6}{8}$ 0,25 $\frac{1}{8}$

Welche Brüche und Dezimalbrüche liegen auf dem Zahlenstrahl an der gleichen Stelle?

9 Gib jeweils einen Bruch oder einen Dezimalbruch an, der zu dem markierten Punkt gehört.

a)
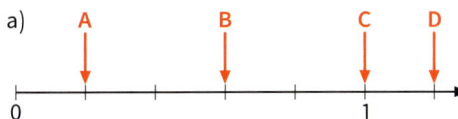

b)
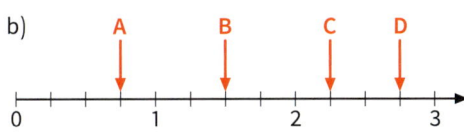

c)
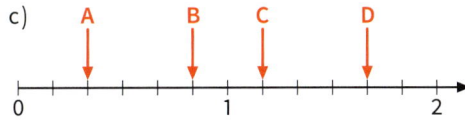

d)
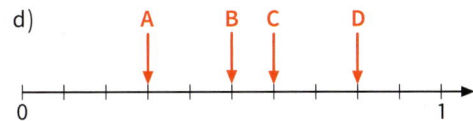

10 Ordne die angegebenen Brüche, Dezimalbrüche und gemischten Zahlen den markierten Punkten zu.

$\frac{1}{4}$ $\frac{3}{4}$ $\frac{7}{4}$ $\frac{11}{4}$ $\frac{13}{4}$ 5,5 $\frac{25}{4}$ 0,5

$1\frac{1}{4}$ $1\frac{3}{4}$ 2,5 $3\frac{1}{4}$ $4\frac{1}{4}$ $5\frac{2}{4}$ $6\frac{1}{4}$ 0,75

a)
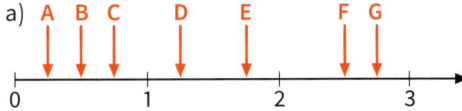

b)
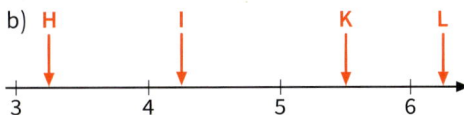

11 Schreibe als Bruch oder als gemischte Zahl.

$8,09 = 8\frac{9}{100}$

a) 0,7   0,9   2,3   3,19   14,27   2,01
b) 0,79   0,083   0,753   2,251   3,207
c) 1,63   3,57   2,81   0,07   0,507   18,051
d) 0,089   0,093   10,087   9,253   10,051
e) 1,0381   14,703   15,179   70,07   15,899
f) 13,83   19,9   1,443   24,09   17,387

12 Gib in Dezimalschreibweise an.

$\frac{7}{20} = \frac{35}{100} = 0,35$

a) $\frac{2}{5}$ b) $\frac{3}{20}$ c) $\frac{17}{20}$ d) $\frac{4}{8}$

$\frac{4}{5}$ $\frac{7}{10}$ $\frac{3}{4}$ $\frac{5}{8}$

$\frac{3}{5}$ $\frac{9}{10}$ $\frac{2}{4}$ $\frac{7}{8}$

Dezimalbrüche runden

1 Ein Liter Super kostet 157,9 Cent. Herr Schuh tankt 45 Liter.
a) Wie viel Euro muss er bezahlen?
b) Warum muss der Geldbetrag gerundet werden?

Runden auf Hundertstel
1,457 ≈ ▩

Bei 5, 6, 7, 8, 9
runde auf.

Bei 0, 1, 2, 3, 4
runde ab.

    h
1,4**5**7 ≈ 1,46
    ▲▲
     │└── Diese Stelle gibt an, ob
     │   auf- oder abgerundet wird.
     └─── Auf diese Stelle soll
          gerundet werden.

---

2 Runde
a) auf Hundertstel
0,359
2,492
0,685

b) auf Zehntel
0,45
4,58
2,751

c) auf Tausendstel
0,7922
0,7458
1,6662

d) auf Hundertstel
7,4947
1,7038
0,6371

e) auf Zehntel
0,9233
0,7751
2,9612

f) auf Einer
8,49
1,801
3,625

3 Der Dezimalbruch ist auf Hundertstel gerundet. Wie groß könnte er vor dem Runden gewesen sein? Gib jeweils drei Möglichkeiten an.
a) 0,46   b) 3,72
c) 4,95   d) 5,1

4 Erkläre, auf welche Stelle gerundet wurde.
a) 3,5673 ≈ 3,57   b) 0,8452 ≈ 0,8
   0,6711 ≈ 0,7   1,2387 ≈ 1,239
   0,0872 ≈ 0,09   31,78 ≈ 31,8

c) 0,0087 ≈ 0,01   d) 1,499 ≈ 1,5
   1,097 ≈ 1,1   5,97 ≈ 6
   2,863 ≈ 3   0,999 ≈ 1

5 Runde das Ergebnis sinnvoll.
a) Für die Zubereitung eines Obstsalates hat Rasmus 1,645 kg Apfelsinen, 2,233 kg Äpfel, 1,231 kg Weintrauben und 0,943 kg Bananen gekauft.
b) Bei der Sparkasse kostet ein Dollar 0,646 €. Für die Reise in die USA kauft Herr Wessel 366 Dollar.
c) Der Hockenheimring ist 4,489 km lang. Beim Formel-1-Rennen werden 67 Runden gefahren.
d) Dominiks Zimmer ist 4,67 m lang und 2,53 m breit. Wie groß ist die Grundfläche?

6 Erkläre, wie hier gerundet wurde.
a) Berlin hat 3,392 Millionen Einwohner.
b) 2006 lebten 6,6 Milliarden Menschen auf der Erde.

7 Runde die Zeiten der Marathonläuferinnen auf ganze Minuten.

Olympische Spiele 2012		
Ergebnis des Marathonlaufs der Frauen		
Platz	**Läuferin**	**Zeit**
1	Tiki Gelana	2:23:07 h
2	Priscah Jeptoo	2:23:12 h
3	Tatjana Petrowa	2:23:29 h
4	Mary Keitany	2:23:56 h
5	Tetjana Gamera-Schmyrko	2:24:32 h
6	Zhu Xiaolin	2:24:48 h
7	Jéssica Augusto	2:25:11 h
8	Valeria Straneo	2:25:27 h
9	Albina Mayorova	2:25:38 h
10	Shalane Flanagan	2:25:51 h

1 Im Lebensmittelhandel werden Fruchtgetränke angeboten.

Bezeichnung	Fruchtanteil
Fruchtsaft	100 Prozent
Fruchtnektar	50 Prozent
Fruchtsaftgetränk	15 Prozent

Was bedeuten die Prozentangaben?

> Der Anteil an einer Gesamtgröße wird häufig als Hundertstelbruch angegeben. Ein Hundertstel einer Gesamtgröße wird ein **Prozent** genannt.
>
> $$\frac{1}{100} = 0,01 = 1\%$$

2 Gib den Anteil der orangen (gelben) Felder mit einem Hundertstelbruch, einem Dezimalbruch und in Prozent an.

a)

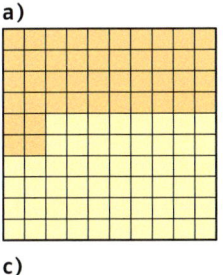

b)

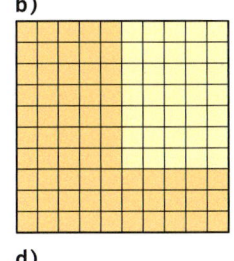

c)

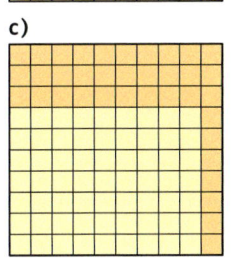

d)

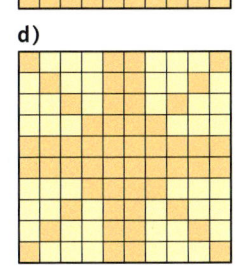

3 Zeichne ein Hunderterfeld in dein Heft und stelle die folgenden Anteile dar. Gib die Anteile in Prozent an.

a) $\frac{17}{100}$ b) $\frac{1}{4}$ c) $\frac{1}{5}$ d) 0,3   e) 0,08

4 Gib den Anteil der farbigen Flächen jeweils mit einem Bruch, einem Dezimalbruch und in Prozent an.

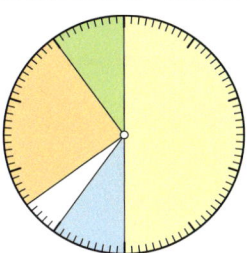

5 Übertrage die Tabelle in dein Heft und ergänze die fehlenden Werte.

$\frac{1}{4}$	$\frac{3}{4}$		$\frac{1}{5}$		
$\frac{25}{100}$		$\frac{80}{100}$			
0,25				0,1	
25 %					50 %

6 Gib in Prozent an und ordne der Größe nach. Beginne mit dem kleinsten Anteil.

a) $\frac{1}{2}$ $\frac{7}{10}$ $\frac{32}{100}$ $\frac{74}{100}$

b) $\frac{11}{10}$ $\frac{6}{5}$ $\frac{24}{20}$ $\frac{24}{25}$ $\frac{135}{100}$

c) $\frac{4}{50}$ $\frac{12}{10}$ $\frac{12}{20}$ $\frac{45}{1000}$

7 Eine Schule hat 1240 Schülerinnen und Schüler. Wie viele Schülerinnen und Schüler kommen jeweils zu Fuß zur Schule, fahren mit dem Fahrrad, der Straßenbahn oder werden mit dem Auto gebracht?

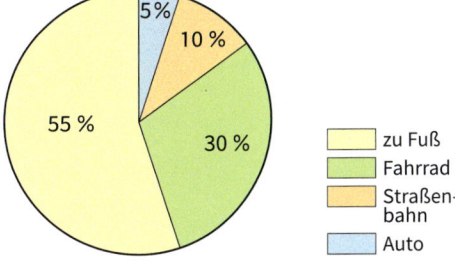

Italienisch „per cento"

Cento
cto
cto
%
%
%

Dezimalbrüche addieren und subtrahieren

2 Berechne.

a) 4,52 + 7,87
0,92 + 1,07
1,77 + 4,26

b) 7,91 + 0,58
11,05 + 2,76
60,4 + 9,88

c) 2,71 − 1,09
0,729 − 0,261
1,055 − 0,827

d) 11,982 − 5,72
10,005 − 8,054
41,9 − 22,661

e) 6,09 + 5,911 + 0,912 + 3,1
23,8 + 0,93 + 1,688 + 8,04
0,85 + 0,805 + 0,721 + 3,5

f) 9,3 − 2,723
1,007 − 0,09
0,909 − 0,0999

g) 4,11 − 1,887
0,4 − 0,013
1,009 − 0,9

1 Bei den Olympischen Winterspielen 2010 gab es im Zweierbob der Männer einen deutschen Doppelsieg.

	1. Lauf	2. Lauf
André Lange Kevin Kuske	51,59 s	51,72 s
Thomas Florschütz Richard Adjei	51,57 s	51,85 s

a) Berechne für jedes Team die Gesamtzeit beider Läufe. Wer gewann die Goldmedaille, wer die Silbermedaille?
b) Wie groß war der Zeitunterschied zwischen beiden Teams?

So kannst du Dezimalbrüche schriftlich addieren und subtrahieren:

4,58 + 10,26 = ☐   9,7 − 3,251 = ☐

1. Schreibe Komma unter Komma, Einer unter Einer, Zehntel unter Zehntel, Hundertstel unter Hundertstel usw.
Ergänze, wenn nötig, Nullen.

2. Addiere (subtrahiere) und setze das Komma.

```
    4,58              9,700
+ 10,26             − 3,251
     1                   1 1
  14,84               6,449
```

4,58 + 10,26 = 14,84   9,7 − 3,251 = 6,449

3 Sina hat 3 Fehler gemacht. Schreibe Aufgaben und Lösungen richtig ins Heft.

```
1,5 1 + 1 1,4 = 2 6,5
2,3   − 1,0 5 = 1,1 5
5,9   − 0,0 5 = 5,4
```

4 Bestimme den Platzhalter.

a) 4,51 + ☐ = 6,74
☐ + 3,07 = 11,2
3,58 + ☐ = 4,8

b) 2,88 − ☐ = 0,77
☐ − 6,21 = 8,1
4,1 − ☐ = 2,44

c) 0,63 + ☐ = 1,31
☐ + 0,81 = 0,99
0,07 + ☐ = 1,2

d) ☐ − 0,012 = 0,009
12,091 − ☐ = 9,3
☐ − 0,08 = 0,4

5 Beim Viererbob der Männer werden vier Läufe an zwei aufeinander folgenden Tagen gefahren.
a) Berechne für jeden Bob die Gesamtzeit.
b) Bestimme den Zeitunterschied zwischen dem Ersten und dem Zweiten sowie zwischen dem Zweiten und dem Dritten.

	1. Lauf	2. Lauf	3. Lauf	4. Lauf
GER	55,2 s	55,3 s	54,8 s	55,12 s
RUS	55,22 s	55,45 s	54,87 s	55,01 s
SUI	55,26 s	55,37 s	55 s	55,2 s

Dezimalbrüche mit 10, 100, 1000, ... multiplizieren und dividieren

Computerpanne beim Bezahlen mit der Scheckkarte

Statt 81 € kostete Jeans gleich 8100 €

Hannover. Rund 13000 Bankkunden aus Nord- und Ostdeutschland ist wegen eines Computerfehlers beim Einsatz ihrer Euroscheckkarte gleich das Hundertfache des Rechnungsbetrages abgebucht worden.

Ein fehlerhafter Computer hatte Anfang der Woche von Tausenden Konten statt insgesamt 1,4 Millionen Euro gleich 140 Millionen Euro abgezogen und Geschäften sowie Tankstellen gutgeschrieben. Bei der Abrechnung der Zahlungen rutschte aus bisher noch ungeklärter Ursache das Komma um zwei Stellen nach rechts. Aus 100 € wurden so 10 000 €. Wer beispielsweise für 30 € tankte und mit Scheckkarte bezahlte, bekam 3000 € vom Konto abgebucht, die Jeans für 81 € explodierte zur superteuren Designerklamotte für stolze 8100 €.

Multiplizieren mit 10, 100, 1000, ...

Ein Dezimalbruch wird mit 10, 100, 1000, ... multipliziert, indem das Komma um 1, 2, 3, ... Stellen nach rechts rückt. Für fehlende Ziffern werden Nullen geschrieben.

$16,83 \cdot 10 = 168,3$
$16,83 \cdot 100 = 1683$
$16,83 \cdot 1000 = 16830$

1 a) $28,7 \cdot 10$ b) $94,311 \cdot 100$
    $8,21 \cdot 10$ $4,528 \cdot 1000$
    $1,77 \cdot 100$ $0,647 \cdot 100$

Dividieren durch 10, 100, 1000, ...

Ein Dezimalbruch wird durch 10, 100, 1000, ... dividiert, indem das Komma um 1, 2, 3, ... Stellen nach links rückt. Für fehlende Ziffern werden Nullen geschrieben.

$34,51 : 10 = 3,451$
$34,51 : 100 = 0,3451$
$34,51 : 1000 = 0,03451$

2 a) $24,89 : 10$ b) $12,41 : 100$
    $46,24 : 10$ $8,01 : 100$
    $457,2 : 100$ $5,57 : 100$

---

3 a) Welcher Betrag wäre bei den betroffenen Kunden irrtümlich für die Jacke (Turnschuhe, DVD-Player, Fernsehgerät, Laptop) vom Konto abgebucht worden?
b) Wie viel Euro wären jeweils vom Konto abgebucht worden, wenn ein Computer irrtümlich immer das Zehnfache (Tausendfache) des Preises berechnet hätte?

4 Ein Computer hat irrtümlich das Hundertfache des Rechnungsbetrags berechnet.
a) Für ein Paar Schuhe hat er 4990 € (7550 €, 3990 €, 11 500 €) abgebucht. Wie teuer waren die Schuhe?
b) Dem Kunden einer Tankstelle hat der Computer 4567 € (7231 €, 3689 €) abgebucht. Für wie viel Euro hat der Kunde tatsächlich Benzin getankt?

5 Sabrina und Michael haben gemessen, wie weit ihre Räder bei einer Umdrehung rollen.
Sabrinas Rad: 2,18 m
Michaels Rad: 2,04 m
Wie weit fahren Sabrina und Michael bei 10 (100, 1000) Umdrehungen?

Jacke
49,90 €

Turnschuhe
68,95 €

DVD-Player
139,99 €

Fernsehgerät
459 €

Laptop
899 €

Ich komme mit meinem Rad 1000 Umdrehungen weiter als du ...

2,18 m

2,04 m

Dezimalbrüche multiplizieren

1 foot (ft)　 = 12 inches = 30,48 cm
1 yard (yd) = 3 feet　　 = 91,44 cm

1 a) Die Regeln des modernen Fußballspiels wurden zuerst in England aufgestellt. Dabei wurden auch die Maße der Tore festgelegt. Gib die Maße eines Fußballtores in Zentimetern und Metern an.
b) Wird ein Spieler im Strafraum des Gegners gefoult, erhält die angreifende Mannschaft einen Strafstoß. Ausgeführt wird dieser Strafstoß von einem Punkt aus, der 12 yards von der Torlinie entfernt liegt. Gib den Abstand in Metern an. Stimmt die Bezeichnung Elfmeter?

2 Geschwindigkeitsbegrenzungen für Autofahrer werden in Großbritannien in miles per hour (Meilen pro Stunde) angegeben (1 mile ≈ 1,6 km).
Wie viele Kilometer pro Stunde darf ein Auto innerhalb von Ortschaften (außerhalb von Ortschaften, auf der Autobahn) höchstens fahren?

3 Um die Größe eines Computerbildschirms anzugeben, wird die Länge der Diagonalen gemessen. Dabei wird die Einheit Zoll verwendet. Zoll ist die deutsche Übersetzung der englischen Längeneinheit Inch.

a) Fabian rechnet aus, wie lang die Diagonale eines 17-Zoll-Monitors in Zentimetern ist. An welcher Stelle muss er beim Ergebnis ein Komma setzen?
b) Gib die Länge der Diagonalen eines 19-Zoll-Monitors in Zentimetern an.

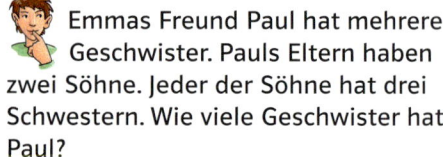 Emmas Freund Paul hat mehrere Geschwister. Pauls Eltern haben zwei Söhne. Jeder der Söhne hat drei Schwestern. Wie viele Geschwister hat Paul?

Dezimalbrüche multiplizieren

4 Sina und Vanessa sind mit ihrer Klasse in England. Sie betrachten die Angebote der Geschäfte.

Für ein Pfund haben wir 1,20 € bezahlt.

a) Sina hat den Preis der CD genau ausgerechnet. An welcher Stelle muss sie beim Ergebnis ein Komma setzen?

```
    9 , 9 0 · 1 , 2 0
          9 9 0
        1 9 8 0
            0 0 0
    1 1 8 8 0 0
```

b) Wie viel € kostet eine CD für £ 12,50?

So kannst du zwei Dezimalbrüche multiplizieren:

2,34 · 2,5 = ☐   3,7 · 0,021 = ☐

1. Mache einen Überschlag.

2 · 2,5 = 5   4 · 0,02 = 0,08

2. Multipliziere zunächst, ohne auf das Komma zu achten.

```
2 , 3 4 · 2,5        3 , 7 · 0,0 2 1
    4 6 8                  7 4
  1 1 7 0                  3 7
  5 8 5 0                  7 7 7
```

3. Das Ergebnis hat so viele Stellen nach dem Komma wie beide Dezimalbrüche zusammen.

```
2 Stellen 1 Stelle   1 Stelle 3 Stellen
2 , 3 4 · 2,5        3 , 7 · 0,0 2 1
    4 6 8                  7 4
  1 1 7 0                  3 7
  5 8 5 0            0 , 0 7 7 7
  3 Stellen              4 Stellen
```

2,34 · 2,5 = 5,85   3,7 · 0,021 = 0,0777

---

5 Multipliziere schriftlich.

a) 1,6 · 2,5   b) 5,7 · 9,5   c) 2,7 · 0,22
   2,3 · 9,2   8,6 · 7,9   3,71 · 55
   4,5 · 8,5   6,5 · 0,44   6,59 · 1,1

d) 0,09 · 27,71   e) 9,04 · 18,003
   65,56 · 0,002   25,9 · 3,52
   11,43 · 1,23   8,018 · 6,5

L 0,13112 0,594 2,86 2,4939 4
7,249 14,0589 21,16 38,25 52,117
54,15 67,94 91,168 162,74712
204,05

6 Multipliziere im Kopf.

a) 0,4 · 0,7   b) 0,8 · 0,004
   0,5 · 0,9   0,6 · 0,0009
   0,6 · 0,8   0,008 · 0,03
   0,7 · 0,9   0,002 · 0,07

c) 11 · 0,4   d) 0,8 · 0,007
   12 · 0,003   0,09 · 0,05
   22 · 0,02   0,004 · 0,5
   15 · 0,03   0,08 · 0,02

7 Bei den Multiplikationen fehlt jeweils ein Komma. Gib an, wo dieses Komma gesetzt werden muss.

a)
| 7 1 , 4 8 · 0 , 9 4 2 = 6 7 3 3 4 1 6 |
| 1 7 3 , 8 · 0 , 0 6 8 = 1 1 8 1 8 4 |
| 0 , 0 4 2 · 8 3 , 8 = 3 5 1 9 6 |

b)
| 1 0 2 5 · 1 , 0 4 5 = 1 0 7 , 1 1 2 5 |
| 0 , 4 5 1 · 1 1 1 = 5 , 0 0 6 1 |
| 8 , 8 8 · 9 9 9 0 9 = 8 8 7 , 1 9 1 9 2 |

c)
| 3 , 5 · 3 , 2 = 1 1 2 0 |
| 1 , 5 · 8 , 2 = 1 2 3 |
| 6 , 6 · 4 5 = 2 9 , 7 |

8 Wie viel Euro kostet jedes Kleidungsstück?

£ 5,90   £ 19,90   £ 42,90

1 Pound (£) = 100 Pence (p)

Dezimalbrüche durch natürliche Zahlen dividieren

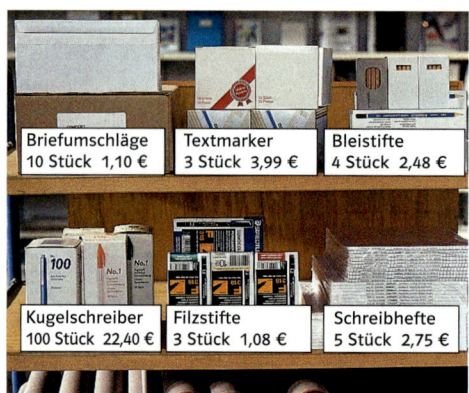

Briefumschläge
10 Stück 1,10 €

Textmarker
3 Stück 3,99 €

Bleistifte
4 Stück 2,48 €

Kugelschreiber
100 Stück 22,40 €

Filzstifte
3 Stück 1,08 €

Schreibhefte
5 Stück 2,75 €

1 In den Regalen des Schreibwaren-
geschäfts liegen verschiedene Artikel.
Wie viel Euro kostet jeweils ein Artikel?

> 2,75 € : 5 = ▨
>
> 275 ct : 5 = ▨ ct = ▨ €

2 Berechne durch Umwandeln.
a) 1,25 € : 5   b) 1,80 m : 4
   2,40 € : 6   2,25 m : 3

> 42,65 : 5 = ▨
>
> 42,65 : 5 = 8,53
> 40
> ──
> 26
> 25
> ──
> 15
> 15
> ──
> 0
>
> 42,65 : 5 = 8,53

Setze beim Überschreiten des Kommas auch im Ergebnis ein Komma.

3 Dividiere schriftlich.
a) 8,19 : 3   b) 9,44 : 4   c) 102,2 : 7
   96,8 : 4   91,8 : 6   92,56 : 4
   99,4 : 7   71,5 : 5   6,552 : 3

d) 2,4753 : 2   e) 451,7696 : 8
   342,78 : 3   1217,065 : 5
   7331,5 : 11   31 250,88 : 9

L 1,23765   2,184   2,36   2,73   14,2
14,3   14,6   15,3   23,14   24,2   56,4712
114,26   243,413   666,5   3472,32

4 Im Ergebnis der Divisionsaufgaben
fehlt jeweils das Komma. Stelle mithilfe
eines Überschlags fest, an welcher Stelle das Komma gesetzt werden muss.

a)

1 2,8 6	: 2 =	6 4 3
4 8,8 4	: 6 =	8 1 4
4 4,9 2	: 4 =	1 1 2 3

b)

1 2 1,6 2	: 3 =	4 0 5 4
4 2 2,8	: 7 =	6 0 4
7 7,7 5	: 2 5 =	3 1 1

c)

1 1 8,2	: 3 =	3 9 4
4 6 9 8,4	: 8 =	5 8 7 3
2 4 4,0 8	: 1 2 =	2 0 3 4

5 a) Für zwölf CD-ROMs bezahlt Fenja
6,48 €. Wie viel Euro kostet eine CD-
ROM?
b) Kevin kauft eine Packung mit sechs
Badmintonbällen für 12,90 €. Wie viel
Euro hat er für einen Badmintonball
bezahlt?

> 6 : 8 = ▨
>
> 6,00… : 8 = ▨
>
> 6 : 8 = 0,75
> 0
> ──
> 60
> 56
> ──
> 40
> 40
> ──
>   0
>
> 6 : 8 = 0,75

> 0,498 : 6 = ▨
>
> 0,498 : 6 = 0,083
> 0
> ──
> 04
> 00
> ──
> 49
> 48
> ──
> 18
> 18
> ──
> 0
>
> 0,498 : 6 = 0,083

6 Dividiere schriftlich wie in den Beispielen.
a) 2 : 8   b) 9 : 5   c) 0,342 : 2
   9 : 12   27 : 6   0,147 : 3
   7 : 20   15 : 8   1,68 : 7
   4 : 25   17 : 4   0,288 : 9

d) 0,5392 : 8   e) 0,04059 : 11
   4,5192 : 3   0,07938 : 9
   6,006 : 12   0,080604 : 6
   2,827 : 11   0,003528 : 8

7

Eine Euromünze wiegt 7,5 Gramm. Wie viele Münzen liegen auf der Waage?

8 Berechne durch Umwandeln.

9,60 m : 1,20 m = ☐ cm : ☐ cm = ☐

a) 3,20 m : 1,60 m
   9,90 m : 1,10 m

b) 13,50 € : 1,50 €
   3,5 kg : 0,5 kg

9 Vergleiche die Divisionsaufgaben.

a) 8 :   2 = 4
   80 :   20 = 4
  800 : 200 = 4
 8000 : 2000 = 4

b)   150 :   30 = 5
     1500 :   300 = 5
    15 000 :   3000 = 5
   150 000 : 30 000 = 5

So kannst du einen Dezimalbruch durch einen Dezimalbruch dividieren:
6,974 : 0,11 = ☐

1. Multipliziere beide Dezimalbrüche (Dividend und Divisor) mit 10, 100, 1000, …, sodass der Divisor eine natürliche Zahl wird.
697,4 : 11 = ☐

2. Überschlage das Ergebnis:
700 : 10 = 70

3. Dividiere. Setze beim Überschreiten des Kommas auch im Ergebnis ein Komma. Führe eine Probe durch.

697,4 : 11 = 63,4
66
 37   Probe:
 33   63,4 · 0,11
 44   634
 44   634
  0   6,974

6,974 : 0,11 = 63,4

10 Dividiere schriftlich.
a) 25,74 : 1,1
   3,462 : 0,6
   3,852 : 1,2

b) 29,16 : 0,9
   4,288 : 0,8
   16,03 : 0,7

c) 0,1645 : 0,07
   2,2484 : 0,04
   34,665 : 0,15

d) 6,405 : 0,03
   0,122 : 0,05
   0,096 : 0,12

e) 0,8 : 0,016
   1,8 : 0,012
   9,9 : 0,015

f) 276,5 : 0,0025
   0,002898 : 0,009
   0,002056 : 0,008

L 0,257 0,322 0,8 2,35 2,44 3,21
5,36 5,77 22,9 23,4 32,4 50
56,21 150 213,5 231,1 660 110 600

11 Dividiere im Kopf.
a) 0,8 : 0,4   b) 0,36 : 0,12   c) 0,8 : 0,02
   4,8 : 0,6   0,54 : 0,09   4,5 : 0,15

12 Im Ergebnis der Divisionsaufgaben fehlt jeweils das Komma. Stelle mithilfe eines Überschlags fest, an welcher Stelle das Komma gesetzt werden muss.

a)
2,1 3 5 : 0,7 = 3 0 5
1,7 7 : 0,3 = 5 9
2 0,1 2 : 0,4 = 5 0 3

b)
0,2 0 4 : 0,2 = 1 0 2
4,4 5 5 : 1,1 = 4 0 5
2 9,8 5 : 1,5 = 1 9 9

c)
1,0 1 5 : 0,0 5 = 2 0 3
6,1 2 4 : 0,0 2 = 3 0 6 2
0,4 5 0 9 : 0,0 0 3 = 1 5 0 3

13 Beim Tanken ihres Rollers zahlt Concetta 9,75 € für 6,5 Liter Benzin. Wie viel Euro kostet ein Liter Benzin?

Benutze für die Sternchen die angegebenen Ziffern. Jede Ziffer darf nur einmal eingesetzt werden.
a) 5; 6; 7; 8; 9
   ✳✳ + ✳✳ = 16✳

b) 1; 2; 3; 4; 5; 6; 7; 8; 9
   ✳✳✳ + ✳✳ = 163
   ✳✳ + ✳✳ = 143

Grundwissen: Dezimalbrüche

Dezimalbrüche können in eine erweiterte Stellenwerttafel eingeordnet werden.

		H	Z	E	z	h	t	wir schreiben	wir lesen
		100	10	1	$\frac{1}{10}$	$\frac{1}{100}$	$\frac{1}{1000}$		
1 Einer 6 Zehntel				1	6			1,6	Eins Komma sechs
7 Zehntel 2 Hundertstel				0	7	2		0,72	Null Komma sieben zwei

---

Schreibe die Dezimalbrüche stellenrichtig untereinander. Ergänze, wenn nötig, Nullen.

0,342   0,3418

Vergleiche die Ziffern, die genau untereinander stehen. Gehe dabei von links nach rechts vor. Die erste Stelle, an der die Ziffern verschieden sind, entscheidet, welcher Dezimalbruch größer ist.

0,34$\boxed{2}$0
0,34$\boxed{1}$8

0,342 > 0,3418

Runden von Dezimalbrüchen auf Hundertstel

Auf diese Stelle soll gerundet werden.

Bei 0, 1, 2, 3, 4 runde ab.

Bei 5, 6, 7, 8, 9 runde auf.

$$1,368 \approx 1,37$$

Diese Stelle gibt an, ob auf- oder abgerundet wird.

Bei der schriftlichen Addition und Subtraktion von Dezimalbrüchen stehen Komma unter Komma, Einer unter Einern, Zehntel unter Zehnteln, …

14,702 + 0,57 =

```
  14,702
+  0,570
     1
+ 15,272
```

14,702 + 0,57 = 15,272

1,7 − 0,125 =

```
  1,700
− 0,125
    1 1
  1,575
```

1,7 − 0,125 = 1,575

Ein Dezimalbruch wird mit 10, 100, 1000, … multipliziert (durch 10, 100, 1000, dividiert), indem das Komma um 1, 2, 3, … Stellen nach rechts (links) rückt. Für fehlende Ziffern werden Nullen geschrieben.

1,428 · 10 = 14,28
0,782 · 100 = 78,2

0,732 : 10 = 0,0732
12,4 : 1000 = 0,0124

Beim schriftlichen Multiplizieren von zwei Dezimalbrüchen wird zunächst nicht auf das Komma geachtet.

Das Ergebnis hat so viele Stellen nach dem Komma wie beide Dezimalbrüche zusammen nach dem Komma haben.

3,607 · 2,08 =

```
3,6 0 7 · 2,0 8
  7 2 1 4
    2 8 8 5 6
  7,5 0 2 5 6
```

3,607 · 2,08 = 7,50256

Üben und Vertiefen

1 Schreibe als Dezimalbruch.
a) acht Zehntel vier Hundertstel
sechs Zehntel neun Tausendstel
drei Hundertstel fünf Tausendstel
b) sechzehn Hundertstel
vierunddreißig Hundertstel
fünfundneunzig Tausendstel
c) elf Zehntel
zweihundertzwölf Tausendstel
vierhundertdrei Tausendstel

2 Setze jeweils das Komma so, dass
die Ziffer 8 den Stellenwert Zehntel hat.
782   1855   1118   7805   26 803

3 Welchen Stellenwert hat die Ziffer 6
bei dem Dezimalbruch 4,63 (5,006; 6,03;
0,961; 7,601)?

4 Welche Dezimalbrüche sind gleich?

0,088 und 0,0880

0,0707 und 0,7070

1,0200, 1 020 und 1,02000

4,0303, 4,30300 und 4,03030

5 Zeichne das Teilstück des Zahlen-
strahls von 7 bis 8 in einer Länge von
10 cm. Markiere die Punkte für 7,3 (7,9;
7,15; 7,72; 7,48; 7,06).

6 Ordne die Dezimalbrüche der Größe
nach. Beginne mit der kleinsten.
a) 4,55   4,45   5,44   4,54   5,45   5,54
b) 0,102   0,201   0,112   0,212   0,221
c) 7,15   1,75   5,71   5,17   1,57   7,51
d) 1,444   1,4   1,4044   1,404   1,40444
e) 0,11   0,0111   0,1011   1,101   0,001
f) 3,223   3,322   3,332   3,233   3,323

7 a) Gehe auf dem Zahlenstrahl von
1,3 aus jeweils um 0,6 nach rechts. Welche Zahlen sind dort markiert?

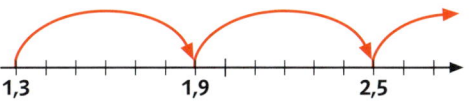

b) Gehe auf dem Zahlenstrahl von 5,4
aus jeweils um 0,3 nach links. Welche
Zahlen sind dort markiert?

8 Runde
a) auf Zehntel: 0,78   34,52   2,062
0,072   11,067   18,72   3,72   9,96
b) auf Hundertstel: 12,503   31,987
0,0061   1,8062   2,302   5,696
c) auf Tausendstel: 0,7777   0,0808
21,7053   1,0088   0,0002   1,0997

9 Überlege, bei welchen Angaben das
Runden sinnvoll ist.
Ein Liter Benzin kostet 164,9 Cent.
Wir sind heute 12,067 km gewandert.
Die Siegerzeit im 100-m-Lauf war 9,85 s.
Die Apfelsinen wiegen 3,147 kg.
Die Schraube ist 6,48 cm lang.
Der Brief wiegt 20,7 g.
Eine Tafel Schokolade kostet 0,69 €.
Die Temperatur beträgt 14,8 °C.
Ein Dollar entspricht 1,276 €.
Der Hockenheimring ist 4,574 km lang.

10 Gib die Einwohnerzahlen der Städte
in Millionen mit zwei Stellen nach dem
Komma an. Ordne sie der Größe nach.

Berlin	3 392 425 Einwohner
Hamburg	1 738 483 Einwohner
London	7 421 209 Einwohner
Madrid	3 155 359 Einwohner
Mailand	1 271 898 Einwohner
Paris	2 138 551 Einwohner
Prag	1 180 100 Einwohner
Rom	2 553 873 Einwohner
Warschau	1 694 825 Einwohner
Wien	1 631 082 Einwohner

11 Gib fünf Dezimalbrüche an, die beim
Runden auf Zehntel 7,5 (1,2; 0,6; 3)
ergeben.

+ 12 Wie viel Meter beträgt die Länge
des Weges zum Aussichtsturm (zum
Strandbad, zum Kurhaus) mindestens,
wie viel Meter höchstens?

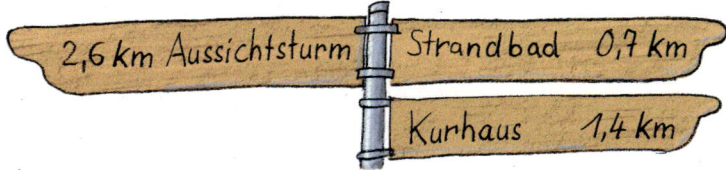

1 Schreibe Komma unter Komma und berechne.

a) 2,73 + 5,1 + 0,47
0,821 + 0,5 + 0,61
11,7 + 4,51 + 0,73

b) 3,09 − 2,7
0,74 − 0,085
1,984 − 0,67

c) 13,08 − 7,433
8,428 − 5,9
14,856 − 10,1

d) 12 − 7,8 − 3,6
2,44 − 0,539 − 0,2
0,805 − 0,3 − 0,47

e) 5,923 +7,5 + 10,741 + 0,86
100,6 + 23,09 + 13,707 + 56,04
34,007 + 5,936 + 72,01 + 10,1

L 0,035   25,024   122,053   193,437
4,756   1,701   8,3   1,931   0,39   0,6
16,94   2,528   1,314   5,647   0,655

2 Ordne die Ergebnisse der Größe nach. Wie heißt das Lösungswort?

a)
0,78 + 1,03	M	12,4 − 4,92	R
1,005 + 0,34	A	8,1 − 3,899	E
0,105 + 0,0862	H	3,4 + 0,107	M

b)
0,75 + 2,45	H	4,75 + 4,5	N
8,7 − 3,33	A	8,63 − 4,3	R
3,95 + 2,55	U	3,4 − 1,6	S
4,17 − 2,05	C	9,49 − 1,95	B
		2,75 + 5,75	E

3 Bestimme jeweils den Platzhalter.

a) 12,5 + ■ = 136
■ + 1, 1 = 14,72
22,5 + ■ = 27,44

b) 36,8 − ■ = 35,55
■ − 12,2 = 44,3
56,8 − ■ = 49,36

c) ■ + 21,1 = 56,76
46,7 + ■ = 84,08
■ + 42,42 = 138,8

d) ■ − 25,5 = 47,7
67,1 − ■ = 16,65
■ − 31,15 = 86,51

4 a) Ergänze zu 1.
0,4   0,58   0,03   0,592   0,002
b) Ergänze zu 10.
7,5   2,3   1,2   4,05   8,888

5 Das Ergebnis jeder Aufgabe führt dich zur nächsten Aufgabe.

a)
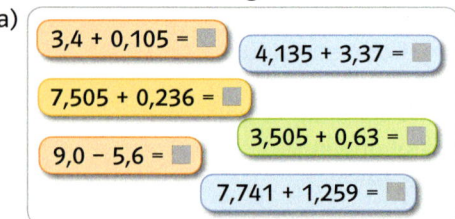

b)
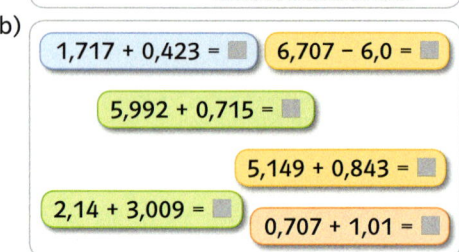

6 Berechne die Klammer zuerst.

a) 20,6 − (13,87 + 4,07)
45,7 + (22,9 − 11,8)
(67,02 − 15,9) − 51,1

b) (5,79 − 4,2) − 0,77
3,091 − (5,41 − 3,88)
0,982 − (0,08 + 0,105)

L 2,66 0,82 1,561 0,797 56,8 0,02

7 Fasse geschickt zusammen.

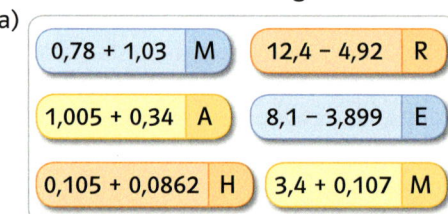

a) 2,4 + 5,3 − 2,3 + 9,6
5,7 + 3,1 + 4,9 + 3,3
3,55 + 2,6 + 1,45 + 4,4

b) 3,77 + 1,21 + 3,89 − 0,77
0,72 + 0,51 + 0,28 + 0,49
1,255 + 7,4 − 3,4 + 3,745

+ 8 Setze >, < oder = ein.

a) 2,47 + 1,92   ■   4,21 + 0,11
7,02 + 1,4   ■   9,72 − 1,08
0,05 + 0,9   ■   1,7 − 0,88

b) 0,203 − 0,07   ■   0,03 + 0,104
6,02 − 5,99   ■   0,02 + 0,012
8,7 − 3,441   ■   4,7 + 0,555

Üben und Vertiefen: Multiplizieren und Dividieren

1 Berechne im Kopf.

a) $3,47 \cdot 10$
$0,835 \cdot 100$
$21,99 \cdot 1000$

b) $201,67 : 100$
$45,703 : 1000$
$0,237 : 100$

c) $0,0442 \cdot 100$
$215,04 : 1000$
$0,00081 : 100$

d) $1,85 \cdot 1000$
$0,00551 \cdot 100$
$2,7 : 1000$

e) $0,0092 \cdot 10\,000$
$0,013 \cdot 10\,000$
$0,0371 \cdot 100\,000$

f) $8,2 : 10\,000$
$0,21 : 10\,000$
$0,5 : 100\,000$

2 Berechne schriftlich.

a) $4,31 \cdot 0,23$
$2,091 \cdot 1,5$
$1,159 \cdot 0,048$

b) $5,7 \cdot 0,034$
$8,14 \cdot 0,93$
$41,092 \cdot 1,7$

c) $192,6 : 6$
$4,0908 : 7$
$1884,08 : 8$

d) $34,44 : 12$
$38,984 : 11$
$214,8 : 15$

e) $3,251 \cdot 2,7$
$2,662 : 22$
$0,3765 : 15$

f) $200,5 \cdot 0,41$
$0,0052 \cdot 3,07$
$761,28 : 12$

L 8,7777   0,0251   7,5702   0,9913
2,87   69,8564   63,44   0,121   82,205
0,015964   14,32   32,1   0,5844   235,51
3,544   3,1365   0,055632   0,1938

3 Berechne den Quotienten.

a) $13 : 4$
$19 : 8$
$37 : 20$

b) $7 : 8$
$1 : 8$
$3 : 16$

c) $7 : 20$
$4 : 25$
$9 : 50$

d) $87 : 40$
$23 : 50$
$57 : 200$

e) $27 : 80$
$63 : 400$
$82 : 500$

f) $1 : 40$
$5 : 32$
$1 : 32$

4 Fasse geschickt zusammen.

$0,25 \cdot 1,6 \cdot 4$
$= (0,25 \cdot 4) \cdot 1,6$
$= \quad 1 \quad \cdot \quad 1,6$
$= 1,6$

$0,2 \cdot 3,1 \cdot 0,5$
$= (0,2 \cdot 0,5) \cdot 3,1$
$= \quad 0,1 \quad \cdot \quad 3,1$
$= 0,31$

a) $0,2 \cdot 7,3 \cdot 5$
$3,4 \cdot 4 \cdot 0,25$
$0,05 \cdot 20 \cdot 3,9$

b) $2,5 \cdot 9,7 \cdot 0,4$
$0,5 \cdot 27 \cdot 0,2$
$4,2 \cdot 0,25 \cdot 0,4$

5 Erkläre, welche Fehler Christopher gemacht hat.

a)

```
1 9,7 · 1 8
    1 9 7
  1 5 7 6
  3 5 4 6
```

```
6,5 3 · 2,1
  1 3 0 6
      6 5 3
1 3 7,1 3
```

```
3,2 7 · 1,8
    3 2 7
  2 6 1 6
  5 8,8 6
```

```
4,3 · 2,0 9
    8 6
  3 8 7
1,2 4 7
```

b)

```
1 3,7 1 : 3 = 4 5,7
1 2
  1 7
  1 5
    2 1
    2 1
      0
```

```
9,0 8 : 4 = 2,0 2 7
8
1 0
  8
  2 8
  2 8
    0
```

```
2 3,8 4 : 4 = 5 9,6
2 0
  3 8
  3 6
    2 4
    2 4
      0
```

```
0,8 6 1 : 7 = 1,2 3
7
1 6
1 4
  2 1
  2 1
    0
```

6 Bei richtiger Lösung erhältst du ein Lösungswort.

$4,291 : 0,7$
$19,44 : 0,3$
$0,3654 : 0,06$
$21,36 : 0,4$
$34,3 : 0,7$
$4,008 : 0,08$

$0,6543 : 0,09$
$64,08 : 1,2$
$4,752 : 0,06$
$0,7997 : 0,11$
$2,7 : 0,0003$
$57,28 : 0,8$

Vernetzen: Einkaufen im Supermarkt

1 Sandra und Sascha wollen neben anderen Lebensmitteln auch Cornflakes, Quark und Milch einkaufen. Außerdem sollen sie Haushaltsrollen, Geschirrspülmittel und Papiertaschentücher mitbringen.
Überlege, welche Angebote am preisgünstigsten sind. Gibt es außer dem Preis auch noch andere Gründe für die eine oder andere Packungsgröße?

Haushaltsrollen
2 er Pack   1,29 €
4 er Pack   2,59 €

Papiertaschentücher
12 Päckchen 1,79 €
30 Päckchen 2,99 €

Milch (1 Liter)
3,5 % Fett 0,69 €
1,5 % Fett 0,55 €

Geschirrspülmittel
30 Tabs   6,49 €
60 Tabs 11,69 €
90 Tabs 15,99 €

Magerquark
250 g   0,49 €
500 g   0,89 €

Cornflakes
250 g   1,49 €
500 g   2,59 €

2 David bastelt häufig mit Papier und Pappe. Überlege, für welchen Klebestift er sich entscheiden soll.

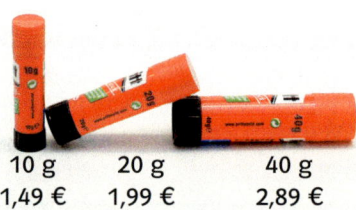

10 g	20 g	40 g
1,49 €	1,99 €	2,89 €

3 Zum Malen verwendet Johanna Fasermalstifte. Welche Packung soll sie kaufen?

20 Stück
(einfach)
1,69 €

10 Stück
(edel)
2,49 €

10 Stück
(Tinte mit Lebensmittel-farbstoffen)
3,49 €

4 Sarah trinkt gerne Apfelsaft. Für welches Angebot soll sie sich entscheiden?

Apfelsaft
ohne Pfand
1 ℓ
1,29 €

Apfelsaft
Mehrweg-flasche
1 ℓ
1,29 €
+
0,15 € Pfand

1,5 ℓ
1,69 €
Tetrapack

5 Sucht weitere Produkte, die in unterschiedlichen Verpackungen angeboten werden.
Überlegt, welche Gründe für oder gegen die verschiedenen Packungsgrößen sprechen.

8 Vergleiche die beiden Angebote.

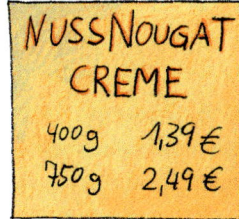 

9 Maria und Alexander besitzen mehrere Geräte, die mit 1,5-Volt-Batterien oder entsprechenden Akkus betrieben werden. Vor der Fahrt in die Ferien überlegen sie, welche Anschaffungen am preisgünstigsten und am sinnvollsten sind.
Diskutiert in Gruppen, welche unterschiedlichen Möglichkeiten es gibt. Berechnet jeweils die Kosten. Welche Anschaffung ist eurer Ansicht nach am sinnvollsten?

6 Daniel braucht neue DVDs. Er hat ausgerechnet, wie viel Euro eine DVD aus dem Zwölferpack kostet.

```
12er-Pack

12 DVDs kosten 9,99 €

1 DVD kostet 9,99 € : 12 ≈ 0,83

9,99 : 12 = 0,83 2 5 ≈ 0,83
0
9 9
9 6
  3 9
  3 6
    3 0
    2 4
      6 0
      6 0
        0
```

Batterien (LR 6):
4er-Pack . . . . 3,57 €
6er-Pack . . . . 4,08 €

Akkus (bis zu 1000-mal aufladbar)
2er-Pack . . . . 4,59 €

Hochleistungsakkus
(bis zu 7500-mal aufladbar):
4er-Pack . . . . 14,29 €

Ladegerät:
klein. 5,09 €
elektr. geregelt . . . . 10,50 €

Energiekosten pro Ladevorgang:
unter 0,003 €

Regeln für die Gruppenarbeit findet ihr auf Seite 81.

a) Berechne, wie viel Euro eine DVD aus dem Zwanzigerpack kostet. Runde sinnvoll. Wie groß ist der Preisunterschied bei einer DVD?
b) Für welches Angebot soll sich Daniel entscheiden?

7 Ein Geschirrspülmittel wird in zwei Packungsgrößen angeboten: 32 Tabs für 4,39 € und 60 Tabs für 7,69 €. Berechne für jede Packungsgröße den Preis für ein Tab. Runde sinnvoll. Wie groß ist der Preisunterschied bei einem Tab?

10 Sucht im Supermarkt nach Produkten, die in unterschiedlichen Verpackungsmengen zu verschiedenen Preisen angeboten werden.
Vergleicht die Preise. Entscheidet euch für ein bestimmtes Angebot und begründet eure Entscheidung. Berücksichtigt dabei außer dem Preis auch andere Gesichtspunkte.

1 Schreibe als Dezimalbruch.

a) neun Zehntel
acht Hundertstel
vier Tausendstel

b) sechs Zehntel drei Hundertstel
fünf Hundertstel zwei Tausendstel
sieben Zehntel ein Tausendstel

2 Setze <, > oder = ein.

a) 3,78 ▧ 3,87
9,03 ▧ 9,023
0,042 ▧ 0,204

b) 2,310 ▧ 2,31
7,887 ▧ 7,878
0,002 ▧ 0,020

3 Runde

a) auf Hundertstel
3,476
0,9649
6,0861

b) auf Zehntel
2,46
0,082
1,017

4 Berechne im Kopf.

a) 5,67 · 10
1,702 · 100
0,0334 · 1000

b) 21,4 : 10
13,5 : 100
5,22 : 1000

5 Addiere schriftlich.

a) 3,82 + 12,06 + 0,92
b) 0,0032 + 0,427 + 0,52

6 Subtrahiere schriftlich.

a) 3,78 − 1,23   b) 0,3 − 0,029

7 Multipliziere schriftlich.

a) 2,641 · 4,3   b) 2,052 · 0,83

8 Dividiere schriftlich.

a) 23,76 : 4   b) 0,5742 : 6

9 Erkläre, welche Fehler Kevin gemacht hat.

a) 13,2 + 0,87 = ▧   b) 2,3 − 0,832 = ▧

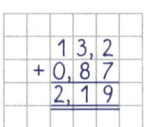

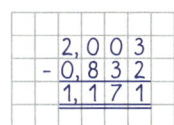

c) 3,7 · 0,022 = ▧   d) 6,72 : 6 = ▧

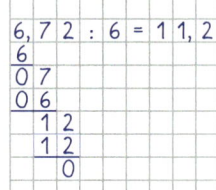

10 Ein Liter Benzin kostet 154,9 Cent. Herr Leise tankt 48 Liter. Wie viel Euro muss er bezahlen?

11 Markus kauft 1,562 kg Bananen und 0,462 kg Weintrauben. Wie viel Euro muss er bezahlen?

Bananen
1 kg 1,10 €

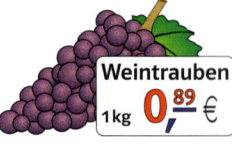

Weintrauben
1 kg 0,89 €

1 Gib an, ob es sich in der Abbildung um eine Gerade, eine Strecke oder einen Strahl handelt?

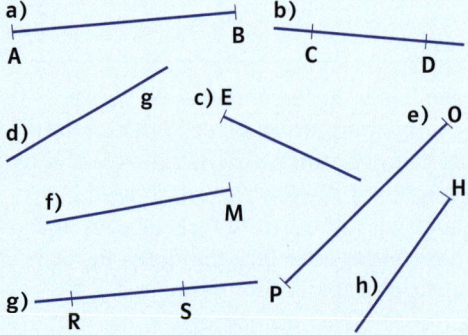

2 Welche Geraden sind parallel zueinander, welche Geraden sind senkrecht zueinander?

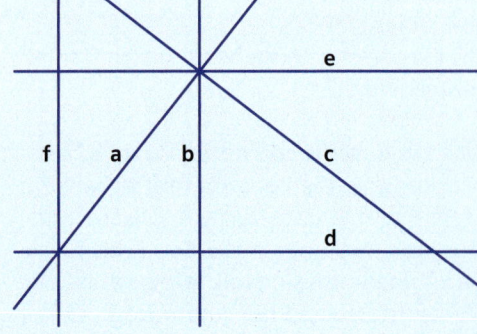

Lernkontrolle 2

1 Schreibe als Dezimalbruch.
a) acht Zehntel vier Hundertstel
   neun Hundertstel zwei Tausendstel
b) achtundvierzig Hundertstel
   siebenundzwanzig Tausendstel
   zwölf Zehntel

2 Ordne der Größe nach.
a) 3,4; 3,43; 3,443; 3,34; 3,334
b) 0,7787; 0,8787; 0,7788; 0,87; 0,778
c) 0,0203; 0,0032; 0,302; 0,03; 0,023
d) 1,001; 1,01; 1,101; 1,11; 1,011

3 a) In welcher Reihenfolge kamen die Läufer ins Ziel?
b) Runde die Ergebnisse des 400-Meter-Laufs auf Zehntelsekunden.

Olympische Spiele London 2012 400-Meter-Lauf, Männer		
Jonathan Borlée	Belgien	44,83 s
Steven Solomon	Australien	45,14 s
Luguelín Santos	Dom. Republik	44,46 s
Demetrius Pinder	Bahamas	44,98 s
Kirani James	Grenada	43,94 s
Kevin Borlée	Belgien	44,81 s
Lalonde Gordon	Trinidad	44,52 s
Chris Brown	Bahamas	44,79 s

4 Multipliziere schriftlich.
a) 11,6 · 3,04
   3,24 · 0,51
b) 0,0632 · 0,0057
   0,0026 · 0,0094

5 Dividiere schriftlich.
a) 19,76 : 8
   5,202 : 9
b) 18,06 : 7
   20,56 : 4

6 Erkläre, welche Fehler Rebekka gemacht hat.

3,82 · 0,053 = ▨   15,96 : 7 = ▨

```
1,3 2 · 0,0 5 3
      6 6 0
        3 9 6
  0,6 9 9 6
```

```
1 5,9 6 : 7 = 2 2,8
1 4
  1 9
  1 4
    5 6
    5 6
      0
```

7 Beachte die Regel „Punktrechnung vor Strichrechnung".
a) 2,7 + 6 : 8 + 4,1
b) 2,5 · 3,4 − 13 : 4
c) 1,4 · 1,5 + 2,9 + 2 : 4

8 Seit dem letzten Tanken ist Frau Then 640 Kilometer gefahren. Sie tankt 48 Liter Benzin.
Wie viel Liter Benzin verbraucht das Auto auf einem Kilometer (auf 100 Kilometern)?

9 Frau Müllers Auto hat einen durchschnittlichen Verbrauch von 6,2 Litern Benzin auf 100 Kilometern. Sie ist 550 Kilometer gefahren.
Wie viel Liter Benzin hat ihr Auto verbraucht?

1 Übertrage die Punkte A und B sowie die Gerade g in dein Heft. Zeichne eine Parallele zu g durch A und eine Senkrechte zu g durch B.

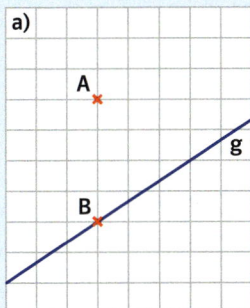

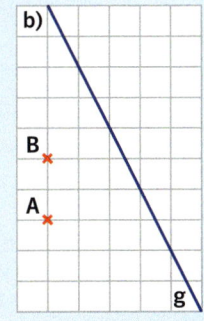

2 Miss den Abstand der Punkte A und B von der Geraden g.

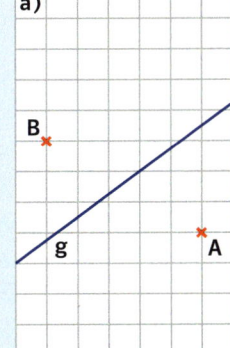

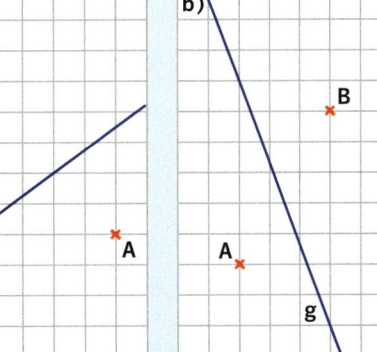

10 Längen, Umfang und Flächeninhalt

Schon in frühester Zeit haben Menschen Längen gemessen. In allen Kulturen verwendeten sie dazu Einheiten, die vom Körper des Menschen abgeleitet waren.
Als „Standardmaße" galten Finger- und Handbreite, Unterarm und Fuß. Eine große Einheit war das Klafter.
Die Einheiten legte jeder Herrscher (König, Fürst, …) in seinem Land fest.

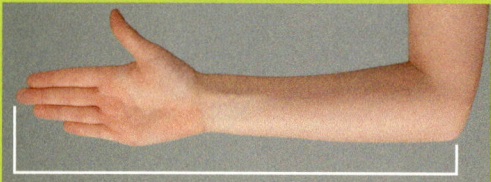

Elle

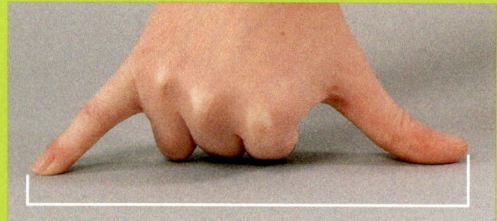

Handspanne

Klafter

Informiere dich über weitere Längenmaße, die vom menschlichen Körper abgeleitet wurden.

Die Elle gehört zu den ältesten Längenmaßen. Handwerker und Händler benutzten eine Elle aus Holz oder Metall, die mit kleineren Markierungen versehen war.

In den Städten wurde häufig das gültige Ellenmaß an einem öffentlichen Gebäude in eine Wand eingelassen oder aus Metall gefertigt und öffentlich ausgehängt. Notiere dafür eine Erklärung.

Elle am Münster von Freiburg
(54 cm)

Goslarer Elle
(58 cm)

Elle am Rathaus von Celle
(62,5 cm)

Bis zum Beginn des 19. Jahrhunderts hatte fast jede Stadt ihre eigene Elle. Welche Nachteile ergaben sich dadurch?

Zum Abmessen des Stoffes benutze ich noch heute eine Elle aus Holz.

Weshalb wird die abgebildete Elle auch Schneider-Elle genannt? Informiere dich im Internet.

Messen mit Hand und Fuß

1 Einige Körpermaße, die früher zum Messen von Längen benutzt wurden, hast du schon kennengelernt. In den Abbildungen siehst du weitere Maßeinheiten.

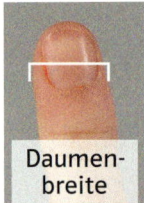

Daumen-breite

Spanne

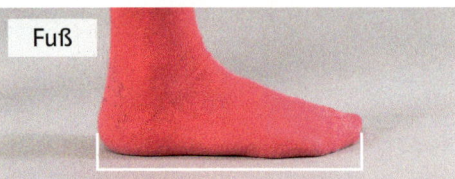

Fuß

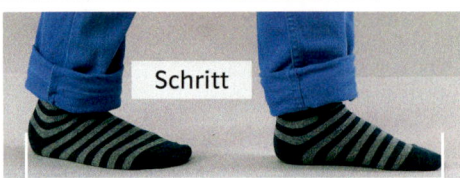

Schritt

Miss mit deiner „Spannweite" („Daumenbreite", „Ellenlänge", „Schrittlänge", …) Länge, Breite und Höhe verschiedener Gegenstände im Klassenzimmer und Entfernungen auf dem Schulgelände. Vergleiche deine Ergebnisse mit denen deiner Mitschülerinnen und Mitschüler. Was stellst du fest?

2 Ein **Fuß** ist ebenfalls eine sehr alte Maßeinheit. Dieses Längenmaß war überall in der Welt verbreitet. Heute wird noch der Englische Fuß (engl. foot) verwendet. Der Englische Fuß (ft) beträgt 30,48 cm.

8 ft hoch und 24 ft breit

Rechne die Angaben für die Maße des abgebildeten Fußballtores in Zentimeter um.

3 Eine heute noch gebräuchliche alte Maßeinheit ist der Zoll (Daumenbreite).

1 Zoll (1''=25,4 mm)

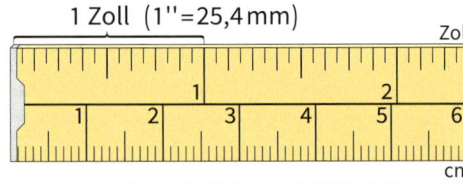

1 Zoll (1" = 25,4 mm)

Die Bildschirmdiagonale eines Handys (eines Monitors, eines Fernsehers) wird meistens in der internationalen Maßeinheit Zoll angeben.

Die Displaydiagonale eines Smartphones beträgt 4,7", die Bildschirmdiagonale eines Fernsehers 50". Rechne diese Angaben jeweils in Zentimeter um.
b) Auch Gewinde und Verschraubungen werden in Zoll angegeben.
Suche weitere Beispiele, in denen die Maßeinheit Zoll vorkommt.

Ende des 18. Jahrhunderts wurden zum Messen von Längen Zentimeter und Meter eingeführt.
Der zehnmillionste Teil der Entfernung zwischen Äquator und Pol wurde als neue Längeneinheit festgelegt. Das neue Längenmaß erhielt die Bezeichnung **1 Meter.**
Nach dieser Vorschrift wurde ein Maßstab aus Platin hergestellt.
Dieser **Urmeterstab** wird in Paris aufbewahrt

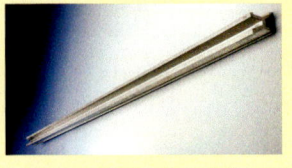

4 Wie wird heute die Länge eines Meters festgelegt?

Längeneinheiten

Wir messen Längen in Kilometern (km), Metern (m), Dezimetern (dm), Zentimetern (cm) und in Millimetern (mm).

1 km = 1000 m
 1 m = 10 dm
  1 dm = 10 cm
   1 cm = 10 mm

25 **cm**

Maßzahl **Einheit**

Größe

1 a) Schätze jeweils die Körperlänge der Hummel, die Breite der Tasche und die Höhe des Hochhauses.

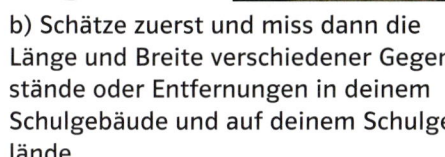

b) Schätze zuerst und miss dann die Länge und Breite verschiedener Gegenstände oder Entfernungen in deinem Schulgebäude und auf deinem Schulgelände.
Gib auch an, welche der abgebildeten Messgeräte dafür benötigt werden.

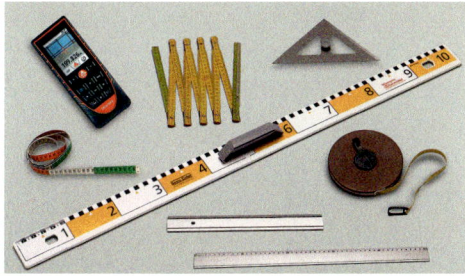

Führe diese Aufgabe mit einem Partner durch.

2 In welchen Längeneinheiten werden die folgenden Größen gemessen:
Länge und Breite der Tafel,
Breite eines Schulheftes,
Weite beim Weitsprung,
Höhe und Tiefe von Schränken,
Länge einer Schraube,
Stärke einer Holzplatte,
Entfernung zweier Städte,
Länge und Breite eines Zimmers,
Entfernung vom Wohnort zur Schule,
Stärke eines Stahlblechs?

3 Ordne zu. Überlege auch, ob für die angegebenen Längen jeweils eine sinnvolle Einheit gewählt wurde. Wandle gegebenfalls einzelne Längeneinheiten sinnvoll um.

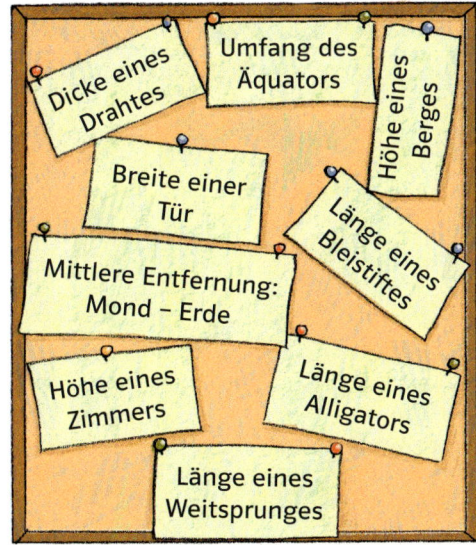

Ergänze dazu die folgende Tabelle in deinem Heft.

Breite einer Tür	900 mm = 90 cm
Dicke eines Drahtes	▪
▪	▪

Rechnen mit Längen

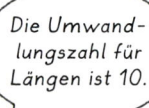

Die Umwandlungszahl für Längen ist 10.

1 Wandle in die Einheit um, die in Klammern steht.

a) 4 cm (mm)
   70 cm (mm)
    8 dm (cm)
  42 m (dm)

b) 50 mm (cm)
  600 cm (dm)
  470 m (dm)
  100 mm (cm)

2 Wandle in die Einheit um, die in Klammern steht. Beachte die Beispiele.

> 5 m = 50 dm = 500 cm
> 900 cm = 90 dm = 9 m

a) 14 m (cm)
  123 dm (mm)
   56 km (m)

b) 1200 cm (m)
  48 000 mm (dm)
  23 000 km (m)

3 Gib mithilfe der Tabelle die folgenden Längen in Metern an.

	m			dm	cm	mm
	H	Z	E	z	h	t
512 m 80 cm = 512,80 m	5	1	2	8	0	
36 m 5 dm 2 cm 5 mm = 36,525 m		3	6	5	2	5
7 m 4 dm 4 cm = 7,44 m			7	4	4	
8 m 9 cm = 8,09 m			8	0	9	
2 m 5 mm = 2,005 m			2	0	0	5

a) 2 m 36 cm
  16 m 5 dm
  4 m 17 cm
  11 cm 3 mm

b) 3 m 7 cm
  12 m 6 mm
  25 m 3 dm 7 cm
  4 m 45 cm 3 mm

4,123
Sprich:
vier Komma eins zwei drei

4 Gib in Kilometern an.

> 7 km 376 m = 7,376 km 185 m = 0,185 km

a) 5 km 874 m
  2 km 500 m
  11 km 40 m
  8 km 3 m

b) 5460 m
  625 m
  57 m
  8 m

5 Welche Angaben stellen die gleiche Länge dar?

0,70 m	2,5 m	25 dm	4 km 500 m	920 mm
2 m 50 cm	70 cm	250 cm	$4\frac{1}{2}$ km	0,92 m
0,92 m	7 dm	2,50 m	4,5 km	9 dm 2 cm
9,2 dm	0,7 m	4500 m	700 mm	2500 mm

6 In den folgenden Beispielen werden die Längen vor dem Rechnen jeweils in geeignete Einheiten umgewandelt.

> 4,55 m + 32 cm
> = 455 cm + 32 cm
> = 487 cm
> = 4,87 m
>
>   455
> +   32
>   487

> 9,40 m − 89 cm
> = 940 cm − 89 cm
> = 851 cm
> = 8,51 m
>
>   940
> −   89
>   857

> 8,3 cm · 25
> = 83 mm · 25
> = 2075 mm
> = 207,5 cm
>
> 83 · 25
> 166
> 415
> 2075

> 25,8 m : 6
> = 258 dm : 6
> = 43 dm
> = 4,3 m
>
> 258 : 6 = 43
> 24
>   18
>   18
>   0

Berechne.

a) 3,20 m + 15 cm
  45 m + 8,5 dm
  0,48 m + 46 cm
  24 km + 453 m

b) 43,200 km − 543 m
  5 m − 5 cm
  7,4 dm − 7 cm
  9 dm − 85 mm

c) 3,7 cm · 6
  45,3 m · 7
  7,397 km · 32
  82,27 m · 58

d) 17,5 cm : 5
  20,79 m : 9
  5 km : 4
  41,340 m : 12

7 Familie Holtkötter steht auf der Autobahn im Stau.

Wie viele Autos stehen in dem Stau?

Der Verkehrsfunk meldet einen Stau von 35 km Länge.

Lisa will ausrechnen, wie viele Autos in der Schlange stehen. Ihr Vater schlägt vor, 7 m für einen Wagen einschließlich Abstand zum Vordermann zu rechnen.

1 Auf einem Lageplan ist das Haus eingezeichnet, in dem Lauras und Kims neue Wohnung liegt.

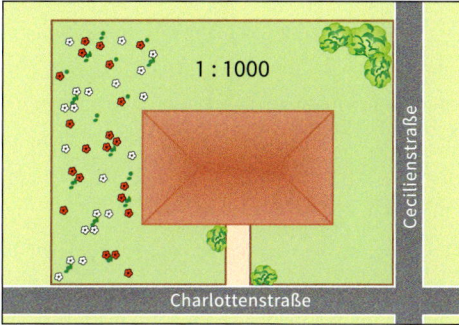

1:1000

a) Erkläre, wie Laura die wirkliche Länge und Breite des Hauses berechnet.

Länge in der Zeichnung	Länge in der Wirklichkeit
2,5 cm = 25 mm	25 mm · 1000 = 25 000 mm = 25 m
1,5 cm = 15 mm	15 mm · 1000 = 15 000 mm = 15 m

In der Wirklichkeit sind die Längen 1000 mal größer als in der Zeichnung.

b) Miss auf dem Lageplan die Länge und Breite des Grundstücks. Berechne danach ihre wirkliche Länge.

> Der Maßstab einer Karte gibt an, wie viel mal so groß die Strecken in Wirklichkeit sind.
> Der Maßstab 1:1000 bedeutet:
> 1 cm in der Karte entspricht 1000 cm in der Wirklichkeit.
> 1 cm ≙ 1000 cm = 10 m

2 Ergänze die Tabelle in deinem Heft. Gib deine Ergebnisse in Metern an.

	Maßstab	Länge in der Zeichnung	Länge in der Wirklichkeit
a)	1:10	2,6 cm	▨
b)	1:100	4,8 cm	▨
c)	1:200	56 mm	▨
d)	1:500	7,2 cm	▨
e)	1:1000	34 mm	▨

✚ **3** In der Abbildung ist eine Milbe in hundertfacher Vergrößerung dargestellt.

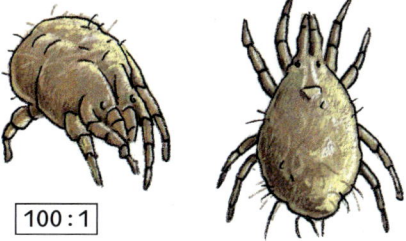

100 : 1

Maßstab 100 : 1

Länge in der Zeichnung	Länge in der Wirklichkeit
100 mm	100 mm : 100 = 1 mm
10 mm	10 mm : 100 = 0,1 mm

Berechne die wirkliche Länge der abgebildeten Milbe.

✚ **4** Die Abbildung zeigt die Vergrößerung einer Schraube.

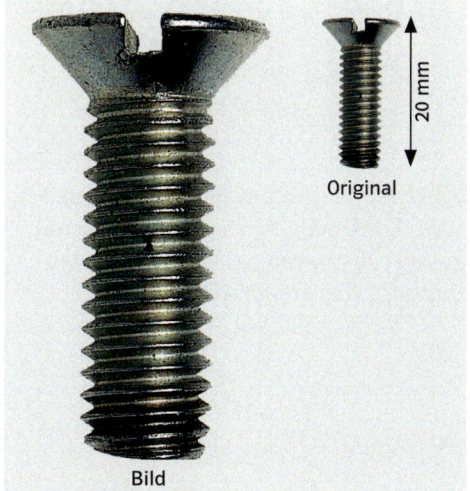

20 mm

Original

Bild

Welcher Maßstab wurde für die Vergrößerung benutzt?

Beim Vergrößern und Verkleinern ändert sich nicht die Form einer Figur.

Umfang

1 Eine Theater-AG benötigt für die Aufführung neue Kostüme. Dazu müssen von jedem Mitglied der Gruppe verschiedene Körpermaße ermittelt werden.
a) Beschreibe die Messung, die Sarah an ihrer Mitspielerin Leni durchführt.

b) Miss wie abgebildet mit einem Maßband auch den Umfang des Handgelenks (des Oberkörpers, der Taille) einer Mitschülerin oder eines Mitschülers.

2 In welchen Aussagen wird das Wort „Umfang" im mathematischen Sinn verwendet?

> *Jeder Band des Lexikons hat einen Umfang von 780 Seiten.*
>
> *Der Umfang eines Baumstammes beträgt 152 cm.*
>
> *Der Umfang der Schäden lässt sich noch nicht überblicken.*
>
> *Der Angeklagte war in vollem Umfang geständig.*
>
> *Der Umfang der Fläche war leicht zu bestimmen.*

3 Öslem hat mit einem Gliedermaßstab (Zollstock) die folgenden Figuren gelegt. Bestimme bei jeder Figur den Umfang. Was stellst du fest?

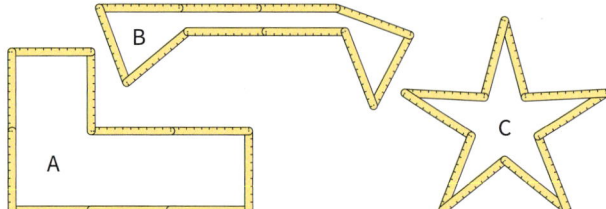

4 Vergleiche den Umfang der abgebildeten Buchstaben.

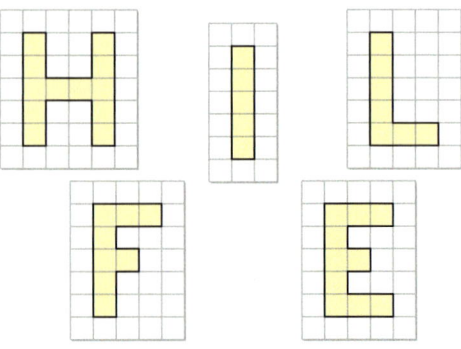

5 a) Beschreibe, wie Sarah den Umfang des abgebildeten Vielecks bestimmt.

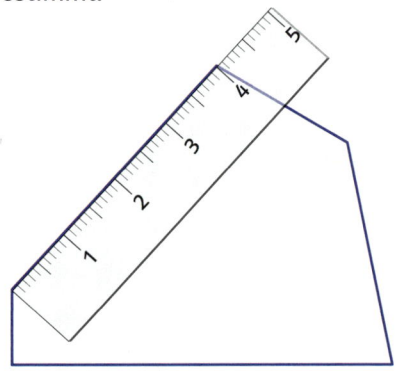

Umfang:
4 cm + 2 cm + 3 cm + 5 cm + 1 cm = 15 cm

b) Bestimme den Umfang der Fläche.

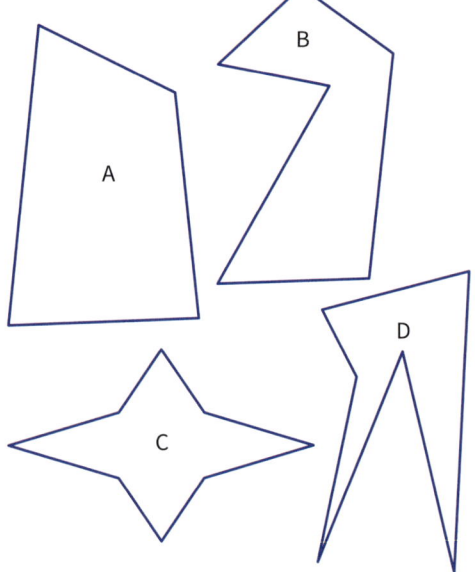

Umfang von Rechteck und Quadrat

1 Familie Richter möchte für ihre Kaninchen ein Freigehege bauen. Die weiblichen Tiere werden einen quadratischen Auslauf erhalten. Eine Seite des Quadrats soll 1,50 m lang sein.

Für die männlichen Tiere wird ein 2,40 m langes und 1,80 m breites rechteckiges Freigehege vorgesehen.

Wie viel Meter Kaninchendraht muss für die Umzäunung der einzelnen Freigehege eingekauft werden?
Beschreibe deine Lösungswege.

2 Berechne den Umfang des abgebildeten Rechtecks (Quadrats).

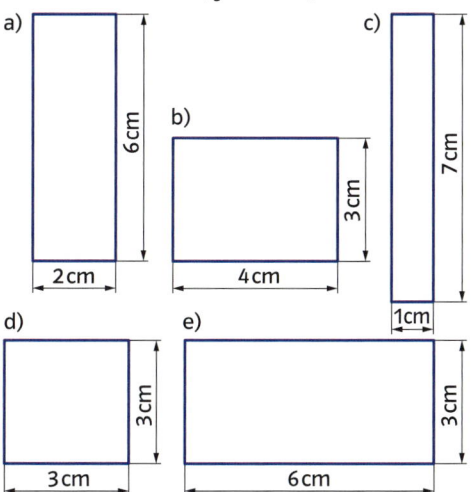

3 In Leni und in Pauls Zimmer wurde jeweils ein neuer Parkettboden verlegt. Ihre Eltern müssen dafür noch die Fußleisten einkaufen.

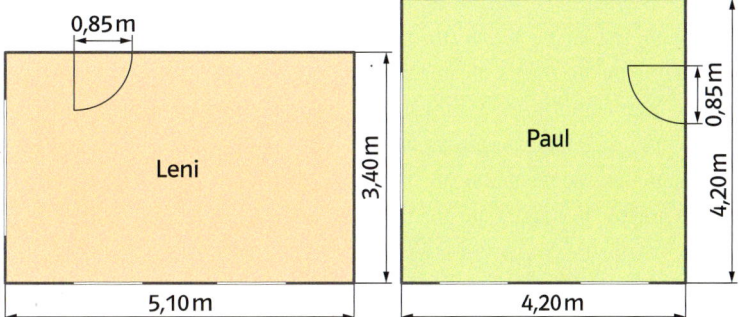

Wie viel Meter Fußleisten werden für Lenis Zimmer (für Pauls Zimmer) mindestens benötigt?

Umfang eines Rechtecks

$a = 7\,cm$, $b = 3\,cm$

$u = 2 \cdot a + 2 \cdot b$
$u = 2 \cdot 7\,cm + 2 \cdot 3\,cm$
$u = 14\,cm + 6\,cm$
$u = 20\,cm$

oder: $u = a + b + a + b$
$u = 7\,cm + 3\,cm + 7\,cm + 3\,cm$
$u = 20\,cm$

Umfang eines Quadrats

$a = 3\,cm$

$u = a + a + a + a$
$u = 3\,cm + 3\,cm + 3\,cm + 3\,cm$
$u = 12\,cm$

oder: $u = 4 \cdot a$
$u = 4 \cdot 3\,cm$
$u = 12\,cm$

4 Berechne den Umfang.

	I	II	III
Rechteck	a = 5 cm b = 3 cm	a = 6,8 cm b = 4,2 cm	a = 45 mm b = 6,5 cm
Quadrat	a = 25 m	a = 8,2 cm	a = 37 mm

Flächeninhalte vergleichen

1 Die Diele mit den angegebenen Maßen soll mit quadratischen Korkfliesen ausgelegt werden.

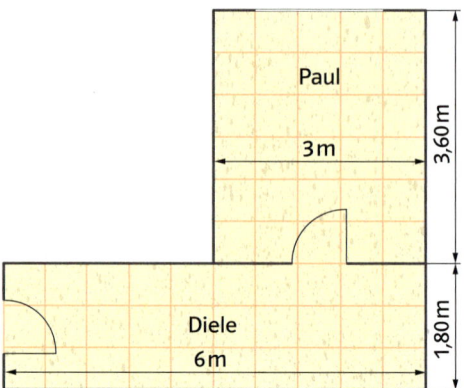

Mit der gleichen Anzahl Korkfliesen könnte ich mein Zimmer auch ganz auslegen.

Was meinst du zu Pauls Aussage?

2 Welche Flächen sind gleich groß?

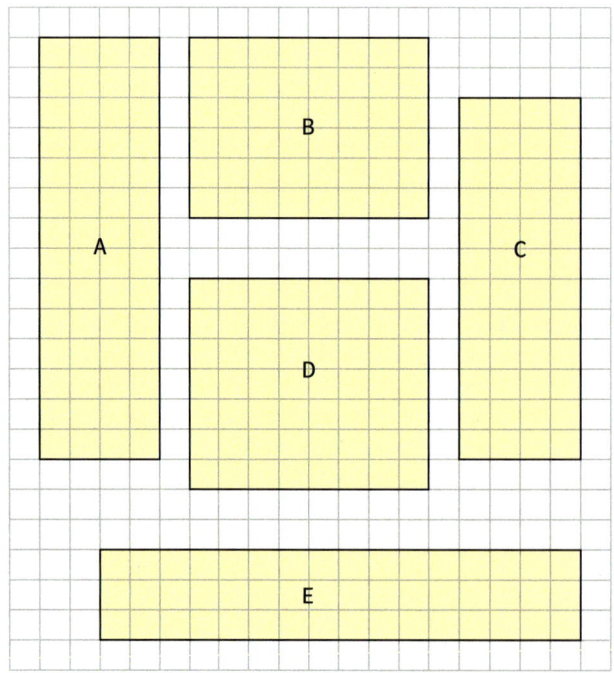

3 Bestimme den Flächeninhalt der abgebildeten Figur. Ermittle dazu die Anzahl der Gitterquadrate.

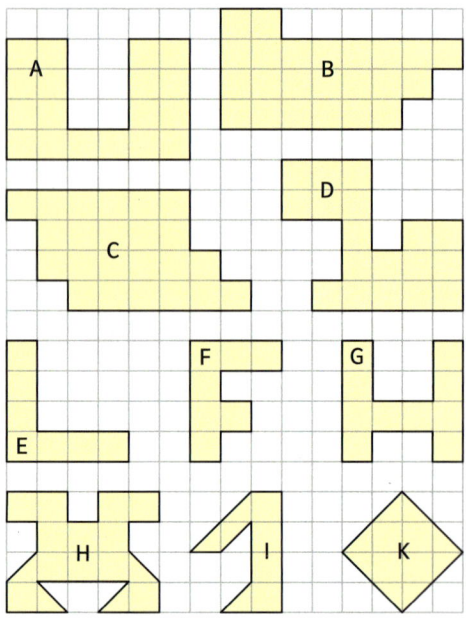

+ 4 Welche Figur hat den größten Flächeninhalt? Beschreibe, wie du den Flächeninhalt der einzelnen Figuren ermittelst.

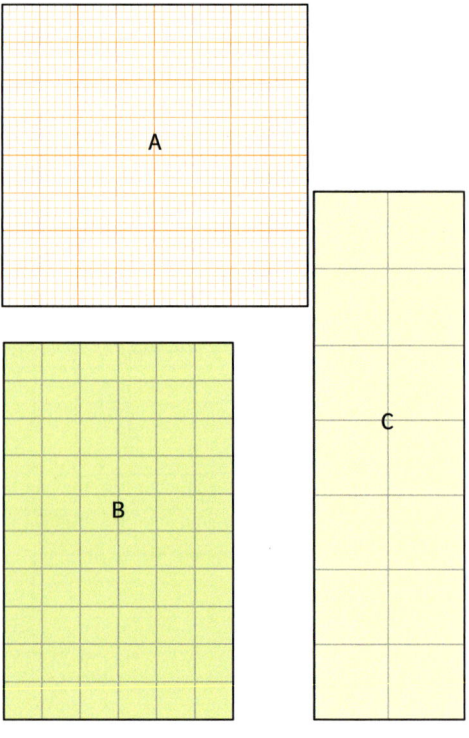

Flächeneinheiten

1 Zum Messen von Flächeninhalten werden Quadrate mit festgelegten Flächeneinheiten verwendet. Zum Ausmessen einer kleinen Fläche wird zum Beispiel ein Quadrat mit der Seitenlänge 1 mm benutzt. Der Flächeninhalt dieses Quadrats beträgt 1 mm².

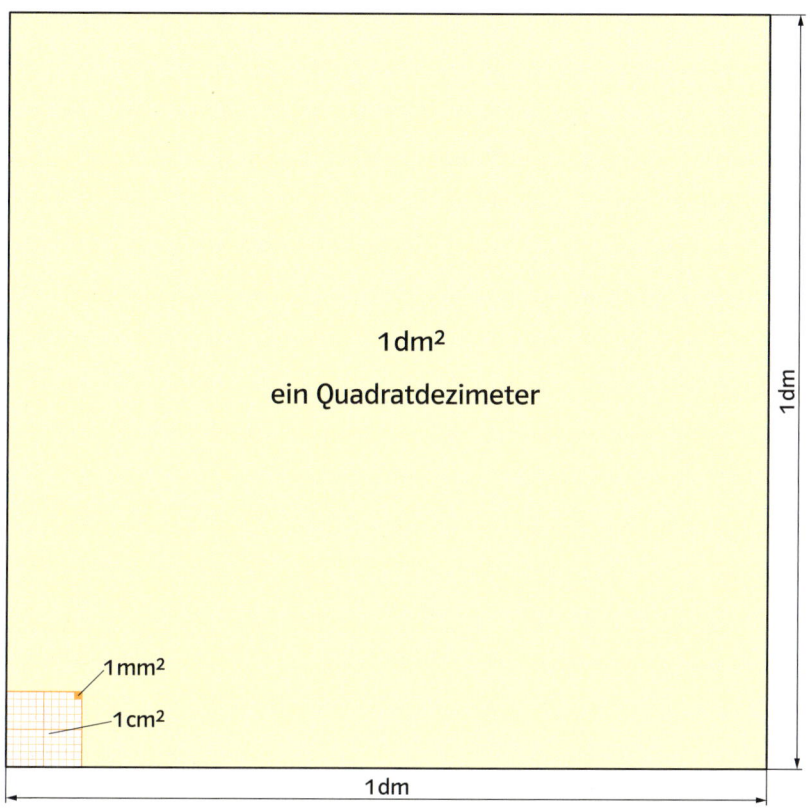

Quadrat mit der Seitenlänge	Flächen-inhalt	Name
1 mm	1 mm²	Quadrat-millimeter
1 cm	1 cm²	Quadrat-zentimeter
1 dm	1 dm²	Quadrat-dezimeter
1 m	1 m²	Quadratmeter
10 m	1 a	Ar
100 m	1 ha	Hektar
1 km	1 km²	Quadrat-kilometer

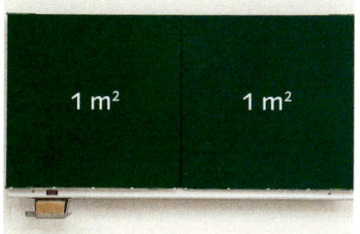

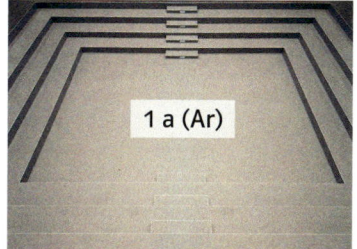

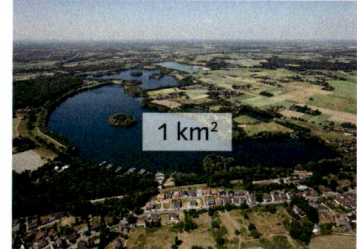

In welchen Einheiten würdest du den Inhalt der folgenden Flächen angeben:
Teppichboden, Schulhof, Postkarte, Briefmarke, Mikrochip, Familienfoto, Ackerfläche, Baugrundstück, Fläche eines Bundeslandes?

Flächeneinheiten

2 Wie viel Quadratdezimeter enthält ein Quadratmeter?

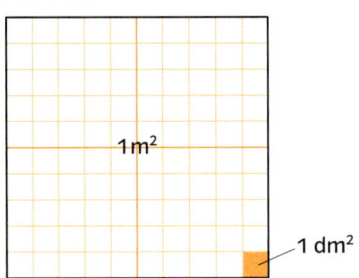

1 m²

1 dm²

Begründe deine Antwort.

1 km² = 100 ha	1 m² = 100 dm²
1 ha = 100 a	1 dm² = 100 cm²
1 a = 100 m²	1 cm² = 100 mm²

Die Umwandlungszahl ist 100.

Beim Umwandeln von einer größeren Einheit in die nächstkleinere Einheit musst du mit der Umwandlungszahl 100 multiplizieren.

Beim Umwandeln von einer kleineren Einheit in die nächstgrößere Einheit musst du durch die Umwandlungszahl 100 dividieren.

3 Wandle um in die nächstkleinere Einheit.

a) 5 m²   b) 6 km²   c) 83 km²
   8 dm²   60 dm²   60 ha
   17 m²   81 a   99 dm²

4 Wandle um in die nächstgrößere Einheit.

a) 2100 cm²   b) 1500 m²   c)   3900 ha
   6700 m²   49 000 a   7800 dm²
   900 a   300 dm²   540 000 m²

5 Wandle in die in Klammern angegebene Einheit um.

a)   99 ha (a)   b)   200 cm² (dm²)
   8300 dm² (m²)   16 dm² (cm²)
     55 cm² (mm²)   4500 mm² (cm²)

6 Wie groß sind die folgenden Grundstücke in Quadratmeter?

Günstig zu verkaufen!

Flurstück 25/113	15a 25 m²
Flurstück 35/115	77a 53 m²
Flurstück 35/124	2a 4 m²

7

a	m²		dm²		cm²		mm²	
E	Z	E	Z	E	Z	E	Z	E
						2	8	5
			5	3	7	9		
	1	9	3	0				
7	5	0						
						5		
			7	3				

2 cm² 85 mm² =	2,85 cm²
53 dm² 79 cm² =	53,79 dm²
19 m² 30 dm² =	19,30 m²
7 a 50 m² =	7,50 a
5 cm² =	0,05 dm²
73 dm² =	0,73 m²

Schreibe mit Komma in der größten genannten Einheit.

a) 5 m²   42 dm²   b) 7 a   65 m²
   9 dm² 15 cm²   18 m² 13 dm²
   79 ha 26 a   20 a   50 m²

8 Schreibe mit Komma in der nächstgrößeren Einheit.

a) 340 mm²   b) 1750 m²   c) 40 mm²
   980 ha   4580 cm²   30 dm²
   485 m²   1015 ha   6 cm²

9 Wandle in die in Klammern angegebene Einheit um.

a) 5 m² (cm²)   b) 6 300 000 m² (ha)
   17 ha (m²)   110 000 cm² (m²)
   9 km² (a)   600 000 dm² (a)

10 Schreibe jeweils in den angegebenen Flächeneinheiten.

a) $\frac{1}{2}$ m² (dm²)   b) $\frac{1}{2}$ ha (a)   c) $1\frac{1}{2}$ m² (cm²)

   $\frac{1}{4}$ dm² (cm²) $\frac{1}{4}$ km² (ha) $1\frac{1}{4}$ a (m²)

Flächeninhalt von Rechteck und Quadrat

1 Im Wohnzimmer von Johanna und Johannes soll ein Parkettboden verlegt werden.
Dafür muss der Inhalt der Fußbodenfläche in Quadratmetern bestimmt werden.

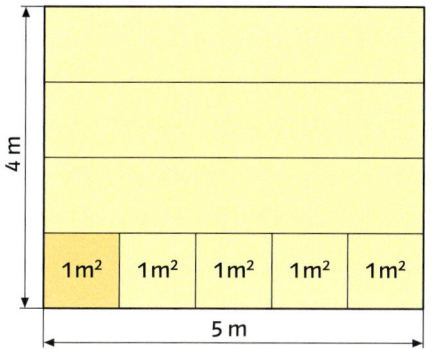

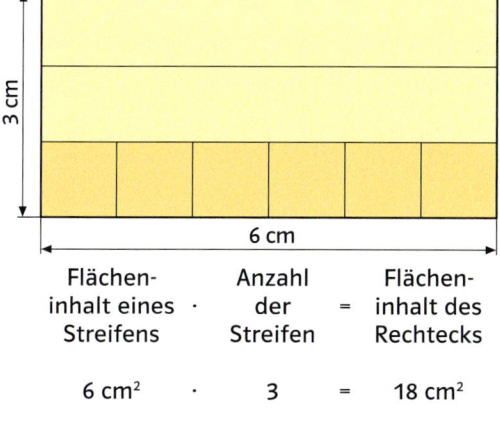

Wie wird Johanna rechnen?

2 Im folgenden Beispiel wird der Flächeninhalt eines Rechtecks mit den Seitenlängen 6 cm und 3 cm berechnet. Erläutere den Lösungsweg.

Flächen-inhalt eines Streifens	·	Anzahl der Streifen	=	Flächen-inhalt des Rechtecks
$6\ cm^2$	·	3	=	$18\ cm^2$

3 Bestimme jeweils den Flächeninhalt der abgebildeten Rechtecke (I – V).

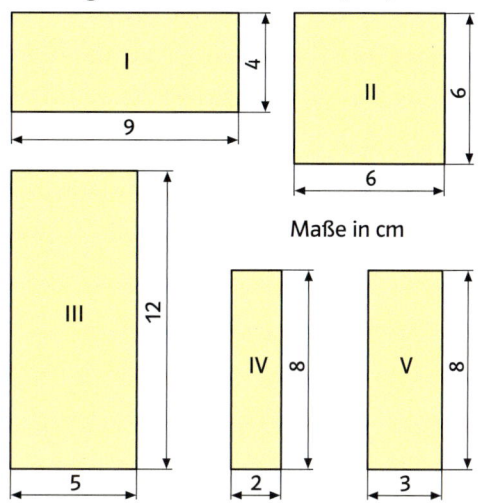

Maße in cm

Ergänze dazu die Tabelle im Heft.

Figur	Flächen-halt eines Streifens	Anzahl der Streifen	Flächen-inhalt des Rechtecks
I	$9\ cm^2$	4	▪ cm^2

4 Beschreibe, wie in den Beispielen der Flächeninhalt bestimmt wird.

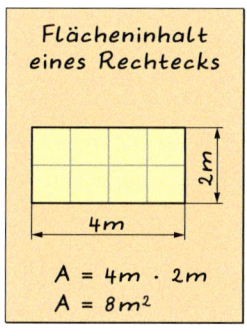

Flächeninhalt eines Rechtecks

A = 4m · 2m
A = 8m²

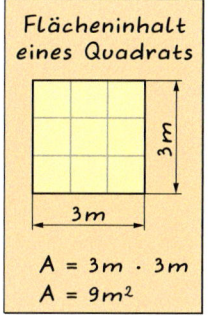

Flächeninhalt eines Quadrats

A = 3m · 3m
A = 9m²

5 Berechne den Flächeninhalt eines Rechtecks (Quadrats).

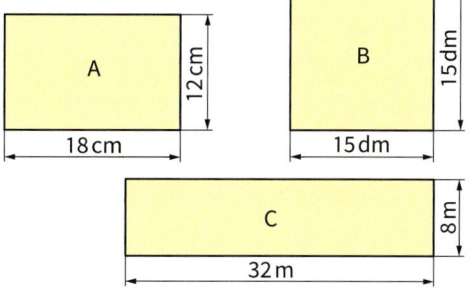

Flächeninhalt eines Rechtecks

mit den Seitenlängen a und b

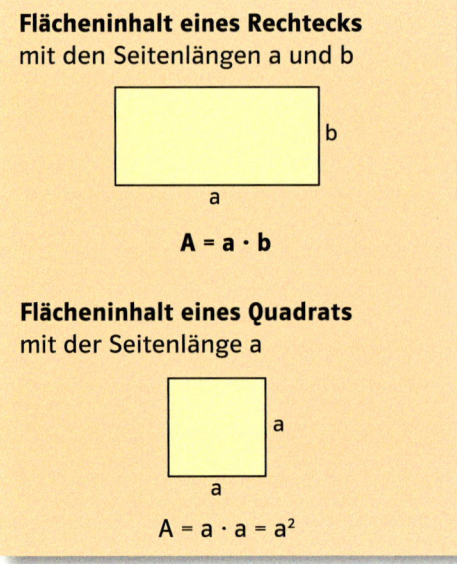

$$A = a \cdot b$$

Flächeninhalt eines Quadrats

mit der Seitenlänge a

$$A = a \cdot a = a^2$$

Der Buchstabe **A** (von engl.: area) ist das Formelzeichen des Flächeninhalts.

Ein Quadrat ist auch ein Rechteck.

6 Berechne jeweils den Flächeninhalt der abgebildeten Rechtecke.

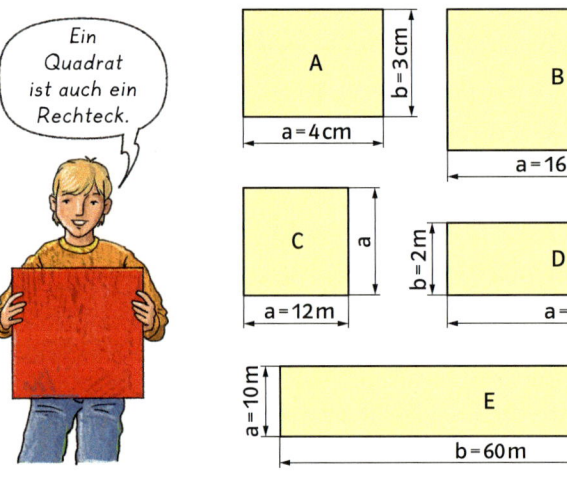

7 Bestimme den Flächeninhalt des Rechtecks mit den angegebenen Seitenlängen.
a) $a = 24$ m; $b = 8$ m b) $a = 25$ cm; $b = 12$ cm

8 Berechne den Flächeninhalt der einzelnen Spielfelder.

Sportart	Länge	Breite
Fußball	105 m	70 m
Basketball	26 m	14 m
Tennis	24 m	8 m
Handball	40 m	20 m

9 a) Beschreibe, wie im folgenden Beispiel der Flächeninhalt A bestimmt wird.

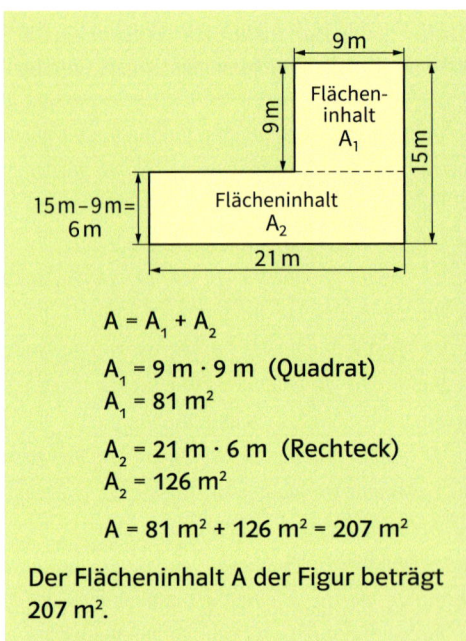

$$A = A_1 + A_2$$

$A_1 = 9\text{ m} \cdot 9\text{ m}$ (Quadrat)
$A_1 = 81\text{ m}^2$

$A_2 = 21\text{ m} \cdot 6\text{ m}$ (Rechteck)
$A_2 = 126\text{ m}^2$

$A = 81\text{ m}^2 + 126\text{ m}^2 = 207\text{ m}^2$

Der Flächeninhalt A der Figur beträgt 207 m².

b) Finde eine weitere Möglichkeit, den Flächeninhalt der Figur zu berechnen.
c) Ermittle den Flächeninhalt der folgenden Figur in Partnerarbeit.

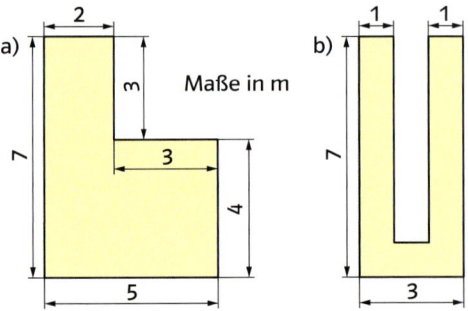

10 Bestimme die fehlende Seitenlänge des abgebildeten Rechtecks.

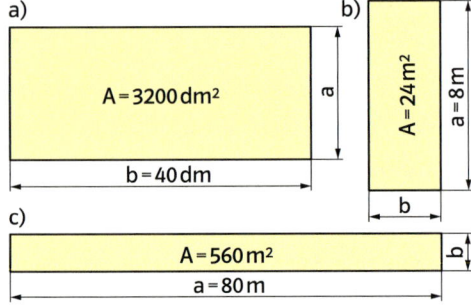

1 Aus einem quadratischen Blatt Papier werden wie abgebildet jeweils Rechtecke ausgeschnitten. Bestimme jeweils den Flächeninhalt und den Umfang. Was stellst du fest?

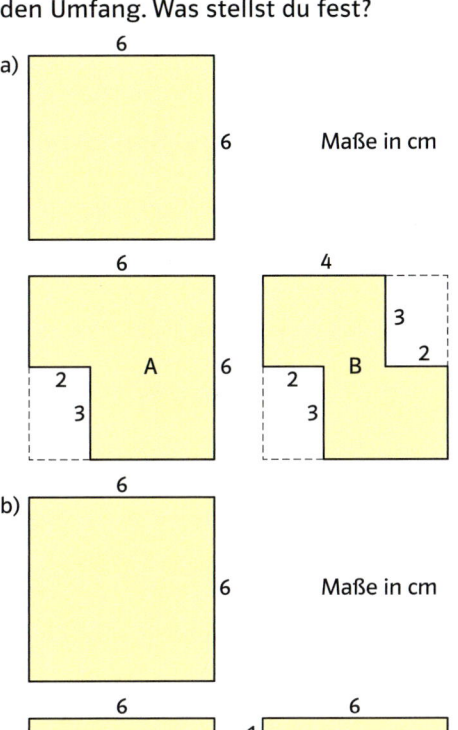

a)

b)

2 Ein Quadrat hat die Seitenlänge 3 cm. Gib seinen Umfang und den Flächeninhalt an.

a) Die Seitenlängen des Quadrats werden verdoppelt.

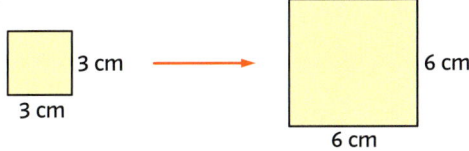

Wie ändert sich der Umfang, wie der Flächeninhalt des Quadrats?

b) Die Seitenlängen des Quadrats werden verdreifacht. Wie werden sich jeweils Umfang und Flächeninhalt verändern? Überprüfe deine Vermutung durch eine Rechnung.

3 a) Der Umfang eines Rechtecks beträgt 20 cm.
Gib alle möglichen ganzzahligen Seitenlängen an und bestimme jeweils den Flächeninhalt.
Ergänze dazu die Tabelle im Heft.

u	a	b	A
20 cm	1 cm	▦	▦
20 cm	▦	▦	▦
20 cm	▦	▦	▦

Was stellst du fest?

b) Ein Rechteck hat einen Flächeninhalt von 36 cm². Gib alle möglichen ganzzahligen Seitenlängen an und berechne jeweils den Umfang.
Vervollständige die Tabelle im Heft.

A	a	b	u
36 cm²	4 cm	9 cm	▦
36 cm²	▦	▦	▦
36 cm²	▦	▦	▦

Was stellst du fest?

c) Der Umfang des abgebildeten Rechtecks beträgt 28 cm. Berechne seinen Flächeninhalt.

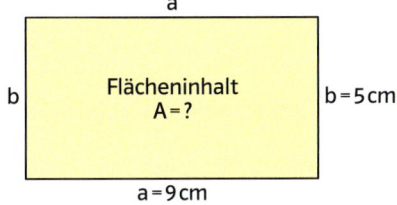

Notiere weitere Seitenlängen eines Rechtecks mit dem Umfang 28 cm. Wähle die Seitenlängen so aus, dass der Flächeninhalt des Rechtecks so groß wie möglich wird. Probiere verschiedene Möglichkeiten aus.
Bei welchen Seitenlängen erhältst du den größten Flächeninhalt?

4 Der Umfang eines Rechtecks soll 32 m (44 m, 52 cm, 100 m) betragen. Bestimme seine Seitenlängen, sodass der Flächeninhalt des Rechtecks so groß wie möglich wird.

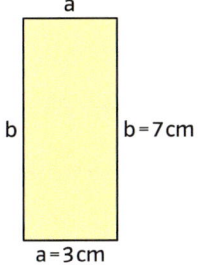

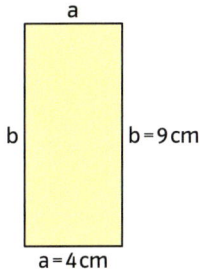

Grundwissen: Längen und Flächen

Längeneinheiten

Längen werden in Kilometern (km), Metern (m), Dezimetern (dm), Zentimetern (cm) und Millimetern gemessen.

$$1 \text{ km} = 1000 \text{ m}$$
$$1 \text{ m} = 10 \text{ dm}$$
$$1 \text{ dm} = 10 \text{ cm}$$
$$1 \text{ cm} = 10 \text{ mm}$$

Umfang eines Rechtecks
$$u = 2 \cdot a + 2 \cdot b$$

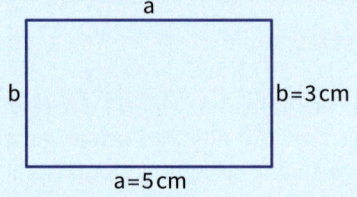

$$u = 2 \cdot 5 \text{ cm} + 2 \cdot 3 \text{ cm}$$
$$u = 10 \text{ cm} + 6 \text{ cm}$$
$$u = 16 \text{ cm}$$
$$\text{oder: } u = a + b + a + b$$
$$u = 5 \text{ cm} + 3 \text{ cm} + 5 \text{ cm} + 3 \text{ cm}$$
$$u = 16 \text{ cm}$$

Umfang eines Quadrats
$$u = 4 \cdot a$$

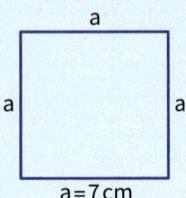

$$u = 4 \cdot 7 \text{ cm}$$
$$u = 28 \text{ cm}$$
$$\text{oder: } u = a + a + a + a$$
$$u = 7 \text{ cm} + 7 \text{ cm} + 7 \text{ cm} + 7 \text{ cm}$$
$$u = 28 \text{ cm}$$

Flächeneinheiten

Zum Messen von Flächeninhalten werden Einheitsquadrate mit festgelegten Flächeninhalten verwendet.

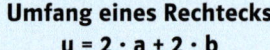

$$1 \text{ km}^2 = 100 \text{ ha}$$
$$1 \text{ ha} = 100 \text{ a}$$
$$1 \text{ a} = 100 \text{ m}^2$$
$$1 \text{ m}^2 = 100 \text{ dm}^2$$
$$1 \text{ dm}^2 = 100 \text{ cm}^2$$
$$1 \text{ cm}^2 = 100 \text{ mm}^2$$

Flächeninhalt eines Rechtecks
$$A = a \cdot b$$

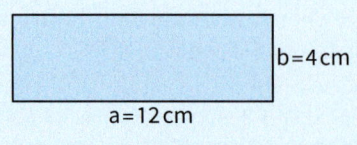

$$A = 12 \text{ cm} \cdot 4 \text{ cm}$$
$$A = 48 \text{ cm}^2$$

Flächeninhalt eines Quadrats
$$A = a \cdot a$$

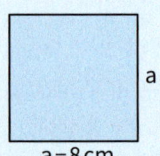

$$A = 8 \text{ cm} \cdot 8 \text{ cm}$$
$$A = 64 \text{ cm}^2$$

Üben und Vertiefen

1 Wandle in die Einheit um, die in Klammern steht.

a) 7 cm (mm)
   9 cm (mm)
   38 m (dm)

b) 40 mm (cm)
   8000 mm (cm)
   60 cm (dm)

c) 63 km (cm)
   700 cm (m)
   11 m (cm)

d) 40 m (dm)
   2 m (mm)
   87 000 m (km)

2 Gib in Metern an.

a) 4 m 45 cm
   28 m 8 dm
   25 cm
   7 dm 5 cm

b) 5 m 5 cm
   18 m 8 mm
   4 dm
   6 km 25 m

3 Gib in Kilometern an.

a) 8 km 655 m
   12 km 400 m
   2 km 50 m
   9 km 7 m

b) 8734 m
   625 m
   43 m
   4509 m

4 Berechne.

a) 5,40 m + 35 cm
   0,56 m + 22 cm
   75 km + 675 m

b) 7,600 km − 382 m
   7 m − 8 cm
   8,9 dm − 6 cm

c) 5,6 cm · 5
   35,5 m · 6
   3,465 km · 30

d) 45,5 cm : 5
   40,32 m : 9
   7 km : 4

5 Berechne jeweils den Umfang der Figuren.

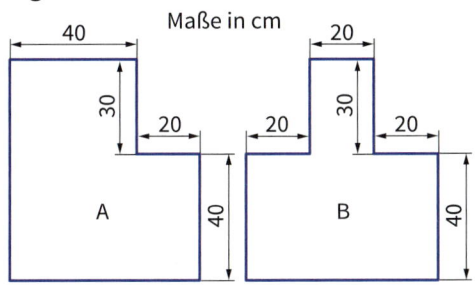

6 Berechne den Umfang des Rechtecks. Achte auf die Einheiten.

	a)	b)	c)
Seitenlänge a	35 cm	4 dm	5 m
Seitenlänge b	15 cm	35 cm	40 dm

7 Berechne den Umfang des Quadrats mit der Seitenlänge 40 cm (4,20 m).

8 Wandle in die Einheit um, die in Klammern steht.

a) 7 m² (dm²)
   400 cm² (dm²)
   1100 mm² (cm²)
   1700 km² (ha)

b) 11 cm² (mm²)
   3000 a (ha)
   500 dm² (m²)
   350 000 cm² (m²)

9 Schreibe mit Komma in der nächstgrößeren Einheit.

a) 2540 dm²
   790 ha

b) 255 cm²
   1655 a

c) 650 mm²
   1346 m²

10 Berechne den Flächeninhalt des Rechtecks. Achte auf die Einheiten.

	a)	b)	c)
Seitenlänge a	20 cm	8 m	470 mm
Seitenlänge b	45 cm	52 dm	50 cm

11 Bestimme den Flächeninhalt des Quadrats mit der Seitenlänge 65 cm (150 m; 0,80 m).

12 Berechne jeweils den Umfang und den Flächeninhalt der abgebildeten Rechtecke.

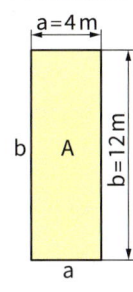
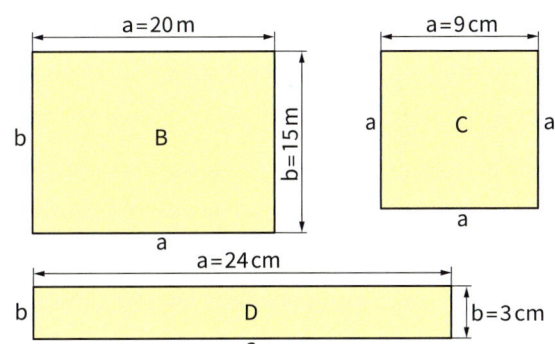

13 a) Finde drei weitere Rechtecke mit dem Umfang u = 24 cm. Gib jeweils Länge und Breite an.

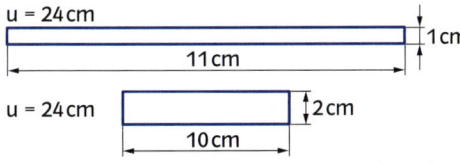

b) Zeichne vier verschiedene Rechtecke jeweils mit dem Umfang u = 18 cm.
c) Welche Rechtecke kannst du jeweils mit einer 60 m langen Leine abgrenzen? Die Seitenlängen sollen nur ganzzahlige Werte annehmen.

14 In 5 m Entfernung vom Rand des Spielfeldes wird ein Zaun errichtet. Berechne seine Länge.

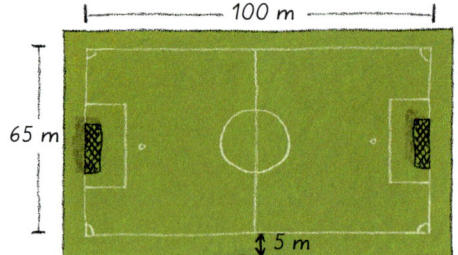

15 a) Bestimme anhand der Abbildung jeweils die Größe der befestigten und der bebauten Fläche.

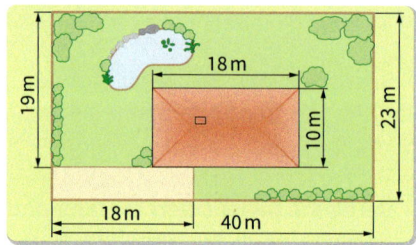

b) Wie groß ist die restliche Fläche?

16 Frau Klimmer bezieht eine neue Wohnung.

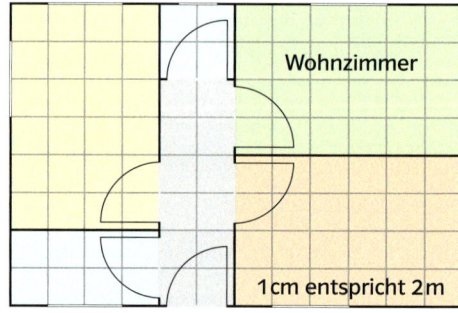

a) Wie lang und wie breit ist das Wohnzimmer? Notwendige Maße entnimm der Zeichnung.
b) Wie groß ist der Flächeninhalt des Fußbodens im Wohnzimmer.

17 In einem 5,60 m langen und 4,50 m breiten Zimmer soll ein neuer Teppichboden verlegt werden.
Ein Quadratmeter des Teppichbodens kostet 15 €.

18 Berechne den Flächeninhalt.
a) Ein Rechteck hat einen Umfang von 100 cm. Eine Seitenlänge beträgt 40 cm.
b) Ein Quadrat hat einen Umfang von 80 m.

19 Berechne den Flächeninhalt der abgebildeten Figur.

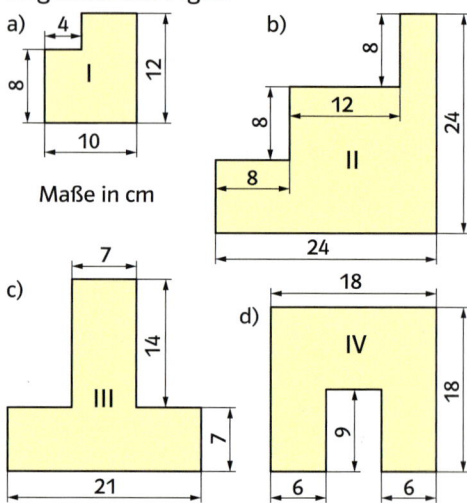

Maße in cm

20 Bestimme zunächst die fehlende Seitenlänge des abgebildeten Rechtecks. Berechne anschließend den Umfang des Rechtecks.

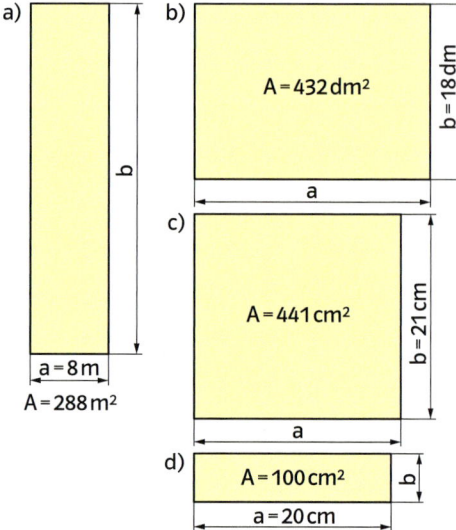

21 Wie groß ist die Seitenlänge des Quadrats mit dem angegebenen Flächeninhalt?
a) A = 64 m²   b) A = 81 m²   c) A = 100 m²

1 Das Land Niedersachsen ist ungefähr 48 000 km² groß.

Die Wälder in Niedersachsen bedecken
etwa ein Fünftel der gesamten Landes-
fläche. Wie groß ist die Waldfläche?

2 Eine quadratische Waldfläche
soll mit Bergahorn bepflanzt und mit
Maschendraht umzäunt werden. Eine
Seite der Fläche ist 180 m lang.

1 Ahornpflanze	0,40 €
(4 Pflanzen auf 10 m²)	
1 m Maschendraht	1,40 €
1 Zaunpfahl	4,50 €
(alle 6 m)	

a) Bestimme die Anzahl der benötigten
Ahornpflanzen und berechne ihren
Preis.
b) Wie viel Euro müssen insgesamt für
den Maschendraht und für die Pfähle
bezahlt werden?

3 Die Waldflächen A, B und C sollen
jeweils mit Buchen und Eichen aufge-
forstet werden. Auf je zehn Quadratmeter werden zwei Buchen und vier Eichen
gepflanzt.

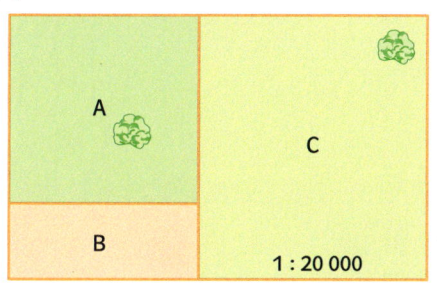

4 Durch ein Waldgebiet wird für eine
gerade Straße von 8 km Länge eine
15 m breite Schneise geschlagen.
Wie viel Quadratmeter (Hektar) müssen
für die Straße gerodet werden?

5 Die Buche ist eine der wichtigsten
Laubbaumarten der Wälder.

Die Buche

*Eine ausgewachsene Buche hat über 200 000 Blätter.
Ein Buchenblatt ist etwa 20 cm² groß.
An einem Sommertag filtern die Blätter aus der Luft etwa
10 000 Liter Kohlenstoffdioxid.
Gleichzeitig geben die Blätter fast 8000 Liter Sauerstoff ab.*

Wie groß ist die gesamte Fläche, die die
Blätter einer ausgewachsenen Buche
bedecken?
Die menschliche Lunge mit ihren etwa
350 Millionen Lungenbläschen bedeckt
insgesamt eine Oberfläche von etwa
150 m².
Vergleiche.

6 Regenwürmer sind im Ackerboden
sehr wertvoll. Sie liefern mit ihrem Kot
einen natürlichen Dünger.
a) Landwirt Bruns schätzt, dass in einem
Quadratmeter seines Ackers im Herbst
etwa 50 Regenwürmer leben.
Wie viele Regenwürmer befinden sich
demnach auf einer 2500 m² (9a, 1 km²)
großen Fläche?
b) In den drei Herbstmonaten „verarbei-
ten" die Regenwürmer auf einer 1 m²
großen Fläche etwa 1 kg Stoppeln zu
500 g Dünger.
Wie viel Kilogramm Kunstdünger kann
der Landwirt dadurch auf einer 4900 m²
(25 a, 16 ha) großen Ackerfläche sparen?

Grundriss Kim/Laura:

| 80 cm | 80 cm | 70 cm | 70 cm |

1,40 m

Laura

2,30 m

3,90 m

Kim

4,80 m

1 m

1 m

1 m

1 m

1 m

80 cm

2,40 m

1 Laura und Kim beziehen mit ihren Eltern eine neue Wohnung. Beide Kinder bekommen ein eigenes Zimmer. Ihre Mutter hat in den Grundriss der Zimmer einige Maße eingetragen. Lies die Maße aus der Zeichnung ab. Welche Maßeinheiten werden benutzt?

2 a) An den Fenstern ihres Zimmers will Laura Rollos anbringen. Überlege, wie sie die Breite der Fenster bestimmen kann.
b) An der Wand gegenüber der Tür möchte Laura den Schrank, den Schreibtisch und das Bett nebeneinander aufstellen. Der Schrank ist 1,65 m breit, der Schreibtisch 95 cm und das Bett 1,90 m. Ist das möglich?
c) Laura möchte an der Wand zu Kims Zimmer ein Regal aufstellen, das die Länge der ganzen Wand einnimmt. Es gibt Regalteile von 60 cm, 75 cm und 90 cm Breite. Welche Möglichkeiten hat sie?

Schrank

oben

3 a) Kim überlegt, wie er sein neues Zimmer einrichten soll.
Dazu möchte er einen Grundriss seines Zimmers auf ein Blatt Papier zeichnen.

Die Zeichnung soll den Maßstab 1 zu 20 haben.

Um die Länge in der Zeichnung zu berechnen, hat Kim die wirklichen Längenmaße durch 20 geteilt.
Vervollständige die Tabelle in deinem Heft.

Maßstab 1 : 20

Länge in der Wirklichkeit	Länge in der Zeichnung
3,60 m = 360 cm	360 cm : 20 = 18 cm
3 m = 300 cm	300 cm : 20 =
1 m = 100 cm	
1,40 m = 140 cm	
80 cm	

Zeichne einen Grundriss von Kims Zimmer auf ein DIN-A4-Blatt.

b) Als Nächstes will Kim Grundrisse seiner Möbel im Maßstab 1 : 20 auf Karton zeichnen und ausschneiden. Dazu hat er jeweils die Länge und Breite seiner Möbel ausgemessen und die Maße notiert.

Maße der Möbel

Schrank   1,60 m lang, 60 cm breit
Bett: 2 m lang, 80 cm breit
Schreibtisch: 1,20 m lang, 60 cm breit

Tisch (quadratisch): 80 cm

Kims Schrank ist 1,60 m lang und 60 cm breit. Welche Maße muss der Schrank in der Zeichnung haben?

Zeichne einen Grundriss des Schrankes und schneide ihn aus.

Zeichne weitere Möbelgrundrisse im Maßstab 1 : 20 und schneide sie aus. Überlege, wie Kim sein Zimmer einrichten könnte.

Lernkontrolle 1

1 Wandle in die Einheit um, die in Klammern steht.

a) 71 dm (cm)
  8 dm (cm)
  65 m (dm)
  23 cm (mm)

b)   350 mm (cm)
     90 cm (dm)
     200 dm (m)
     65 000 km (m)

c)   45 m (dm)
   7 000 mm (cm)
   6 500 mm (cm)
   20 000 m (km)

d) 2 800 cm (m)
     85 m (cm)
   7 000 m (km)
   5 000 mm (m)

2 Berechne.

a) 480 dm + 25 cm
b) 2 m – 48 cm
c) 4,8 m · 5
d) 3,6 m : 9

3 Paulas täglicher Schulweg ist insgesamt 1,800 km (Hin- und Rückweg) lang. Sie besucht seit fünf Jahren die Schule. Jedes Jahr hat 198 Schultage. Wie viel Kilometer hat sie in diesem Zeitraum zurückgelegt?

4 Bestimme mithilfe der Karte die Entfernung (Luftlinie) zwischen Leverkusen und Hannover.

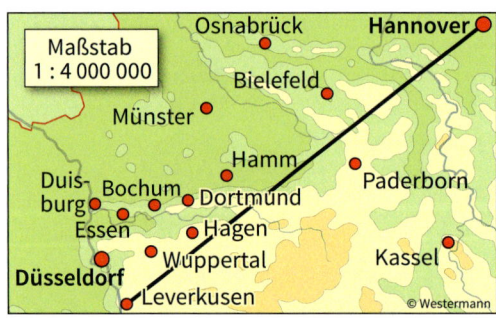

Maßstab 1 : 4 000 000

5 Berechne den Umfang der Figur.

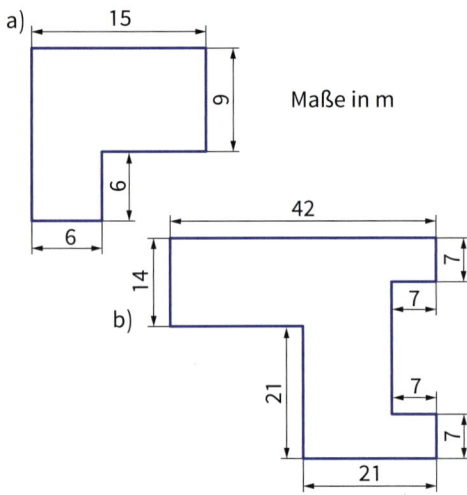

Maße in m

6 a) Berechne den Umfang eines 12 m langen und 8 m breiten Rechtecks.
b) Bestimme den Umfang eines Quadrats mit der Seitenlänge 28 m.

7 Wandle in die Einheit um, die in Klammern steht.

a) 80 m² (dm²)
  24 dm² (cm²)
  352 ha (a)

b) 5600 m² (a)
   4000 cm² (dm²)
   1800 a (ha)

8 a) Ein Rechteck ist 70 m lang und 42 m breit. Berechne seinen Flächeninhalt.
b) Die Seitenlänge eines Quadrats beträgt 25 m. Wie groß ist sein Flächeninhalt?

Wiederholung

1 Welcher Bruchteil der Gesamtfläche ist farbig dargestellt?

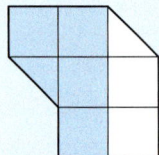 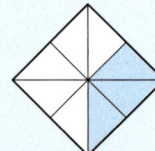

2 Zeichne zu jeder Aufgabe ein Rechteck (4 cm lang, 3 cm breit) und färbe den angegebenen Bruchteil.

a) $\frac{3}{8}$ b) $\frac{5}{6}$ c) $\frac{13}{24}$

3 Bestimme die Platzhalter.

a) $\frac{6}{\blacksquare} = \frac{54}{63}$ b) $\frac{3}{4} = \frac{\blacksquare}{24}$ c) $\frac{\blacksquare}{72} = \frac{9}{18}$

4 Kürze so weit wie möglich.

a) $\frac{36}{72}$ b) $\frac{21}{28}$ c) $\frac{48}{54}$ d) $\frac{126}{144}$

5 Ordne die folgenden Brüche der Größe nach. Beginne mit dem kleinsten Bruch.

a) $\frac{1}{2}, \frac{7}{8}, \frac{3}{4}$ b) $\frac{3}{4}, \frac{5}{8}, \frac{9}{16}, \frac{15}{32}$

Lernkontrolle 2

1 Ein Ballen Düngetorf reicht für eine Gartenfläche von 48 m². Wie viele Ballen müssen für eine 2,88 a große Fläche eingekauft werden?

2 Auf dem Schulhof soll für die Fahrräder der Schülerinnen und Schüler ein 36 m langer und 18 m breiter rechteckiger Platz eingezäunt werden. Für die Einfassung stehen 2 m breite Zaunelemente zur Verfügung.
Für die Zufahrt ist eine 4 m breite Öffnung vorgesehen. Wie viele Zaunelemente werden benötigt?

3 Wandle in die Einheit um, die in Klammern steht.
a)   24 m (cm)   b) 7200 a (ha)
     7,5 km (m)   4,55 cm² (mm²)
     63 m (km)   25 a (m²)
     350 cm (m)   50 000 m² (ha)

4 Zwei Dörfer werden durch eine gerade Straße verbunden. Die Straße ist 4,9 km lang und 5 m breit.
Wie viel Hektar Land werden dafür benötigt?

+ 5 Finde drei Rechtecke, deren Umfang jeweils 56 cm beträgt.

+ 6 a) Der Umfang eines Quadrats beträgt 56 cm. Berechne die Seitenlänge.
b) Der Umfang eines Rechtecks beträgt 84 m. Eine Seite ist 32 m lang. Wie lang ist die andere Rechteckseite?

+ 7 Berechne den Flächeninhalt:
a) Ein Rechteck hat einen Umfang von 120 m. Eine Seitenlänge beträgt 12 m.
b) Ein Quadrat hat einen Umfang von 48 m.

+ 8 Berechne den Flächeninhalt der Figur.

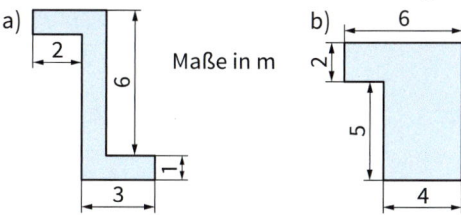

+ 9 Welchen Umfang hat das Quadrat mit dem angegebenen Flächeninhalt?
a) A = 81 m²   b) A = 121 cm²   c) A = 900 m²

---

1 Schreibe als Dezimalbruch.
a) $\frac{3}{10}$ b) $\frac{7}{10}$ c) $\frac{9}{10}$ d) $2\frac{3}{10}$ e) $1\frac{1}{10}$

2 Schreibe als Dezimalbruch.
a) $\frac{49}{100}$ b) $\frac{17}{100}$ c) $\frac{8}{100}$ d) $3\frac{57}{100}$ e) $25\frac{9}{100}$

3 Schreibe als Dezimalbruch.
a) $\frac{407}{1000}$ b) $\frac{815}{1000}$ c) $\frac{77}{1000}$ d) $\frac{13}{1000}$ e) $6\frac{9}{1000}$

4 Schreibe als Bruch oder als gemischte Zahl.
a) 0,9   b) 0,1   c) 1,7   d) 18,3   e) 0,77
f) 0,13   g) 0,09   h) 4,23   i) 0,451   k) 0,073

5 Schreibe zunächst als Bruch beziehungsweise als gemischte Zahl. Kürze anschließend.
a) 0,8   b) 0,2   c) 0,06   d) 0,25   e) 1,5
f) 0,75   g) 7,4   h) 0,500   i) 15,125

6 Gib in Dezimalschreibweise an.
a) $\frac{1}{4}$ b) $\frac{1}{5}$ c) $\frac{1}{2}$ d) $\frac{3}{4}$ e) $\frac{4}{5}$ f) $\frac{1}{20}$
g) $\frac{1}{50}$ h) $\frac{1}{25}$ i) $\frac{13}{20}$ k) $\frac{27}{50}$ l) $\frac{11}{25}$ m) $\frac{1}{8}$

7 Wandle den Bruch durch Kürzen und anschließendes Erweitern in einen Dezimalbruch um.
a) $\frac{11}{22}$ b) $\frac{9}{36}$ c) $\frac{21}{35}$ d) $\frac{9}{75}$ e) $\frac{24}{64}$

8 Gib jeweils einen Bruch oder Dezimalbruch an, der zu dem markierten Punkt gehört.

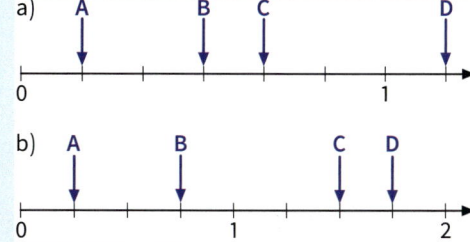

11 Zeit und Weg

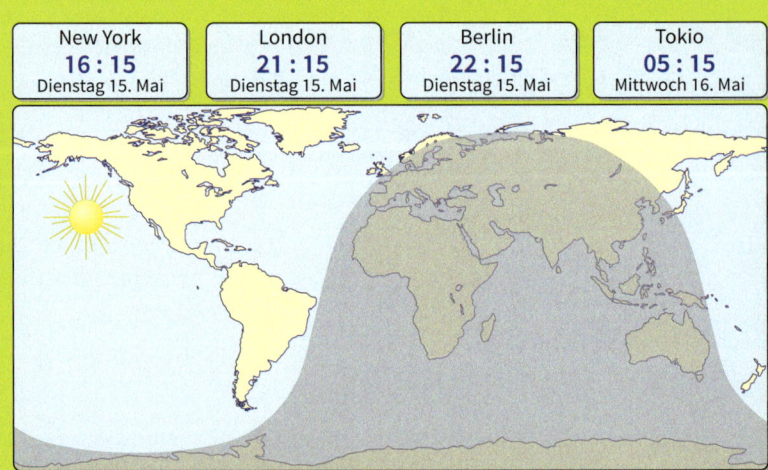

New York	London	Berlin	Tokio
16 : 15	**21 : 15**	**22 : 15**	**05 : 15**
Dienstag 15. Mai	Dienstag 15. Mai	Dienstag 15. Mai	Mittwoch 16. Mai

Wer sich auf eine lange Reise begibt, muss manchmal seine Uhr umstellen. Hast du eine Erklärung dafür?

Nimm einen Globus und eine Taschenlampe. Halte die Taschenlampe so, dass die Erdhalbkugel, auf der die Bundesrepublik Deutschland liegt, beschienen wird. Verdunkle das Zimmer, sodass nur der Schein der Taschenlampe sichtbar ist. Dort, wo du wohnst, ist nun Tag. Überprüfe nun, auf welchen Teilen der Erde zur gleichen Zeit Nacht ist. Dort, wo hell in dunkel übergeht, ist entweder Morgen oder Abend.

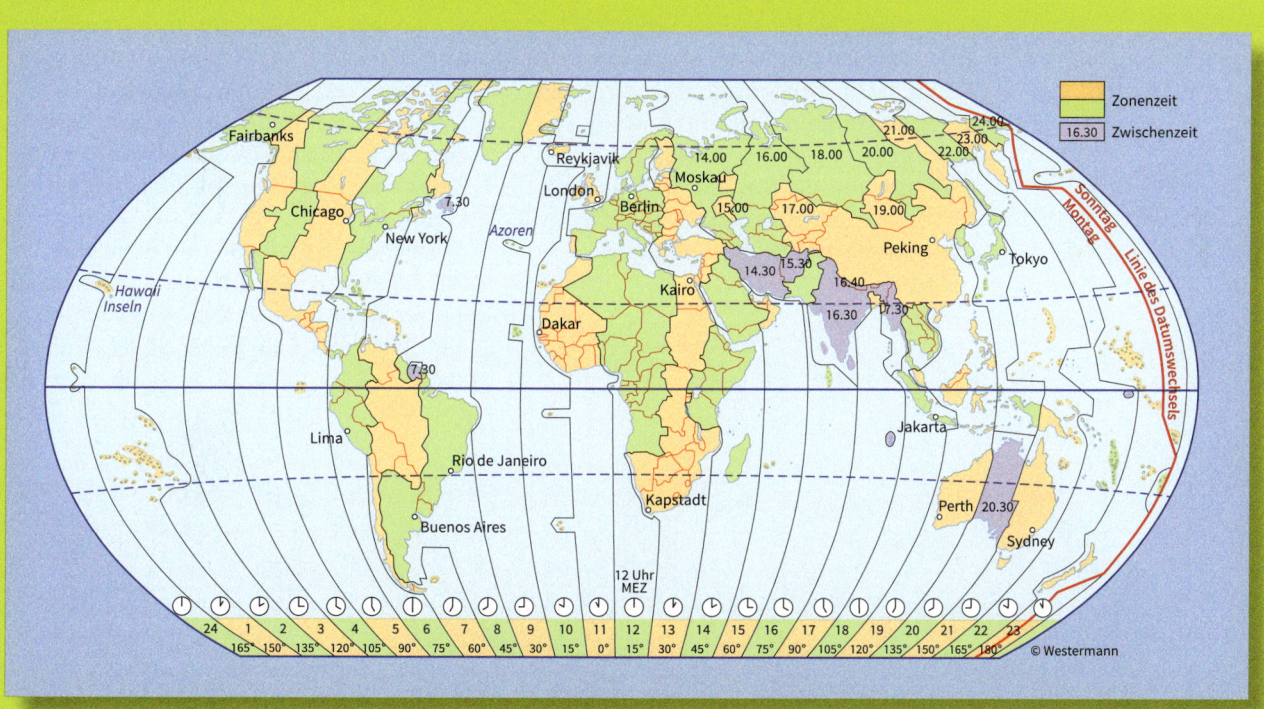

Unser Schulweg

Name	Wann stehe ich auf?	Wann verlasse ich das Haus?	Wann komme ich an der Schule an?	Wann gehe ich zu Bett?
Laura	6.45	7.35	7.55	21.00
Christian	6.30	7.10	7.54	21.30
Kathrin	6.05	7.00	7.48	21.45
Dennis	7.00	7.45	7.58	21.30
Melanie	6.25	7.35	7.50	21.30

1 a) Berechne, wer die meiste Zeit (am wenigsten Zeit) für Waschen, Anziehen und Frühstücken braucht.
b) Berechne die Dauer des Schulwegs in Minuten. Wer benötigt die meiste (wenigste) Zeit für seinen Schulweg?
c) Frage zehn Mädchen und Jungen in deiner Klasse. Übertrage die abgebildete Tabelle in dein Heft und notiere dort die Ergebnisse deiner Befragung. Berechne jeweils die Zeit für Waschen, Anziehen und Frühstücken und die Länge des Schulwegs in Minuten.

2 David besucht die Schule in Leopoldshöhe. Er hat seinen Schulweg aufgezeichnet und dabei an einigen Stellen die Zeiten eingetragen, zu denen er morgens dort vorbeikommt.
a) Wie lange ist David morgens unterwegs?
b) David fährt mit dem Fahrrad zur Schule. Er legt dabei in fünf Minuten durchschnittlich einen Kilometer zurück. Berechne die Länge des Schulwegs in Kilometern.
c) Zeichne deinen eigenen Schulweg. Die Zeichnung muss so genau sein, dass ein Fremder danach den Weg von deinem Wohnhaus zu deiner Schule finden kann.

Unser Schulweg

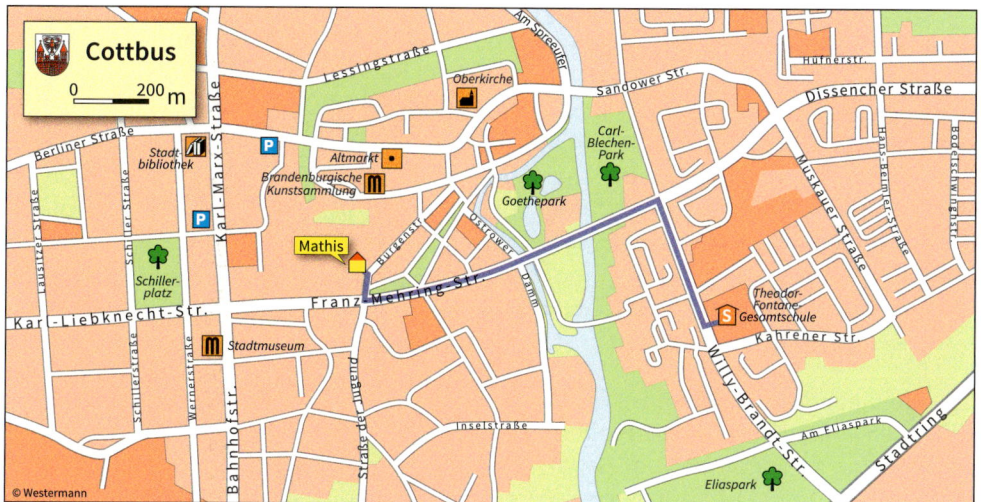

3 Mathis besucht die Theodor-Fontane-Gesamtschule in Cottbus. Er fährt im Sommer mit dem Fahrrad zur Schule. Mathis hat seinen Schulweg in eine Karte eingezeichnet (Maßstab 1 : 20 000).
a) Suche den Schulweg von Mathis in der Karte und bestimme die Länge.
b) Wie lange braucht Mathis bis zur Schule, wenn er einen Kilometer im Durchschnitt in fünf Minuten zurücklegt?
c) Wann muss Mathis das Haus verlassen, wenn er noch sechs Minuten rechnet, um sein Fahrrad zu holen bzw. wegzustellen (Schulbeginn: 7.30 Uhr)?

4 Paul wohnt in der Immenseestraße in Potsdam und besucht die Voltaire-Schule im Zentrum. Er fährt jeden Morgen mit dem Bus zur Schule. Der Bus braucht von der Haltestelle bis zur Dortusstraße 19 min. Bis zur Schule sind es dann noch vier Minuten zu Fuß. Der Unterricht beginnt um 8.00 Uhr. Paul möchte zehn Minuten vor dem Unterricht an der Schule ankommen.
a) Wann muss er an der Haltestelle sein?
b) Zu welcher Zeit muss Paul das Haus verlassen, wenn er bis zur Haltestelle ungefähr fünf Minuten zu Fuß gehen muss?
c) Wann muss Paul spätestens aufstehen, wenn er für Waschen, Anziehen und Frühstück 40 Minuten rechnet?

Linie 695 – Im Bogen/Forststr.	
Montag bis Freitag	Samstag
5.20	5.20
5.35	5.35
5.50	5.50
6.01	6.05
6.11	6.20
alle 10 min.	alle 15 min.
19.11	8.50
19.26	9.01

Auf Ferienfahrt

1 Steffi möchte mit ihrer Jugendgruppe zu einer Ferienfahrt nach Freiburg fahren.
Der Intercity-Express (ICE) fährt um 10.31 Uhr vom Hauptbahnhof Berlin ab.
a) Wie viele Minuten braucht der Zug bis nach Fulda (Mannheim, Karlsruhe)?
b) Wie lange dauert die gesamte Bahnfahrt?
c) Wie viele Kilometer muss der Zug bis Freiburg insgesamt zurücklegen?

2 Die Jugendlichen haben vor ihrer Fahrt den Liniennetzplan von Freiburg studiert. Wie gelangen sie vom Hauptbahnhof Freiburg mit öffentlichen Verkehrsmitteln zur Jugendherberge?

Berlin Hbf		ab 10:31
	175,4 km	
Wolfsburg		ab 11:40
	29,5 km	
Braunschweig Hbf		ab 11:58
	40,7 km	
Hildesheim Hbf		ab 12:25
	89,1 km	
Göttingen		ab 12:55
	54,0 km	
Kassel-Wilhelmshöhe		ab 13:16
	103,0 km	
Fulda		ab 13:48
	105,7 km	
Mannheim Hbf		ab 15:36
	60,7 km	
Karlsruhe Hbf		ab 16:00
	135,3 km	
Freiburg (Brsg.) Hbf		an 16:59

Liniennetzplan Freiburger Verkehrs AG

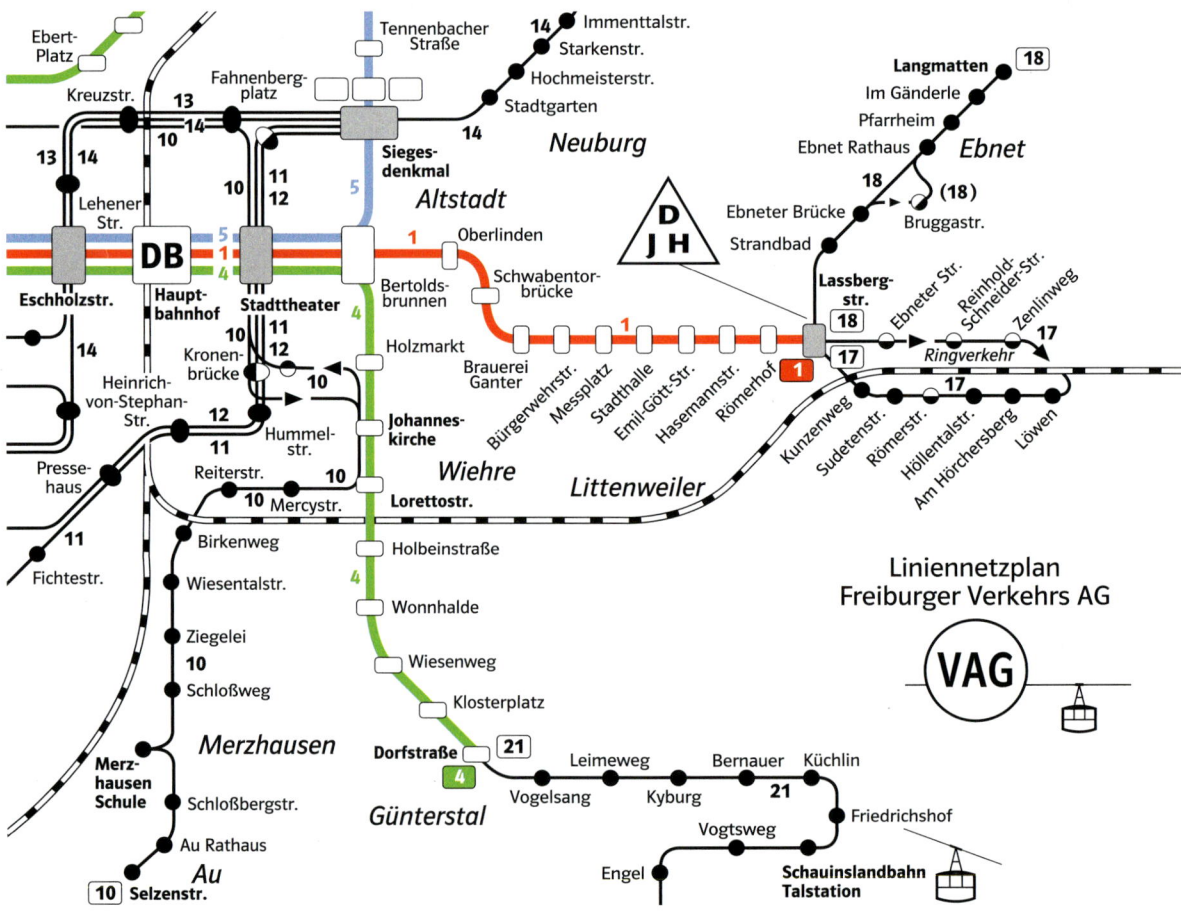

Liniennetzplan
Freiburger Verkehrs AG

VAG

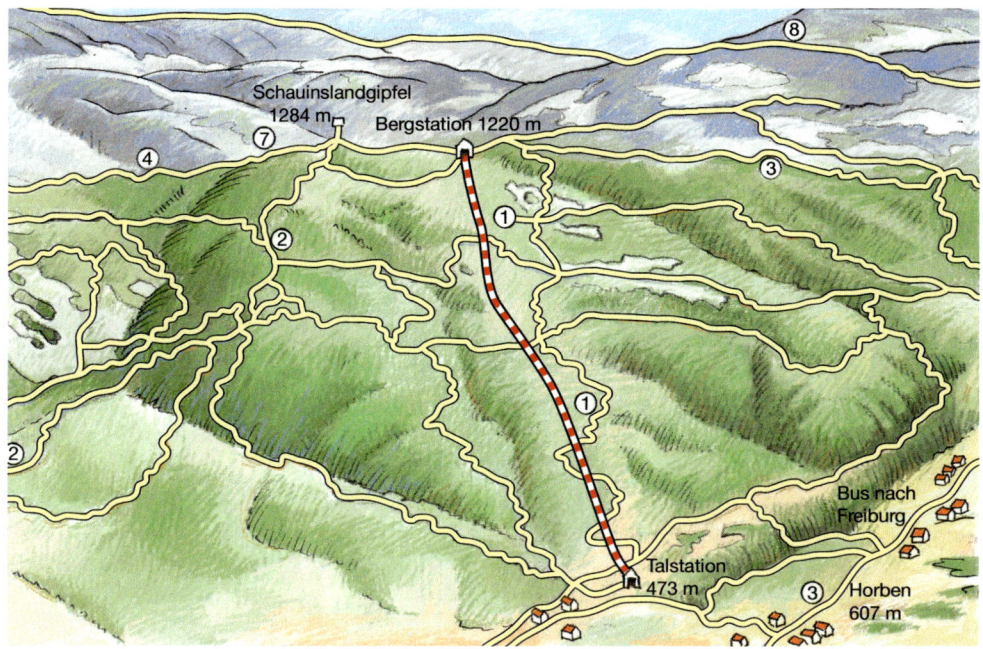

3 Die Jugendgruppe möchte mithilfe der Schauinslandbahn auf den Schauinslandgipfel gelangen. Dazu fahren sie von der Haltestelle „Lassbergstraße" mit der Linie 1 zunächst in Richtung Bahnhof.

a) Wie gelangen sie mit öffentlichen Verkehrsmitteln zur Talstation? Benutze den Liniennetzplan.

b) Wann müssen sie in die Straßenbahn einsteigen, wenn sie spätestens um 10:00 Uhr an der Talstation sein wollen?

c) Wann können die Jugendlichen den Schauinslandgipfel erreichen, wenn die Fahrt mit der Seilbahn 15 Minuten dauert und sie für den restlichen Weg 20 Minuten rechnen?

4 Plane in deiner Gruppe eine Ferienfahrt mit der Bahn und anderen öffentlichen Verkehrsmitteln zu einem anderen Ort.

Informationen zu öffentlichen Verkehrsmitteln erhältst du über die Stadt- oder Gemeindeverwaltung der Orte und im Internet. So erhältst du auch Informationen über die Freizeitmöglichkeiten und Sehenswürdigkeiten in der Nähe des Ortes.

Linie 1	9				
Lassbergstr.	05	11	17	23	29
Stadthalle	10	16	22	28	34
Schwabentor	14	20	26	32	38
Bertholdsbrunnen	18	24	30	36	42
Stadttheater	20	26	32	38	44
Hauptbahnhof	22	28	34	40	46
Escholzstraße	23	29	35	41	47
Techn. Rathaus	24	30	36	42	48

Linie 4	9–17					
Escholzstraße	06	16	26	36	46	56
Hauptbahnhof	07	17	27	37	47	57
Stadttheater	08	18	28	38	48	58
Bertholdsbrunnen	10	20	30	40	50	00
Johanneskirche	13	23	33	43	53	03
Lorettostraße	15	25	35	45	55	05
Wonnhalde	18	28	38	48	58	08
Dorfstraße	21	31	41	51	01	11

Linie 21	7	8		9–17
Dorfstraße	30	23	44	43
Schauinslandbahn-Talstation	38	31	52	51

Zeiteinheiten

1 Vergleiche die abgebildeten Uhren miteinander.

2 In welcher Zeiteinheit messen wir folgende Zeitspannen: eine Unterrichtsstunde, das Alter eines Menschen, einen 100-m-Lauf, einen Marathonlauf, eine Schwangerschaft, die Sommerferien?

> **1 Jahr = 365 Tage**
> **1 Jahr = 12 Monate**
> **1 Monat = 30 Tage**
> **1 Woche = 7 Tage**
>
> **1 Tag = 24 Stunden**
> **(1 d = 24 h)**
> **1 Stunde = 60 Minuten**
> **(1 h = 60 min)**
> **1 Minute = 60 Sekunden**
> **(1 min = 60 s)**
>
> 1 Schaltjahr (jedes vierte Jahr) hat 366 Tage. Die Monate Januar, März, Mai, Juli, August, Oktober und Dezember haben 31 Tage, April, Juni, September und November haben 30 Tage. Der Februar hat in einem Schaltjahr 29 Tage, sonst 28 Tage. Wir rechnen bei Monaten mit 30 Tagen.

3 Wandle um in Sekunden (s).

> 2 min 15 s = 120 s + 15 s = 135 s

4 min; 8 min; 2 min 32 s; 3 min 10 s; 5 min 39 s; 7 min 28 s; 15 min 35 s

4 Wandle um in Minuten (min) und Sekunden (s).

> 80 s = 1 min 20 s

300 s; 600 s; 660 s; 90 s; 140 s; 87 s; 150 s; 200 s; 250 s; 310 s; 750 s; 999 s

5 Gib in Stunden (h) und Minuten (min) an.

> 135 min = 2 h 15 min

120 min; 360 min; 100 min; 150 min; 220 min; 370 min; 420 min; 1000 min; 1100 min; 2000 min; 10 000 min

6 Wie viele Stunden sind es?
2 d; 5 d; 7 d; 2 d 18 h; 3 d 12 h; 4 d 8 h; $\frac{1}{2}$ d; $2\frac{1}{2}$ d; 2 d 11 h

7 Wandle in Minuten um.

> 1 h 35 min = 95 min

a) 2 h; 5 h; 4 h; 1 h 17 min; 3 h 45 min
b) $\frac{1}{4}$ h; $\frac{1}{2}$ h; $1\frac{3}{4}$ h; $2\frac{1}{2}$ h; $6\frac{1}{2}$ h

8 Wandle in Tage und Stunden um.
25 h; 32 h; 48 h; 53 h; 68 h ; 96 h; 120 h; 240 h; 264 h; 300 h; 500 h

9 a) Wie viele Monate sind es?
4 Jahre 6 Monate; 5 Jahre 10 Monate; $\frac{1}{4}$ Jahr; $\frac{1}{2}$ Jahr; $2\frac{1}{2}$ Jahre; $1\frac{3}{4}$ Jahre
b) Rechne um in Jahre und Monate.
30 Monate; 60 Monate; 100 Monate; 130 Monate; 38 Monate; 95 Monate

Zeitspannen

Katrin Jüttner	Stundenplan			Klasse 5a	
Zeit	**Montag**	**Dienstag**	**Mittwoch**	**Donnerstag**	**Freitag**
7.30 – 8.15	Erdkunde	Biologie	Deutsch-Fö	Sport	Geschichte
8.20 – 9.05	Erdkunde	Englisch	Englisch	Sport	Geschichte
9.25 – 10.10	Mathe	Sport	Arbeitslehre	Mathe	Deutsch
10.15 – 11.00	Deutsch	Deutsch	Arbeitslehre	Englisch	Englisch
11.15 – 12.00	Musik	Mathe	Deutsch	Biologie	Mathe
12.05 – 12.50	Englisch	Chor	Arbeitsstunden	Musik	Mathe-Fö
13.10 – 13.55					
14.00 – 14.45	Arbeitsstunden		AG	Kunst	
14.45 – 15.30	Deutsch-Fö		AG	Kunst	

1 a) Berechne in Stunden und Minuten, wie lange Katrin an den einzelnen Tagen in der Schule ist.
b) Berechne die Zeit für die ganze Woche. Wie viel Pausenzeit ist darin enthalten?

```
  4 5 min            8 h 3 8 min
+ 2 0 min          + 5 h 5 4 min
  6 5 min            1 3 h 9 2 min

= 1 h 5 min        = 1 4 h 3 2 min
```

2 Beim Rechnen mit verschiedenen Zeitspannen musst du die Umrechnungen beachten.
a) 25 min + 51 min   b) 7 min + 58 min
   15 min + 47 min   57 min + 56 min
   38 min + 42 min   49 min + 59 min

c) 15 h 7 min + 7 h 54 min
   18 h 5 min + 27 h 58 min
   25 h 48 min + 37 h 33 min

```
  7 h 3 5 min        6 h 9 5  min
  4 h 4 0 min        4 h 4 0  min
                     2 h 5 5  min
```

3 a) 9 h 34 min – 2 h 33 min
        12 h 45 min – 11 h 37 min
        25 h 14 min – 14 h 9 min

b) 1 h 14 min – 20 min
    2 h 46 min – 58 min
   14 h 9 min – 13 h 44 min

4 a)   4 h 59 min + 19 h 21 min
         24 h 27 min – 12 h 30 min
         17 h 47 min + 17 h 53 min

b)   98 h – 16 h 48 min
     34 h 16 min + 7 h 45 min
    126 h – 125 h 59 min

5 Wie viele Stunden und Minuten sind es jeweils bis Mitternacht?
21.00 Uhr; 13.10 Uhr; 20.30 Uhr; 6.40 Uhr;
1.24 Uhr; 0.39 Uhr; 8.25 Uhr;

6 Eine Fernsehsendung beginnt um 18.25 Uhr. Wann ist sie zu Ende?
Dauer der Sendung: 50 min ($\frac{1}{2}$ h; $\frac{3}{4}$ h; 100 min; $1\frac{1}{2}$ h; 75 min; 1 h 45 min).

7 Wann endet die Veranstaltung?

	a)	b)	c)
Beginn:	12.40 Uhr	17.30 Uhr	20.40 Uhr
Dauer:	3 h 10 min	2 h 35 min	$2\frac{1}{2}$ h

	d)	e)	f)
Beginn:	19.30 Uhr	20.45 Uhr	22.40 Uhr
Dauer:	2 h 45 min	$2\frac{3}{4}$ h	$1\frac{1}{2}$ h

8 Wie viele Stunden und Minuten dauert die Veranstaltung?

	a)	b)	c)
Beginn:	17.30 Uhr	14.09 Uhr	21.40 Uhr
Ende:	19.40 Uhr	15.17 Uhr	0.30 Uhr

1 Übertrage und berechne die fehlenden Angaben.

	Abfahrt	Ankunft	Fahrtdauer
a)	8.19 Uhr	▪	2 h 16 min
b)	18.26 Uhr	19.12 Uhr	▪
c)	20.07 Uhr	23.14 Uhr	▪
d)	0.05 Uhr	17.15 Uhr	▪
e)	16.30 Uhr	▪	3 h 59 min
f)	13.12 Uhr	22.57 Uhr	▪
g)	▪	17.35 Uhr	8 h 24 min

2 Das Herz eines Jugendlichen schlägt im Schlaf etwa 54-mal in der Minute. Wie oft schlägt es in acht Stunden?

3 Wie viele Sekunden hat ein Tag?

4 Ein Schuljahr hat rund 40 Wochen, eine Schulwoche 36 Schulstunden und eine Unterrichtsstunde 45 Minuten. Wie viele Stunden Unterricht hast du im Jahr?

5 a) Bei einem Gewitter misst du zwischen Blitz und Donner 3 Sekunden. Wie weit ist das Gewitter entfernt, wenn der Schall in der Luft in einer Sekunde 340 m zurücklegt?
b) Bei der nächsten Messung erhältst du einen Wert von 12 Sekunden.
c) Der Blitz schlägt 1700 m von dir entfernt ein. Wie viele Sekunden später hörst du den Donner?

6 Eine Zirkusveranstaltung dauert $2\frac{3}{4}$ Stunden. Wann endet die Vorstellung?

7 Herr Fabian hat seine Ankunftszeit 9.30 Uhr auf der Parkscheibe eingestellt. Er darf dort zwei Stunden parken.
a) Er kommt um 12.00 Uhr zurück. Um wie viele Minuten hat er seine Parkzeit überschritten?
b) Die Parkdauer darf um höchstens 10 Minuten überschritten werden. Wann hätte Herr Fabian spätestens zurück sein müssen?

8 Helen möchte einen Film mit dem Videorecorder aufnehmen. Der Film beginnt um 20.15 Uhr und endet um 21.55 Uhr. Auf einer Videokassette kann sie noch 90 Minuten aufnehmen.

9 Ein ICE benötigt für die Strecke München–Hamburg 5 Stunden und 52 Minuten. Der Zug fährt um 7.55 Uhr in München ab und hält sechsmal. Bis zum dritten Halt hat er 13 Minuten Verspätung. Bei den folgenden Stationen holt er bei jedem Halt wieder drei Minuten auf. Wann müsste der ICE fahrplanmäßig in Hamburg eintreffen? Wann trifft er jetzt ein?

10 Die amerikanische Biologin Jane Shen-Miller fand 1982 in einem ausgetrockneten See in China einen 1288 Jahre alten Lotosblumensamen. In welchem Jahr hat die Lotosblume geblüht, von der dieser Samen stammt?

Zeitzonen

FRANKFURT	CHICAGO	NEW YORK	LONDON	PARIS	ATHEN	MUMBAI	HONGKONG	TOKIO	SYDNEY
13:00	6:00	7:00	12:00	13:00	14:00	17:00	20:00	21:00	22:00

Zur Zeit ist es in Athen 14.00 Uhr.

ANKUNFT

1 Frau Häger wartet mit ihrem Sohn Timo auf dem Frankfurter Flughafen auf die Ankunft eines Flugzeugs aus Athen.
a) Was könnten zur selben Zeit Bob in Chicago, Susan in Sydney, Han Su in Tokio und Pièrre in Paris machen?
b) Zwei Stunden später sitzt Timo über seinen Hausaufgaben. Wie spät ist es jetzt in Hongkong, London, Athen und Mumbai?

2 Christine telefoniert um 9.00 Uhr in Chicago. Sie ruft ihre Mutter in Frankfurt an. Wie spät ist es zu diesem Zeitpunkt in Frankfurt?

3 Eine Boeing 747-400 startet um 6.30 Uhr in New York mit Flugziel Frankfurt. Die Flugzeit beträgt 8 h 10 min.

4 a) Ein Flugzeug startet um 13.00 Uhr in Frankfurt. Es fliegt nach Athen in 2 Stunden und 50 Minuten. Wann landet es in der griechischen Hauptstadt?
b) Ein zweites Flugzeug fliegt um 10.00 Uhr von Paris ab. Es hat das Ziel Frankfurt. Die Flugzeit beträgt 1 h 20 min.

5 a) Wann kommt ein Flugzeug in Paris an, wenn es in Chicago um 6.00 Uhr abfliegt (Flugzeit 8 h 15 min)?
b) Um wie viel Uhr landet ein Passagier in Athen, wenn er um 8.30 Uhr in New York startet (Flugzeit 11 h 5 min)?

6 Ein Airbus A340-400 startet um 13.20 Uhr in Frankfurt mit Flugziel New York. Die Landung erfolgt in New York um 15.00 Uhr. Was stellst du fest?

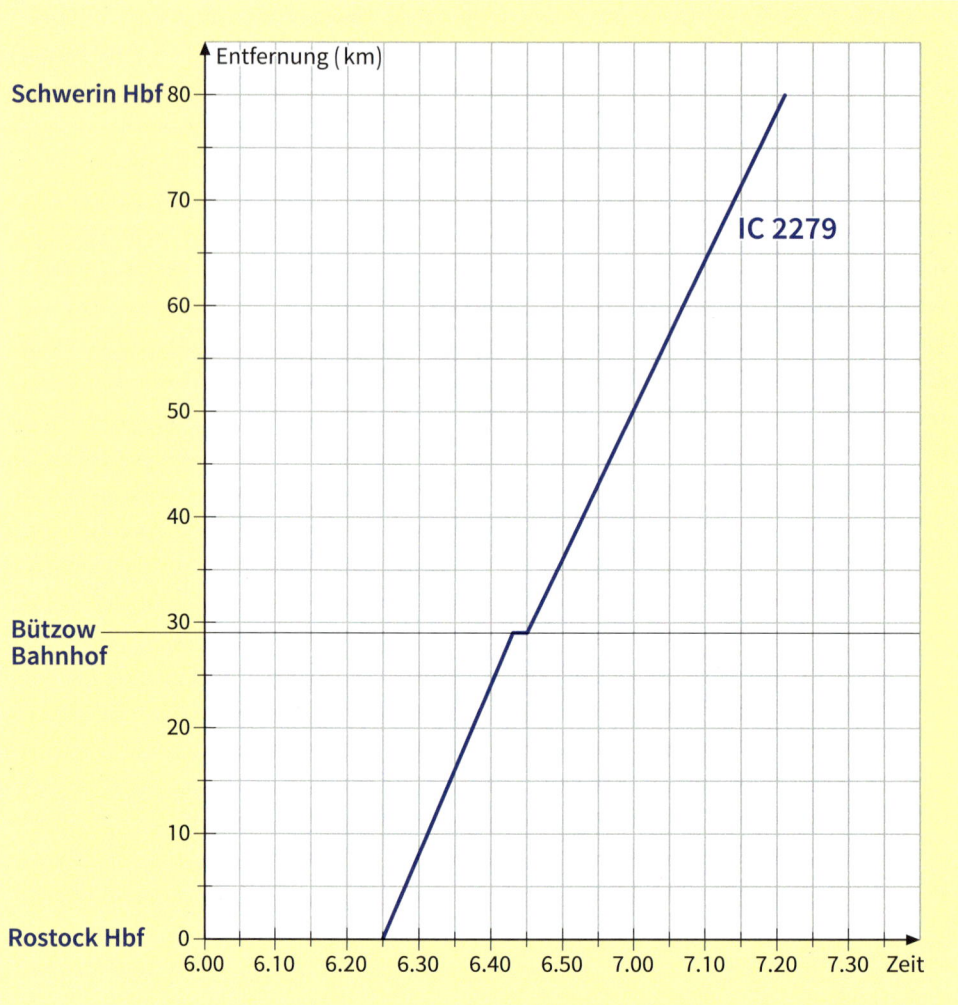

1 Bei der Deutschen Bahn werden die Tabellenfahrpläne häufig in sogenannte Bildfahrpläne übersetzt. In der Abbildung siehst du einen Bildfahrplan für einen Zug von Rostock Hauptbahnhof nach Schwerin Hauptbahnhof.
a) Schau dir die Achsen und ihre Einteilungen an. Was wird auf der x-Achse (y-Achse) dargestellt? Weshalb sind an der y-Achse einzelne Ortsnamen eingetragen worden?
b) Was bedeutet der Streckenzug, der vom Ursprung des Koordinatensystems ausgeht?
c) Übertrage den abgebildeten Bildfahrplan in dein Heft.

2 a) Ermittle anhand des Bildfahrplans, wie viele Kilometer Bützow von Rostock entfernt ist. Wann kommt der Zug in Bützow an? Wie lange hält er dort?
b) Übertrage den unten abgebildeten Tabellenfahrplan in dein Heft und fülle ihn mithilfe des Bildfahrplans aus. Trage die Ankunftszeiten und die Abfahrtzeiten des Zuges ein.

Rostock Hbf – Schwerin Hbf		
km		Zeit
0	Rostock Hbf (ab)	6.25
▨	Bützow (an)	▨
▨	Bützow (ab)	▨
▨	Schwerin Hbf (an)	▨

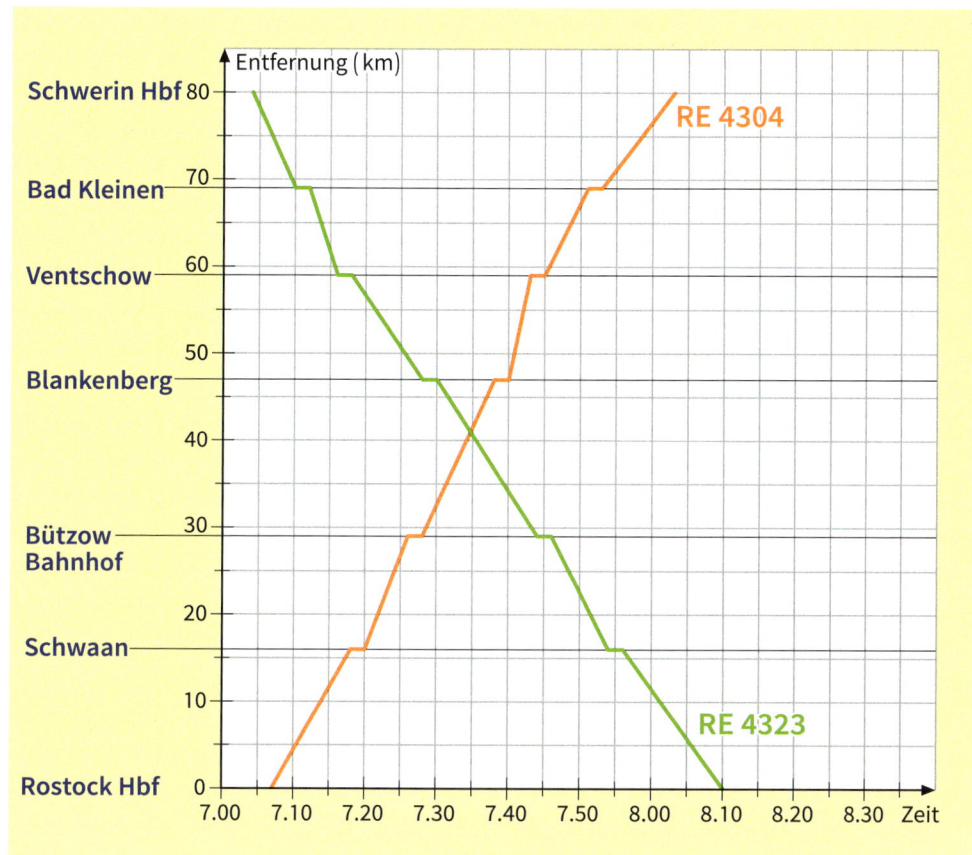

3 Auf dem abgebildeten Bildfahrplan sind zwei Züge eingetragen, die Regionalbahnen RE 4304 und RE 4323.
Die Regionalbahn RE 4304 fährt von Rostock Hauptbahnhof nach Schwerin Hauptbahnhof, RE 4323 von Schwerin Hauptbahnhof nach Rostock Hauptbahnhof.
a) Wie viel Zeit benötigen die Züge jeweils für die gesamte Strecke?
b) Wann begegnet RE 4304 der Regionalbahn RE 4323?
c) Welche Zeit benötigt RE 4304 für die Strecke von Schwaan nach Bützow (Blankenberg nach Ventschow, Ventschow nach Bad Kleinen)?
d) Lege für den Streckenverlauf von RE 4323 eine Tabelle wie in Aufgabe 2 an und notiere die zurückgelegten Entfernungen und die Ankunfts- und Abfahrtszeiten.

4 Plane in deiner Gruppe mithilfe des Fahrplans der Deutschen Bahn (Elektronisches Kursbuch im Internet) einen Ausflug in die nähere Umgebung. Berechne die Fahrzeiten für die Hin- und Rückfahrt, die Aufenthaltsdauer am Ort und die Dauer des gesamten Ausflugs.

Beachte die Hinweise auf den Seiten 81 und 171.

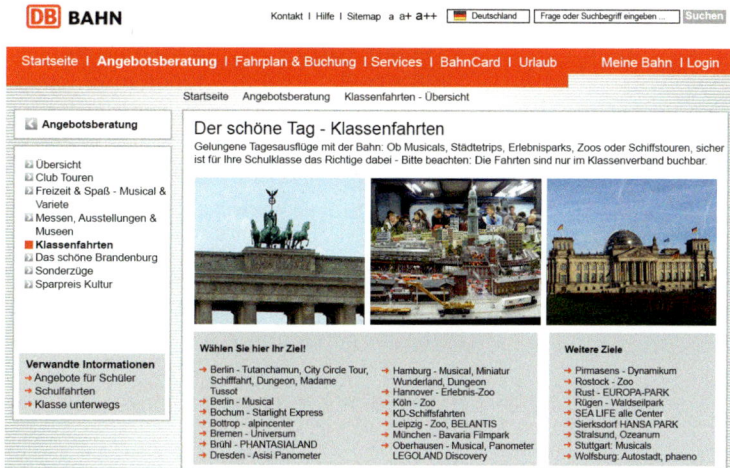

1 Wandle um in die angegebene Einheit.

a) 6 min (s)
720 min (h)
48 h (d)

b) 8 h 17 min (min)
5 min 24 s (s)
3 h 28 min (min)

c) 1 h (s)
3 d (h)
1 d (min)

d) 2 d 14 h (h)
$2\frac{1}{2}$ h (min)
$\frac{3}{4}$ h (s)

2 a) Wie viele Monate sind es?
9 Jahre, 3 Jahre 5 Monate, $2\frac{1}{4}$ Jahr
b) Rechne um in Jahre und Monate:
40 Monate, 140 Monate, 53 Monate

3 Berechne.

a) 13 h 34 min + 6 h 22 min
11 h 17 min + 5 h 39 min
9 h 35 min + 2 h 19 min

b) 5 h 46 min + 7 h 36 min
8 h 55 min + 9 h 49 min
1 h 50 min + 9 h 23 min

4 Berechne.

a) 6 h 47 min – 5 h 38 min
3 h 26 min – 3 h 19 min
4 h 38 min – 2 h 29 min

b) 7 h 32 min – 4 h 56 min
12 h 7 min – 9 h 57 min
4 h 12 min – 3 h 46 min

✚ 5 Wie viele Stunden und Minuten dauert die Veranstaltung?

	a)	b)	c)
Beginn:	8.30 Uhr	18.25 Uhr	23.17 Uhr
Ende:	13.40 Uhr	22.08 Uhr	2.30 Uhr

6 Ein Regional-Express fährt in Rostock um 14.32 Uhr ab und kommt am Hauptbahnhof Berlin um 17.03 Uhr an. Gib die Fahrzeit an.

7 Kevin fährt mittags von der Schule nach Hause. Sein Bus braucht 25 Minuten für den Weg. Kevin steigt um 13.06 Uhr aus dem Bus. Wann fuhr der Bus von der Schule ab?

✚ 8 In einer Sekunde legt ein Fußgänger 1,30 m zurück, ein Pkw 26,50 m und ein Düsenflugzeug 250 m. Wie weit kommt jeder in 20 Minuten?

✚ 9 Der Schall legt in der Sekunde 340 m zurück. Die „Concorde" war ein Passagierflugzeug, das mit doppelter Schallgeschwindigkeit fliegen konnte. Berechne die Geschwindigkeit der Concorde in Kilometer pro Stunde.

Wiederholung

1 Wandle in die Einheit um, die in Klammern steht.

a) 9 m² (dm²)
13 dm² (cm²)
25 a (m²)

b) 3400 a (ha)
3000 ha (km²)
12000 mm² (cm²)

2 a) 3,45 m + 78 cm
5 km + 67 m
12 dm + 89 cm

b) 12 m – 156 cm
123 cm – 6 dm
13 dm – 47 cm

3 Berechne den Umfang und den Flächeninhalt des Rechtecks mit den Seitenlängen a und b.
a) a = 7 cm; b = 11 cm
b) a = 32 m; b = 24 m

4 Berechne den Umfang und den Flächeninhalt des Quadrats mit der Seitenlänge a.
a) a = 14 cm
b) a = 22 m

5 a) Der Umfang eines Quadrats beträgt 64 cm. Berechne die Seitenlänge.
b) Der Umfang eines Rechtecks beträgt 170 cm. Eine Seite ist 47 cm lang. Wie lang ist die andere?

6 Ein 23 m langes und 21 m breites Baugrundstück wird eingezäunt.
a) Wie lang ist der Zaun?
b) Wie groß ist das eingezäunte Grundstück?

3 Babenhausen Süd – Hauptbahnhof – Jahnplatz – Stieghorst

	Montag bis Freitag																		
Babenhausen Süd .... ab	5.11	5.26	5.41	5.51	6.01	6.11	6.21	6.31	6.41	6.51	7.01	7.11	7.21	7.31	7.41	7.51	8.01	Alle	19.01	19.11
Voltmannstraße	12	27	42	52	02	12	22	32	42	52	02	12	22	32	42	52	02	10	02	12
Koblenzer Straße............	13	28	43	53	03	13	23	33	43	53	03	13	23	33	43	53	03	Min.	03	13
Lange Straße	15	30	45	55	05	15	25	35	45	55	05	15	25	35	45	55	05		05	15
Auf der Hufe	16	31	46	56	06	16	26	36	46	56	06	16	26	36	46	56	06		06	16
Nordpark	17	32	47	57	07	17	27	37	47	57	07	17	27	37	47	57	07		07	17
Wittekindstraße	18	33	48	59	09	19	29	39	49	59	09	19	29	39	49	59	09		09	18
Hauptbahnhof	19	34	49	6.00	10	20	30	40	50	7.00	10	20	30	40	50	8.00	10		10	19
Jahnplatz.................... an	5.20	5.35	5.50	6.01	6.11	6.21	6.31	6.41	6.51	7.01	7.11	7.21	7.31	7.41	7.51	8.01	8.11		19.11	19.20
Jahnplatz.................... ab	5.20	5.35	5.50	6.01	6.11	6.21	6.31	6.41	6.51	7.01	7.11	7.21	7.31	7.41	7.51	8.01	8.11		19.11	19.20
Rathaus	21	36	51	02	12	22	32	42	52	02	12	22	32	42	52	02	12		12	21
August-Schroeder-Straße	23	38	53	04	14	24	34	44	54	04	14	24	34	44	54	04	14		14	23
Ravensberger Straße	24	39	54	05	15	25	35	45	55	05	15	25	35	45	55	05	15		15	24
Krankenhaus	26	41	56	07	17	27	37	47	57	07	17	27	37	47	57	07	17		17	26
Oststraße.......................	27	42	57	08	18	28	38	48	58	08	18	28	38	48	58	08	18		18	27
Hartlager Weg	28	43	58	09	19	29	39	49	59	09	19	29	39	49	59	09	19		19	28
Sieker Mitte .... an	5.30	5.45	6.00	6.11	6.21	6.31	6.41	6.51	7.01	7.11	7.21	7.31	7.41	7.51	8.01	8.11	8.21		19.21	19.30
Luther-Kirche	31	46	01	12	22	32	42	52	02	12	22	32	42	52	02	12	22		22	31
Roggenkamp.................	32	47	02	13	23	33	43	53	03	13	23	33	43	53	03	13	23		23	32
Elpke	33	48	03	14	24	34	44	54	04	14	24	34	44	54	04	14	24	Alle	24	33
Gesamtschule Stieghorst	34	49	04	15	25	35	45	55	05	15	25	35	45	55	05	15	25	10	25	34
Stieghorst-Zentrum .... an	5.35	5.50	6.05	6.16	6.26	6.36	6.46	6.56	7.06	7.16	7.26	7.36	7.46	7.56	8.06	8.16	8.26	Min.	19.26	19.35

1 Alexandra wohnt in der Ravensberger Straße und besucht die Gesamtschule in Stieghorst. Der Unterricht beginnt um 8.00 Uhr. Alexandra möchte fünf Minuten vor dem Unterricht an der Schule ankommen.
a) Wann muss sie an der Haltestelle sein?
b) Wann muss sie das Haus verlassen, wenn sie bis zur Haltestelle ungefähr sieben Minuten zu Fuß gehen muss?
c) Wann muss Alexandra spätestens aufstehen, wenn sie für Waschen, Anziehen und Frühstücken 45 Minuten rechnet?

2 Wenn es in Sydney 22.00 Uhr ist, ist es in Hongkong 20.00 Uhr. Ein Flugzeug startet um 10.45 in Sydney und landet um 17.45 Uhr in Hongkong. Bestimme die Flugdauer.

3 Wenn es in London 12.00 Uhr ist, ist es in Mumbai bereits 17.30 Uhr. Ein Flugzeug startet um 16.30 Uhr in London mit dem Ziel Mumbai. Die Flugzeit beträgt 7 h 55 min. Wie spät ist es bei der Landung in Mumbai?

1 Wandle in die Einheit um, die in Klammern steht.
a) 9,12 m² (dm²)   b) 3, 48 a (ha)
0,3 dm² (cm²)   575 ha (km²)
2,5 a (m²)   1230 mm² (cm²)

2 Nina hat quadratische Plättchen von 4 cm Länge. Sie legt daraus neue größere Quadrate.
a) Wie viele Plättchen braucht sie jeweils für die nächsten fünf größeren Quadrate?
b) Gib jeweils Flächeninhalt und Umfang dieser Quadrate an.

3 In jeder Spalte sind die Maße eines Rechtecks angegeben. Vervollständige die Tabelle.

	a)	b)	c)
Seitenlänge a	11 cm	9 dm	
Seitenlänge b	17 cm		16 m
Umfang		40 dm	
Flächeninhalt			224 m²

4 Bauer Kaup kann pro Jahr mit einem Kilogramm Mineraldünger eine 58 m² große Fläche düngen. Wie viel Kilogramm braucht er für ein 6, 96 ha großes Feld?

Wiederholung

Schriftliches Addieren

Addition zweier Summanden

Beim schriftlichen Addieren werden die Summanden untereinander geschrieben: Einer unter Einer, Zehner unter Zehner, Hunderter unter Hunderter, …

$$131 + 437 = \blacksquare$$

Einer:
7 + 1 = 8

Zehner:
3 + 3 = 6

Hunderter:
4 + 1 = 5

```
  1 3 1
+ 4 3 7
───────
  5 6 8
```

Ist beim stellenweisen Addieren die Summe größer als neun, gibt es einen Übertrag in die nächsthöhere Stelle.

$$475 + 246 = \blacksquare$$

Einer:
6 + 5 = 11
Übertrag: 1

Zehner:
1 + 4 + 7 = 12
Übertrag: 1

Hunderter:
1 + 2 + 4 = 7

```
  4 7 5
+ 2 4 6
  1 1
───────
  7 2 1
```

Addition mehrerer Summanden

$$3508 + 358 + 775 = \blacksquare$$

Einer:
5 + 8 + 8 = 21
Übertrag: 2

Zehner:
2 + 7 + 5 + 0 = 14
Übertrag: 1

Hunderter:
1 + 7 + 3 + 5 = 16
Übertrag: 1

Tausender:
1 + 3 = 4

```
  3 5 0 8
+   3 5 8
+   7 7 5
  1 1 2
─────────
  4 6 4 1
```

1 Berechne schriftlich.
a) 457 + 241   b) 271 + 327
c) 502 + 375   d) 482 + 317
e) 1672 + 2027   f) 3056 + 4932

2 Berechne schriftlich.
a) 372 + 253   b) 572 + 319
c) 735 + 432   d) 562 + 469
e) 4578 + 473   f) 4590 + 2582
g) 17 564 + 3567   h) 23 456 + 7549

3 Addiere.
a) 458 + 2567 + 13 762 + 98
b) 3567 + 90 000 + 34 675 + 2783 + 456
c) 3562 + 5678 + 12 056 + 873 + 9
d) 5623 + 17 924 + 7304 + 982
e) 2876 + 2877 + 2878 + 2879 + 2880

4 Addiere die Zahlen in den Spalten und Zeilen. Die Kontrollzahl ist die Summe aller Ergebnisse in der untersten Zeile und in der rechten Spalte.

4078	6780	563	
91 763	12 000	8923	
678	964	45 003	
			341 504

5 In einer Schulbücherei werden 456 Mathematikbücher, 672 Bücher für Gesellschaftslehre, 382 Physikbücher und 567 Musikbücher neu angeschafft.

6 Mit einem Leihwagen sind in der letzten Woche folgende Strecken gefahren worden:
Montag: 456 km, Dienstag: 46 km, Mittwoch: 378 km, Donnerstag: 0 km und Freitag: 845 km.

7 Bei der letzten Landtagswahl in Berlin erhielten die im Parlament vertretenen Parteien folgende Stimmen:

Parteien	CDU	SPD	Die Linke	Grüne	Piraten
Anzahl der Stimmen	341 158	413 332	171 050	257 063	130 105

8 Leben mehr Einwohner in Brandenburg (2 449 511 Einwohner) als in diesen fünf Städten zusammen?

Stadt	Dresden	Leipzig	Chemnitz	Halle	Magdeburg
Einwohner	536 623	502 979	241 997	232 535	232 660

Schriftliches Subtrahieren

1 Berechne schriftlich.
a) 487 − 253   b) 923 − 512
c) 769 − 347   d) 2589 − 1276
e) 4890 − 2630   f) 34 567 − 2356

2 Berechne schriftlich.
a) 835 − 673   b) 905 − 753
c) 1256 − 835   d) 4592 − 3785
e) 7000 − 872   f) 34 802 − 8278

3 Subtrahiere.
a) 5678 − 2955   b) 6206 − 5389
c) 7890 − 5926   d) 3298 − 2945
e) 347 802 − 6876   f) 45 000 − 17 872
g) 134 560 − 34 456   h) 254 302 − 39 537

4 Mareike hat 872 € gespart und will sich nun für 378 € ein neues Fahrrad kaufen.

5 Frau Niedeck hat mit ihrem zwei Jahre alten Pkw insgesamt 56 467 km zurückgelegt. Sie hat ausgerechnet, dass sie das Auto davon 37 608 km zu beruflichen Zwecken genutzt hat.

6 Herr Peters hat 128 € in seiner Brieftasche. Er hebt zusätzlich 295 € von seinem Konto ab. Er möchte einen Pocket-PC für 399 € kaufen. Kann er dann noch für 50 € tanken?

7 Subtrahiere.

Minuend	4598	23 456	127 509	46 893
Subtrahend	2543	7093	9578	12 476
Differenz	☐	☐	☐	☐

8 Berechne die fehlenden Zahlen.

Minuend	5689	14 508	345 602	☐
Subtrahend	2309	☐	☐	3569
Differenz	☐	6874	293 456	7346

9 Wenn man zu einer Zahl 78 902 addiert, erhält man 90 500. Wie heißt die gesuchte Zahl?

10 Subtrahiert man eine Zahl von 34 786, so erhält man 19 777. Wie heißt die gesuchte Zahl?

Beim schriftlichen Subtrahieren werden die Zahlen wie bei der schriftlichen Addition untereinander geschrieben.
Es gibt zwei verschiedene Verfahren.

Verfahren: Ergänzen

$$576 - 342 = \blacksquare$$

Einer:
$2 + 4 = 6$

Zehner:
$4 + 3 = 7$

Hunderter:
$3 + 2 = 5$

```
  5 7 6
− 3 4 2
  2 3 4
```

Ist beim Ergänzen die untere Zahl größer als die obere Zahl, gibt es einen Übertrag in die nächsthöhere Stelle.

$$782 - 357 = \blacksquare$$

Einer:
$7 + 5 = 12$
Übertrag: 1

Zehner:
$1 + 5 + 2 = 8$

Hunderter:
$3 + 4 = 7$

```
  7 8 2
− 3 5 7
    1
  4 2 5
```

Verfahren: Abziehen

$$782 - 357 = \blacksquare$$

Einer:
$2 - 7 = ?$
$12 - 7 = 5$
Übertrag: 1

Zehner:
$8 - 1 = 7$
$7 - 5 = 2$

Hunderter:
$7 - 3 = 4$

```
      7
  7 8 2
− 3 5 7
  4 2 5
```

Schriftliches Multiplizieren

Multiplikation mit einem einstelligen Faktor

321 · 3 = ▧

| Einer: |
| 1 · 3 = 3 |

3	2	1	·	3
		9	6	3

Zehner:
2 · 3 = 6

Hunderter:
3 · 3 = 9

Ist ein Teilprodukt größer als neun, musst du dir die Zehnerziffer (den Übertrag) merken.

647 · 6 = ▧

Einer:
7 · 6 = 42
Schreibe 2, merke **4**

Zehner:
4 · 6 = 24
24 + **4** = 28
Schreibe 8, merke **2**

6	4	7	·	6
	3	8	8	2

Hunderter:
6 · 6 = 36
36 + **2** = 38
Schreibe 38

Multiplikation mit einem mehrstelligen Faktor

946 · 35 = ▧

9	4	6	·	3	5
2	8	3	8		
	4	7	3	0	
1	1	1			
3	3	1	1	0	

946 · 35 = 33 110

Multipliziere die einzelnen Stellen des zweiten Faktors nacheinander mit dem ersten Faktor. Beachte den Übertrag.
Schreibe die Zwischenergebnisse stellengerecht untereinander und addiere sie.

1 Berechne schriftlich.
a) 245 · 2 b) 321 · 3 c) 201 · 4
d) 3102 · 3 e) 4032 · 2 f) 3210 · 3

2 Berechne schriftlich.
a) 426 · 3 b) 527 · 2 c) 603 · 8
d) 509 · 7 e) 7025 · 4 f) 6207 · 9

3 Multipliziere.
a) 376 · 60 b) 569 · 700 c) 5698 · 90
d) 3497 · 800 e) 873 · 30 f) 4312 · 500

4 Multipliziere.
a) 67 · 67 b) 72 · 93 c) 56 · 89
d) 273 · 35 e) 478 · 39 f) 293 · 72

5 Multipliziere.
a) 3 · 6704 b) 67 · 7890 c) 90 · 587
d) 467 · 298 e) 209 · 398 f) 293 · 1923

6 Für die Klassenfahrt der Klasse 5 c werden von jedem Schüler und jeder Schülerin 128 € eingesammelt. In der Klasse sind 15 Jungen und 14 Mädchen.

7 Ein Herz eines Menschen schlägt in der Minute im Durchschnitt 72 mal. Wie oft schlägt ein menschliches Herz an einem Tag?

8 Eine Fledermaus hat einen Herzschlag von ungefähr 600 Schlägen pro Minute. Wie oft schlägt dieses kleine Herz am Tag?

9 Der Elfmeterpunkt im Fußballfeld ist nicht genau elf Meter von der Torlinie entfernt. Der Abstand beträgt genau zwölf englische Yards. Ein Yard ist ungefähr 91 Zentimeter lang.

10 Eine Grundschule hat Klassen vom 1. bis zum 6. Jahrgang. In einem Jahrgang gibt es immer vier parallele Klassen. In einer Klasse sind im Durchschnitt 28 Schülerinnen und Schüler.

11 Bei der folgenden Aufgabe entsteht ein ungewöhnliches Ergebnis:
4 119 345 674 893 · 2997

Schriftliches Dividieren

1 Berechne schriftlich.

a) 2556 : 6
b) 891 : 3
c) 5691 : 7
d) 5472 : 8
e) 1206 : 9
f) 3882 : 6
g) 4886 : 7
h) 5784 : 8
i) 7686 : 9

2 Berechne schriftlich. Achte auf die Nullen im Ergebnis.

a) 18 324 : 6
b) 25 228 : 7
c) 2850 : 5
d) 49 042 : 7
e) 14 340 : 3
f) 28 200 : 4
g) 11 263 : 7
h) 40 364 : 4
i) 45 063 : 9

3 Berechne schriftlich.

a) 14 600 : 40
b) 29 850 : 50
c) 11 410 : 70
d) 41 600 : 80
e) 73 170 : 90
f) 49 440 : 60
g) 43 200 : 40
h) 39 200 : 70
i) 36 810 : 90

4 Rechne schriftlich. Stimmt der Rest?

a) 40 585 : 9 = _____ Rest 4
b) 35 167 : 7 = _____ Rest 6
c) 49 765 : 7 = _____ Rest 2
d) 50 434 : 6 = _____ Rest 4

5 Vier Geschwister teilen sich ein Erbe von 45 678 €.
Berechne die Anteile. Gibt es hier einen Rest?

6 Ein Airbus legt eine Strecke von 7160 km in acht Stunden
zurück. Wie viele Kilometer legt er im Durchschnitt in einer
Stunde zurück?

7 Familie Sulhoff hat im vergangenen Jahr etwa 228 Kubik-
meter Wasser verbraucht. Dies sind umgerechnet 228 000
Liter. Die Familie besteht aus fünf Personen, die alle gleich
viel Wasser verbrauchen.
a) Wie hoch ist der Wasserverbrauch pro Person im Jahr?
Runde sinnvoll.
b) Berechne den monatlichen Wasserverbrauch für eine Person in Liter.
c) Wie viel Liter verbraucht eine Person am Tag?

8 Ein Fußballverein hatte während einer Saison bei 17
Heimspielen insgesamt 366 962 Zuschauer. Wie viele Zuschauer kamen im Durchschnitt pro Heimspiel?

9 Laura nimmt an, dass sie in ihrem Leben durchschnittlich
neun Stunden pro Tag geschlafen hat. Sie hat ausgerechnet,
dass sich insgesamt 31 680 Stunden Schlaf ergeben.
Wie alt ist Laura?

9472 : 4 = ▨

9	4	7	2	:	4	=	2
8							
1							

9 : 4 = 2 Rest ▨
2 · 4 = 8
9 − 8 = 1

9	4	7	2	:	4	=	2	3
8	↓							
1	4							
1	2							
	2							

14 : 4 = 3 Rest ▨
3 · 4 = 12
14 − 12 = 2

9	4	7	2	:	4	=	2	3	6
8		↓							
1	4								
1	2	↓							
	2	7							
	2	4							
		3							

27 : 4 = 6 Rest ▨
6 · 4 = 24
27 − 24 = 3

9	4	7	2	:	4	=	2	3	6	8
8			↓							
1	4									
1	2									
	2	7								
	2	4	↓							
		3	2							
		3	2							
			0							

32 : 4 = 8 Rest ▨
8 · 4 = 32
32 − 32 = 0

9472 : 4 = 2368

239 : 7 = ▨

2	3	9	:	7	=	3
2	1					
	2					

2 : 7 = 0 Rest ▨
also
23 : 7 = 3 Rest ▨
3 · 7 = 21
23 − 21 = 2

2	3	9	:	7	=	3	4
2	1	↓					
	2	9					
	2	8					
		1					

29 : 7 = 4 Rest ▨
4 · 7 = 28
29 − 28 = 1

239 : 7 = 34 Rest 1

Geld

Wenn ein Geldbetrag in der Komma-schreibweise angegeben wird, steht links vom Komma der Euro-Betrag, rechts vom Komma der Cent-Betrag.

$$3 \text{ € } 11 \text{ Cent} = 3{,}11 \text{ €}$$

Geldbeträge in der Kommaschreib-weise können in Cent umgerechnet werden.

$$1 \text{ € } = 100 \text{ Cent}$$
$$3{,}11 \text{ € } = 311 \text{ Cent}$$

Tabelle für Geldbeträge

Euro			Cent		
H	Z	E	Z	E	
		3	5	6	3,56 €
	3	5			35,00 €
1	0	0	5	0	100,50 €
	4	2	5	5	42,55 €

245,53 € + 73,07 € + 7,58 € = ▒

```
  2 4 5 , 5 3 €
+   7 3 , 0 7 €
+     7 , 5 8 €
    1 1 1 1
  3 2 6 , 1 8 €
```

125,25 € − 89,75 € = ▒

```
  1 2 5 , 2 5 €
−   8 9 , 7 5 €
    1 1
    3 5 , 5 0 €
```

Werden Geldbeträge in der Komma-schreibweise angegeben, muss beim Addieren und Subtrahieren jeweils Komma unter Komma gesetzt werden.

1 Übertrage die Tabelle für Geldbeträge in dein Heft und trage die folgenden Geldbeträge ein.
a) 345 Cent   b) 3,56 €   c) 23,67 €
d) 456 €   e) 23 456 Cent   g) 170,5 €

2 Verwandle in Euro.
a) 456 Cent   b) 23 Cent   c) 1234 Cent
d) 9 Cent   e) 3005 Cent   f) 100 000 Cent

3 Verwandle in Cent.
a) 3 €   b) 15,04 €   c) 7,50 €
d) 35,78 €   e) 356 €   f) 9,5 €

4 Schreibe mit Komma.
a) 3 € 17 Cent   b) 4 € 23 Cent   c) 17 € 45 Cent
d) 23 € 2 Cent   e) 5 Cent 12 €   f) 786 Cent

5 Julia wünscht sich ein neues Mountainbike. Das Fahrrad kostet 328 €. Eine Lichtanlage muss zusätzlich für 23,50 € gekauft werden. Außerdem braucht Julia einen neuen Fahrradhelm für 32 €.

6 Die Klasse 5 b plant eine Klassenfahrt. Von jeder Schülerin und von jedem Schüler werden 120 € eingesammelt. Insgesamt fahren 29 Personen mit.

7 Tim hat sein Sparschwein geleert. Er hat das Geld sortiert und will berechnen, wie viel er gespart hat.

5 €	2 €	1 €	50 Cent	20 Cent	10 Cent	5 Cent	2 Cent	1 Cent
7	12	4	21	6	45	12	23	21

8 Berechne schriftlich.
a) 23,56 € + 456,70 € + 12 505,56 € + 5,67 €
b) 3409,45 € + 34,09 € + 1200 €
c) 12 345,05 € + 234,50 € + 34,56 € + 1200,49 €

9 Berechne schriftlich.
a) 345,78 € − 56,09 €   b) 4508,56 € − 907,34 €
c) 5000 € − 678,23 €   d) 567,90 € − 459,60 €

10 Philip kauft Ersatzteile für seine Eisenbahn: einen Schalter für 2,75 €, ein Signal für 12,30 € und ein Haus für 7,25 €. Er will mit einem 20-€-Schein bezahlen. Reicht sein Geld? Schätze zuerst.

11 Madleen hat 10 € für den Jahrmarkt bekommen. Sie fährt Autoscooter für 3 €, Geisterbahn für 1,50 €, isst Zuckerwatte für 1 €, bezahlt an der Wurfbude 2 €, kauft Popcorn für 1,50 €. Den Rest will sie für Lose ausgeben.

Längen

1 Wandle in die Einheit um, die in Klammern steht.

a) 6 cm (mm) b) 80 cm (mm) c) 70 dm (cm)
   5 m (dm)   6 m (cm)   12 dm (mm)
   7 m (mm)   12 km (m)   19 m (mm)

2 a) 70 cm (dm) b) 7000 m (km) c) 200 cm (m)
      120 mm (cm)   1200 cm (m)   300 mm (dm)
      20 dm (m)   3000 mm (m)   15 000 m (km)

3 Gib in Kilometern an.

a) 1 km 400 m   b) 5 km 20 m   c) 8 km 3 m
   1 km 40 m   5 km 200 m   8 km 30 m
   1 km 4 m   5 km 222 m   8 km 333 m
   4 km 10 m   2 km 50 m   3 km 800 m

4 Gib jede Länge in Kilometern und Metern (nur in Metern) an.

a) 5,800 km   b) 6,86 km   c) 7,757 km
   5,080 km   7,7 km   2,508 km
   5,008 km   7,08 km   3,060 km

5 Gib in Metern an.

a) 1 m 40 cm   b) 5 m 2 dm   c) 8 m 3 cm
   1 m 4 cm   5 m 20 cm   8 m 30 cm
   1 m 4 mm   5 m 222 mm   18 m 30 mm
   1 m 40 mm   5 m 22 cm   18 m 3 mm

6 Berechne schriftlich.

a) 5,7 km + 2,689 km + 2,500 km + 48,6 km
b) 345 m + 1228 m + 56 027 m
c) 564 cm + 6780 cm + 45 cm
d) 5,689 m + 67,5 m + 7,98 m

7 Subtrahiere schriftlich.

a) 4,589 km – 0,87 km   b) 65,6 m – 4,89 m
   25,67 km – 17 km   7 m – 5,874 m
   45,4 km – 34,753 km   5674 m – 345 m

8 Die Außenlinien eines Fußballfeldes von 148,8 m Länge und 70,5 m Breite sollen mit Kreide nachgezeichnet werden. Wie lang ist die Kreidespur, die dabei entsteht?

9 Sarah möchte in den Ferien mit ihrem Rad in vier Tagen eine Strecke von 80 km Länge zurücklegen. Am ersten Tag fährt sie 24,6 km, am zweiten Tag 18,5 km und am dritten Tag 29,7 km.

10 Von einem 30 m langen Tau werden drei Leinen abgeschnitten. Die Leinen sind 6,30 m, 5,60 m und 3,50 m lang. Wie lang ist der Rest?

Wir messen Längen in Kilometern (km), Metern (m), Zentimetern (cm) und Millimetern (mm).

1 km = 1000 m
1 m = 10 dm   1 m = 10 dm
1 dm = 10 cm   1 m = 100 cm
1 cm = 10 mm   1 m = 1000 mm

Tabelle für Längen

km			m			
H	Z	E	H	Z	E	
		7	3	7	6	7,376 km
	4	5	0	9	0	45,090 km
		3	0	0	7	3,007 km
			4	2	6	0,426 km
				1	8	0,018 km
					3	0,003 km

m						
H	Z	E	dm	cm	mm	
5	1	2	8	0		512,80 m
	3	6	5	2	5	36,525 m
		7	4	4		7,44 m
			1	8		0,18 m
				5	3	0,053 m

3,567 km + 0,056 km + 16,72 km = ■

```
    3,5 6 7  km
+   0,0 5 6  km
+ 16,7 2 0  km
  1 1 1 1
  20,3 4 3  km
```

12,53 m - 1,006 m = ■

```
  12,5 3 0  m
-  1,0 0 6  m
         1
  11,5 2 4  m
```

Werden Längen in der gleichen Einheit und in Kommaschreibweise angegeben, muss beim Addieren und Subtrahieren jeweils Komma unter Komma gesetzt werden.

Massen

Wir messen die Masse eines Körpers in Tonnen (t), Kilogramm (kg) und in Gramm (g). Im Alltag wird auch der Begriff Gewicht anstelle von Masse benutzt.

$$1 \text{ t} = 1000 \text{ kg}$$
$$1 \text{ kg} = 1000 \text{ g}$$

Tabelle für Massen

t			kg			
H	Z	E	H	Z	E	
		6	2	6	5	6,265 t
	5	6	0	8	0	56,080 t
		2	0	0	7	2,007 t
			4	7	5	0,475 t
				5	8	0,058 t
					7	0,007 t

kg			g			
H	Z	E	H	Z	E	
4	3	2	8	0		432,80 kg
	5	8	5	2	5	58,525 kg
		7	9	4		7,94 kg
			9	3		0,93 kg
				1	3	0,013 kg

4,053 kg + 0,759 kg + 15,37 kg = ▨

```
    4,0 5 3  kg
  +  0,7 5 9  kg
  + 15,3 7 0  kg
     1 1 1 1
   20,1 8 2  kg
```

16,55 t − 3,007 t = ▨

```
  16,5 5 0  t
 −  3,0 0 7  t
          1
  13,5 4 3  t
```

Werden Massen in der gleichen Einheit und in Kommaschreibweise angegeben, muss beim Addieren und Subtrahieren jeweils Komma unter Komma gesetzt werden.

1 Ordne die Massen richtig zu.
a) Blatt DIN-A4-Papier   A) 25 kg
b) Erwachsener   B) 1 kg
c) Kind   C) 12 t
d) Pkw   D) 5 g
e) Lkw   E) 1 100 kg
f) Postkarte   F) 2 g
g) Ein Liter Wasser   G) 75 kg

2 Wandle in die Einheit um, die in Klammern steht.
a) 8 kg (g)   b) 8 t (kg)   c) 70 t (g)
   15 kg (g)   26 t (kg)   120 t (g)

3 a) 7000 g (kg)   b) 6000 kg (t)   c) 20 000 g (kg)
   12 000 g (kg)   13 000 kg (t)   125 000 g (kg)

4 Gib in Tonnen an.
a) 1 t 500 kg   b) 2 t 50 kg   c) 8 t 5 kg
   1 t 4 kg   5 t 250 kg   1 t 11 kg

5 Gib in Kilogramm an.
a) 1 kg 300 g   b) 15 kg 70 g   c) 19 kg 3 g
   1 kg 30 g   5 kg 500 g   28 kg 30 g
   1 kg 3 g   25 kg 322 g   8 kg 736 g

6 Gib jede Masse in Kilogramm und Gramm (nur in Gramm) an.
a) 6,400 kg   b) 7,96 kg   c) 1,756 kg
   6,040 kg   8,8 kg   2,205 kg
   6,004 kg   7,06 kg   3,010 kg

7 Berechne schriftlich.
a) 3,7 t + 2,659 t + 5,500 t + 47,6 t
b) 543 kg + 1328 kg + 36 302 kg
c) 3,689 kg + 47,5 kg + 1,98 kg

8 Subtrahiere schriftlich.
a) 1,589 t − 0,87 t   b) 65,6 kg − 14,89 kg
   75,67 t − 48 t   17 kg − 15,874 kg

9 Arne bringt drei Pakete zur Post. Sie wiegen zusammen 5,8 kg. Das erste Paket wiegt 1,9 kg, das zweite 0,8 kg.

10 Der Kleintransporter von Herrn Schewe hat eine zulässige Nutzlast von 750 kg. Darf er damit drei Paletten, die 145 kg, 347 kg und 256 kg wiegen, auf einmal transportieren?

11 Ein Mittelklasseauto wiegt 1200 kg. Es können fünf Erwachsene zusteigen und jeder kann noch 20 kg Gepäck mitnehmen. Welches zulässige Gesamtgewicht ist sinnvoll?

Lösungen zu den Lernkontrollen

zu Seite 24

1 a) 90 Punkte   b) 160 Punkte

2

	Milliarden			Millionen			Tausender					
	H	Z	E	H	Z	E	H	Z	E	H	Z	E
a)						4	5	3	4	0	4	5
							7	5	2	0	0	1
b)			3	4	5	0	0	0	0	0	0	2
					1	4	8	9	0	2	0	0
c)					7	5	0	0	0	0	0	0
				4	3	2	0	0	0	0	0	0
d)							3	1	4	0	0	0
						2	6	0	0	0	0	0
e)								7	9	4	0	0
									8	7	1	2

3 –

4 a) 100   b) 9999   c) 100 001

5 a) 8300   4500   2800   57 500   33 300
b) 59 000   98 000   981 000   1 456 000

6 a) 459 < 495 < 549 < 594 < 945
b) 6457 < 6475 < 6547 < 6574 < 6754
c) 1017 < 1071 < 1107 < 1701 < 1710
d) 45 455 < 45 545 < 54 545 < 54 554 < 55 454

7
Amazonas	6500 km
Mississippi	6000 km
Jangtsekiang	5600 km
Mekong	4500 km
Amur	4400 km
Lena	4300 km

W1 a) parallel   b) nicht parallel

W2 a) senkrecht   b) nicht senkrecht
c) senkrecht

zu Seite 25

1

Nordrhein-Westfalen	17 800 000
Bayern	12 600 000
Baden-Württemberg	10 800 000
Niedersachsen	7 900 000
Hessen	6 100 000
Sachsen	4 100 000
Rheinland-Pfalz	4 000 000
Berlin	3 500 000
Schleswig-Holstein	2 800 000
Brandenburg	2 500 000
Sachsen-Anhalt	2 300 000
Thüringen	2 200 000
Hamburg	1 800 000
Mecklenburg-Vorpommern	1 600 000
Saarland	1 000 000
Bremen	700 000

2 –

3 a) 17 Uhr   16 Uhr   14 Uhr

4 a) 8732   2378
b) 2590   2509   2905   2950
2059   2095   5209   5290
5902   5920   5029   5092
9520   9502   9250   9205
9052   9025

5 a) 118, 129, 140
b) 26, 33, 41
c) 32, 42, 40
d) 162, 486, 1458
e) 32, 16, 8
f) 86, 172, 182

6 40   70   120   170   200

7
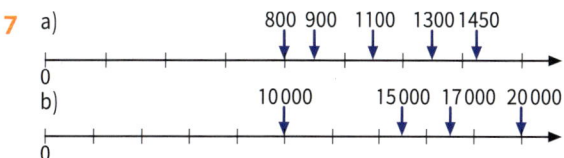

8 a) 25,75 km
b) 2200 m
c) 7500 kg

243

Lösungen zu den Lernkontrollen

9 a) 90   b) 900   c) 900 000

W1

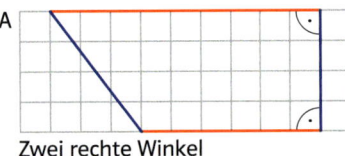

Zwei rechte Winkel

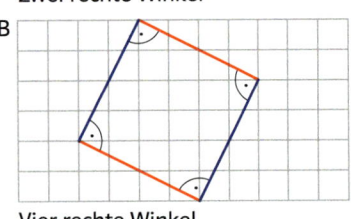

Vier rechte Winkel

zu Seite 50

1 a) 92   b) 54   c) 185   d) 29

2 a) 48   b) 27   c) 20   d) 885

3 a) 116   b) 89   c) 568   d) 2799

4 a) 260   b) 400   c) 840   d) 1815

5 a) 133   b) 370   c) 261   d) 10

6 2864 €

7 283 Tafeln

8 3265 kg

9 61 cm

10 176 Plätze

W1 a) 60 mm   b) 7 cm   c) 600 mm   d) 500 cm
         800 mm   19 cm   4500 mm   2100 cm

W2 a) 6 m   b) 54 km   c) 40 cm   d) 5000 m
         12 m   112 km   100 cm   23 000 m

e) 56 m   f) 5 km
135 m   19 000 m

W3

W3 a) 608 cm   b) 12 006 mm   c) 2024 m
         742 cm   15 025 mm   12 056 mm

d) 1145 cm   e) 11 073 mm   f) 702 306 cm
13 007 mm   21 159 mm   1967 cm

W4 a) 850 cm   b) 4130 mm   c) 5500 m   d) 1335 cm
         1056 mm   1248 mm   2750 cm   1245 cm

zu Seite 51

1 a) 1 302 907 b) 401 532 730 c) 5 851 909 d) 2 518 427

2 a) 5714   b) 1045   c) 22 987   d) 352 864

3 a) 1504   b) 2000   c) 3000   d) 3200

4 a)   124 869 b)   25 897   c)   756 886 d)   112 221
        + 254 332   + 56 877   − 368 745   − 89 656
        ‾‾‾‾‾‾‾‾   ‾‾‾‾‾‾‾   ‾‾‾‾‾‾‾‾   ‾‾‾‾‾‾‾
         379 201   82 774   388 141   22 565

5 Christian: 18 Jahre, Kerstin: 14 Jahre, Frau Herbst: 42 Jahre,
alle zusammen: 127 Jahre

6 a)

```
              999
          465     534
       219    246    288
    121    98    148    140
  104    17    81    67    73
```

b)

```
              926
          465     461
       219    246    215
    121    98    148    67
  104    17    81    67    0
```

7 Bauer Harms erhält für die Zuckerrüben 399,60 €.

8 zweite Zahl 629, dritte Zahl 950

W1 a) 4,8 cm   b) 7,06 m   c) 0,9 m   d) 4,890 km
         0,6 cm   0,12 m   1,7 m   0,754 km

W2 a) 4876 m   b) 390 cm   c) 78 mm   d) 314 cm
         809 m   1210 cm   8 mm   107 cm

W3 a) 2,36 m   b) 6,156 m   c) 8,123 m   d) 2,238 m
         13,173 m   7,018 m   18,056 m   13,035 m

W4 a) 4,056 km   b) 56,1 cm   c) 9,128 m   d) 12,02902 km
         1,2002 km   23,079 m   7,018 m   3,016003 km

Lösungen zu den Lernkontrollen

zu Seite 76

1 a) 12 145   b) 60 168   c) 117 588
    d) 399 266   e) 514 710   f) 3 793 635

2 a) 193   b) 1425   c) 2338
    d) 3442   e) 6932   f) 2014

3 a) 180   c) 9 · 9   d) 15   e) 11

4 a) 660   b) 96   c) 114   d) 8

5 a) 8700   b) 2900   c) 1530   d) 1800

6 (152 − 2) · 9 = 450
    120 + 12 · 8 = 216
    20 · (10 − 4) = 120
    90 − 72 : 9 = 82
    (28 + 2) · 5 = 150

7 317 200 Telefonnummern

8 495 km

9 1257 km

W1 Nilpferd   2 t
      Hund   35 kg
      Amsel   110 g
      Marienkäfer   700 mg

W2 a) 5 kg   b) 13 000 kg   c) 17 000 mg   d) 4350 kg
      12 t   7000 g   3 000 000 mg   1080 g

      e) 1500 g   f) 2,53 kg
        2650 kg   4,347 t

W3 30 Elefanten

zu Seite 77

1 a) 47 136   b) 384 710   c) 659 509
    d) 216 125   e) 2 107 455   f) 4 585 728

2 a) 3245   b) 5674   c) 5432
    d) 10 204   e) 3207 Rest 1   f) 2654 Rest 10

3 c) 12   d) 5

4 a) 320   b) 21   c) 700   d) 45

5 b) 371 · 102
         371
           742
        37 842

6 a) 121   b) 125   c) 243

7 a) 2^5 b) 2^8 c) 2^{10}

8 a) 40 300   b) 830 000

9 250 Kartons

10 2088 €

W1 a) 6750 g   b) 4750 g   c) 7142 kg   d) 2375 kg

W2 0,4 kg < 720 g < 1 kg   250 g < 2,5 kg < 4500 g

W3 Gesamtgewicht 1924 g

W4 a) 2,3 kg   b) 4,7 t
      1,45 kg   1,345 t
      0,5 kg   0,05 t

W5 Gesamtgewicht 20 kg 550 g

zu Seite 92

1 a)

Anzahl der Fernsehgeräte	Häufigkeit
0	I
1	III
2	⊩⊩ ⊩⊩ II
3	⊩⊩ II
4	IIII
5	I

Anzahl der Fernsehgeräte	Häufigkeit
0	1
1	3
2	12
3	7
4	4
5	1

b)

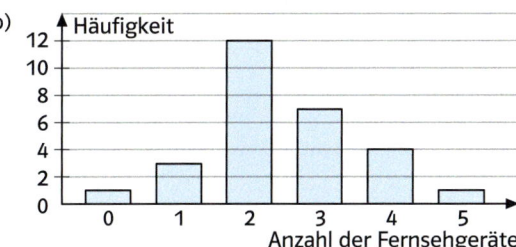

2

Lebensalter der Schülerinnen und Schüler	Häufigkeit	
	Mädchen	Jungen
10	7	5
11	9	8
12	1	1

3 a)

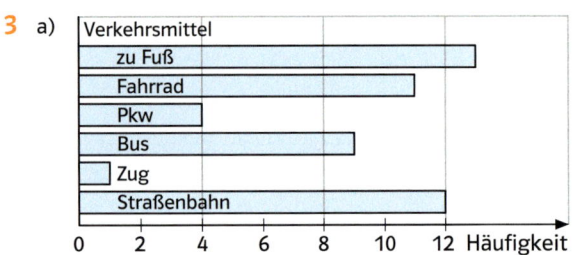

b) Es wurden 50 Schülerinnen und Schüler befragt.

4

Monatl. Taschengeld (€)	Häufigkeit
8	4
10	6
12	8
15	12
16	11
20	7
24	2

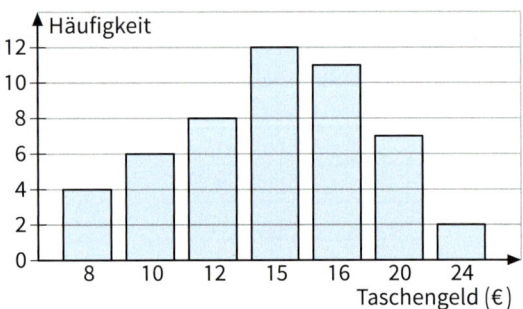

W1 6501 €

W2 53 km

W3 125 km pro Stunde

W4 a) 51 033 Karten   b) 1 329 267 €

W5 36 €

zu Seite 93

1

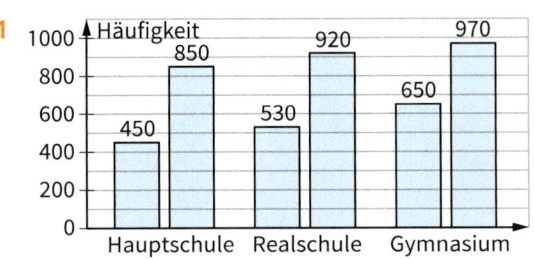

2 a)

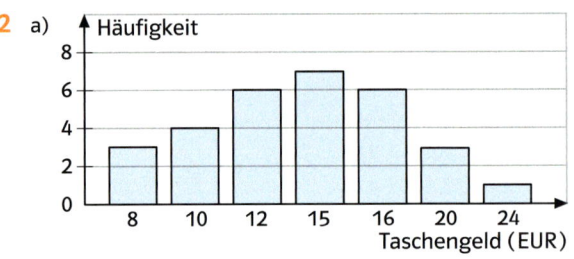

b) 24 Monate

3 a)

Körpergröße (cm)	Häufigkeit
von 135 cm bis 140 cm	5
von 140 cm bis 145 cm	4
von 145 cm bis 150 cm	4
von 150 cm bis 155 cm	6
von 155 cm bis 160 cm	5
von 160 cm bis 165 cm	4

b)

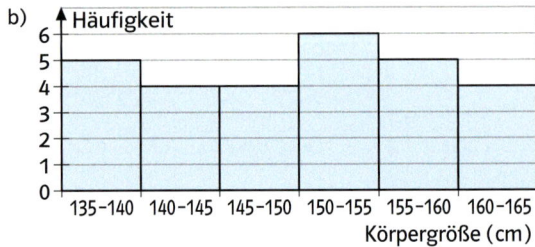

4 ungefähr 1347,5 kg

W1 Das Telefonbuch enthält ungefähr 408 395 Telefonnummern.

W2 107,50 €

W3 Sie hat ungefähr 3600 km, also mehr als 3000 km zurückgelegt.

Lösungen zu den Lernkontrollen

W4 250 Güterzüge

W5 Es dauert länger als 6 Stunden.

■ **zu Seite 112**

1 Zylinder, Kegel, Würfel, Quader, Pyramide, Kugel

2 a) Kugel   b) Würfel   c) quadratische Pyramide

3 B: Jede Fläche muss zweimal vorhanden sein.
C: Die beiden großen Flächen dürfen nicht direkt aneinander stoßen.
D: Beim Zusammenfalten würde die untere Fläche nicht passen.

4 b, c

5 Mögliche Netze:

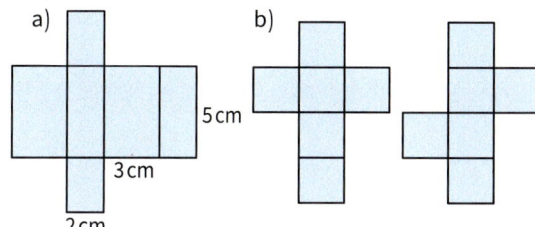

6 Mögliche Schrägbilder:

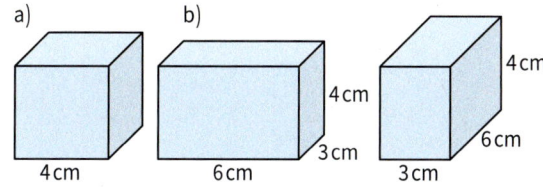

7

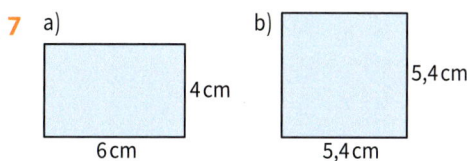

8 a) Quadrat, Rhombus   b) Quadrat, Rhombus

W1 a) 27   b) 43   c) 95   d) 104   e) 58   f) 80   g) 131

W2 a) 49   b) 58   c) 7   d) 68   e) 25   f) 39   g) 39

W3 a) 45   b) 28   c) 48   d) 21   e) 40   f) 36   g) 56   h) 54

W4 a) 3   b) 6   c) 9   d) 9   e) 8   f) 6   g) 8   h) 9

W5 a) 44   b) 7   c) 4   d) 20   e) 23   f) 35

W6 a) 46   b) 96   c) 0   d) 104

W7 a) 227   b) 100   c) 80

■ **zu Seite 113**

1

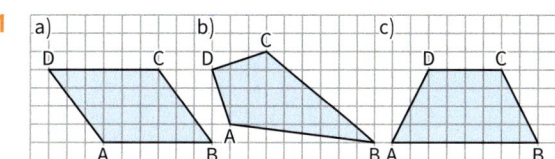

2 Die gegenüberliegenden Seiten sind parallel.
Die gegenüberliegenden Seiten sind gleich lang.
Die Diagonalen halbieren sich.

3

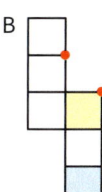

4

$b = 3,8\,cm$
$a = 5,2\,cm$

5

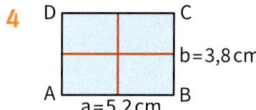
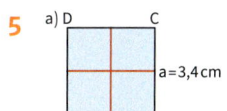
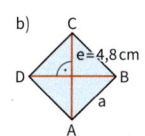

a) $a = 3,4\,cm$ b) $e = 4,8\,cm$

6 a) 8 (64, 216) Würfel   b) 5 cm

W1 a) 92   b) 33   c) 27   d) 103

W2 a) 68   b) 130   c) 74   d) 8

W3 a) 1   b) 5

W4 a) 300   b) 134   c) 445   d) 325

W5 a) 126   b) 320   c) 35

zu Seite 132

1 A (1 | 10), B (3 | 2), C (5 | 2), D (7 | 6), E (9 | 2), F (11 | 2),
G (13 | 10), H (11 | 10), I (10 | 6), K (7 | 10), L (4 | 6),
M (3 | 10)

2 $\overline{AB}$ = 3 cm $\overline{CD}$ = 1,5 cm $\overline{RS}$ = 2 cm

3 –

4 Abstand der Geraden a und b: 2,5 cm
Abstand der Geraden b und c: 1,5 cm

W1 a) 1420 1665 695 2560   b) 5072 774 1740 3507
c) 1190 4711 2997 3728

W2 a) 578 325 1026 2610   b) 1242 2728 1776 5920
c) 1892 2555 1936 9801

W3 a) 3108 19 152 20 735   b) 8120 17 568 49 610
c) 11 385 34 335 42 680

W4 a) 10 800 2331 3636   b) 9658 54 320 4390
c) 18 340 31 635 4995

W5 a) 207 138 62 403   b) 222 220 175 225
c) 209 088 182 112

W6 a) 442 b) 900 c) 43 200 d) 1887 e) 13 800

zu Seite 133

1 Schnittpunkt (5 | 4)

2 –

3 –

4 a)   b)

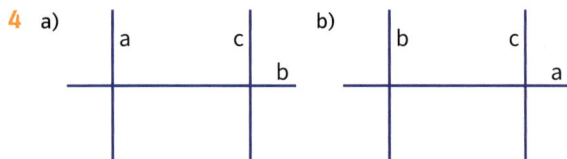

5 S (9 | 6) (Einheit 0,5 cm)

6 a) K – HH – H – B – L – F – K
K – F – L – B – H – HH – L
K – F · HH – H – B – L – F · K

b) K   380 km   HH   150 km   H   250 km   B   140 km
L   300 km   F   160 km   K
insgesamt 1380 km

W1 a) 123 142 148 36   b) 26 65 87 51   c) 56 99 87 73

W2 a) 131 246 654 678   b) 667 520 550 999
c) 235 536 199 654

W3 a) 56 63 45   b) 63 69 99   c) 55 78 89

W4 a) 23 33 54   b) 65 32 66   c) 68 78 53

W5 a) 123 212   b) 261 183   c) 814 325

W6 a) 642   b) 36   c) 23   d) 28

zu Seite 150

1 –

2 5 cm

3 –

4 a) Ein rechter Winkel ist 90° groß.
b) Ein gestreckter Winkel ist 180° groß.
c) Ein spitzer Winkel ist größer als 0° und kleiner als 90°.
d) Ein stumpfer Winkel ist größer als 90° und kleiner als 180°.

5 α = 65°, β = 130°, γ = 30°, δ = 90°

6 –

W1 a) 80 mm 600 mm 90 cm 540 dm
b) 6 cm 700 cm 48 dm 64 m
c) 370 cm 1,48 m 53 m 323 cm
d) 46 mm 6 mm 5,8 cm 3 m

W2 a) 1 m 3 dm 6 cm < 256 cm 60 mm < 26 dm 4 cm <
2 m 87 cm < 3,58 m < 557 cm
b) 4 km 630 m < 48 624 dm < 5 km 39 m < 5122 m <
5 887 000 mm

W3 a) 268,22 m = 26 822 cm   b) 670 m = 0,670 km
c) 814,83 m = 81 483 cm   d) 4937 m = 4,937 km   e) 660

W4 20 cm

Lösungen zu den Lernkontrollen

zu Seite 151

1 a) 150°   b) 8

2 α = ∢ ASB = 160°   β = ∢ DFE = 330°

3 a) falsch   b) wahr

4 –

5 Die eingezeichneten Winkel am Mittelpunkt ergeben zusammen 360°.

6 –

W1 a) 2000 g 51 000 mg 820 000 kg   b) 87 t 70 g 9 kg
c) 0,200 t 0,128 g 0,217 kg   d) 3,456 kg 0,060 g 1,320 t

W2 a) 2500 g > 2 kg 50 g   b) 900 g = 0,900 kg
c) 7 kg 5 g < 7050 g   d) 8 t 21 kg < 8210 kg
e) 19 g = 19 000 mg

W3 a) 3705,946 kg = 3 705 946 g b) 4931,326 t = 4 931 326 kg
c) 227,400 kg = 227 400 g

W4 80 kg

W5 a) 281 Steine   b) Nein (250 · 800 g = 200 000 g = 200 kg;
200 kg + 50 kg = 250 kg)

zu Seite 174

1 Die Brüche können nur beispielhaft dargestellt werden.
Auch andere Darstellungen der Brüche sind möglich.

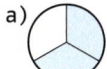

2 a) 15 Minuten = $\frac{1}{4}$ Stunde   b) 5 Minuten = $\frac{1}{12}$ Stunde
c) 20 Minuten = $\frac{1}{3}$ Stunde   d) 12 Minuten = $\frac{1}{5}$ Stunde

3 a) $\frac{1}{5}$ b) $\frac{5}{6}$ c) $\frac{3}{10}$ d) $\frac{4}{16} = \frac{1}{4}$
e) $\frac{12}{24} = \frac{1}{2}$ f) $\frac{5}{17}$ g) $\frac{2}{6} = \frac{1}{3}$

4 Die Brüche können nur beispielhaft dargestellt werden.
a)   b)   c)

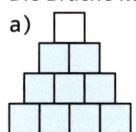
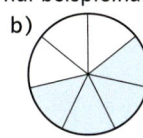
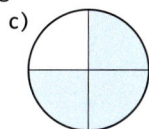

5 a) $\frac{2}{3} = \frac{10}{15}$; $\frac{4}{5} = \frac{12}{15}$ b) $\frac{3}{5} = \frac{12}{20}$; $\frac{3}{4} = \frac{15}{20}$
c) $\frac{1}{7} = \frac{2}{14}$; $\frac{3}{2} = \frac{21}{14}$ d) $\frac{4}{10}$; $\frac{3}{5} = \frac{6}{10}$

6 a) $\frac{2}{5} > \frac{2}{6}$ b) $\frac{7}{45} < \frac{7}{42}$ c) $\frac{3}{7} > \frac{2}{7}$
d) $\frac{5}{14} < \frac{9}{14}$ e) $\frac{3}{6} > \frac{4}{9}$ f) $\frac{9}{10} < \frac{11}{12}$

7 a) $\frac{7}{11}$ b) $\frac{11}{15}$

8 a) $2\frac{1}{2}$ b) $1\frac{5}{13}$

9 a) $3\frac{2}{3}$ b) $8\frac{7}{9}$

W1 A (2|2)   B (8|1)   C (11|0)   D (12|8)   E (7|6)   F (3|7)

W2 a)

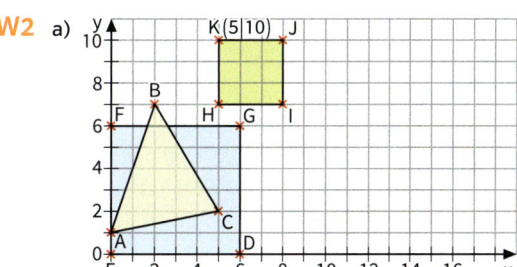

b) Quadrat

zu Seite 175

1 Die Brüche können nur beispielhaft dargestellt werden.
a)   b)   c)
d)

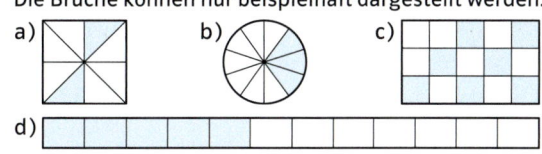

2 a) $\frac{1}{4}$ Stunde = 15 Minuten   b) $\frac{5}{6}$ Stunde = 50 Minuten
c) $\frac{3}{12}$ Stunde = 15 Minuten   d) $\frac{4}{10}$ Stunde = 24 Minuten

3 a) $\frac{7}{10}$ b) $\frac{5}{8}$ c) $\frac{2}{5}$ d) $\frac{1}{6}$ e) $\frac{2}{3}$
f) $\frac{12}{32} = \frac{6}{16}$ g) $\frac{6}{24} = \frac{1}{4}$ h) $\frac{3}{15} = \frac{1}{5}$ i) $\frac{4}{16} = \frac{1}{4}$

Lösungen zu den Lernkontrollen

4 Rot: $\frac{5}{16}$ Gelb: $\frac{13}{32}$ Grün: $\frac{1}{16}$

Grau: $\frac{1}{32}$ Blau: $\frac{3}{16}$

5 a) $\frac{3}{5} = \frac{15}{25}$ b) $\frac{2}{7} = \frac{22}{77}$ c) $\frac{2}{12} = \frac{4}{24}$

d) $\frac{28}{8} = \frac{7}{2}$ e) $\frac{4}{15} = \frac{12}{45}$ f) $\frac{6}{10} = \frac{72}{120}$

6 a)

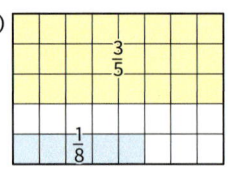

$\frac{3}{5}$

$\frac{1}{8}$

b)

$\frac{2}{3}$

$\frac{2}{7}$

c)

$\frac{1}{2}$

$\frac{3}{10}$

7 a) 250 kg b) 40 min c) 800 g d) 700 cm³

8 a) 21 km b) 45 kg c) 120 l

9 a) $\frac{5}{12} + \frac{5}{12}$ b) $\frac{3}{6} + \frac{2}{6}$

W1 Die Lok ist in Wirklichkeit 25,75 m lang.

W2 Auf der Karte muss die gemessene Tour 200 cm lang sein.

▮ zu Seite 198

1 a) 0,9 0,08 0,004 b) 0,63 0,052 0,701

2 a) 3,78 < 3,87 9,03 > 9,023 0,042 < 0,204
b) 2,310 = 2,31 7,887 > 7,878 0,002 < 0,020

3 a) 3,48 0,96 6,09 b) 2,5 0,1 1

4 a) 56,7 170,2 33,4 b) 2,14 0,135 0,00522

5 a) 16,8 b) 0,9502

6 a) 2,55 b) 0,271

7 a) 11,3563 b) 1,70316

8 a) 5,94 b) 0,0957

9 a) Das Komma des ersten Summanden steht nicht
unter dem Komma des zweiten Summanden.

b) Beim Minuenden sind die Nullen falsch ergänzt.

c) Beim Ergebnis ist das Komma eine Stelle zu weit
nach rechts gesetzt.

d) Beim Ergebnis ist das Komma eine Stelle zu weit
nach rechts gesetzt.

10 74,35 €

11 2,13 €

W1 a) Strecke b) Gerade c) Strahl d) Gerade
e) Strecke f) Strahl g) Gerade h) Strahl

W2 f ∥ b e ∥ d f ⊥ e f ⊥ d b ⊥ d b ⊥ e a ⊥ c

▮ zu Seite 199

1 a) 0,84 0,092 b) 0,48 0,027 1,2

2 a) 3,334 < 3,34 < 3,4 < 3,43 < 3,443
b) 0,778 < 0,7787 < 0,7788 < 0,87 < 0,8787
c) 0,0032 < 0,0203 < 0,023 < 0,03 < 0,302
d) 1,001 < 1,01 < 1,011 < 1,101 < 1,11

3 Kirani James 43,9 s
Luguelin Santos 44,5 s
Lalonde Gordon 44,5 s
Chris Brown 44,8 s
Kevin Borlee 44,8 s
Jonathan Borlee 44,8 s
Demetrius Pinder 45,0 s
Steven Solomon 45,1 s

4 a) 35,264 1,6524 b) 0,00036024 0,00002444

5 a) 2,47 0,578 b) 2,58 5,14

6 a) Beim Ergebnis ist das Komma eine Stelle zu weit
nach rechts gesetzt.
b) Beim Ergebnis ist das Komma eine Stelle zu weit
nach rechts gesetzt.

7 a) 7,55 b) 5,25 c) 5,5

8 a) 0,075 l 7,5 l

9 a) 34,1 l

W1 –

Lösungen zu den Lernkontrollen

W2 a) Abstand Ag: 2,1 cm   Bg: 2,2 cm
b) Ag: 1,7 cm   Bg: 2,0 cm

zu Seite 220

1 a) 710 cm, 80 cm, 650 dm, 230 mm
b) 35 cm, 9 dm, 20 m, 65 km
c) 450 dm, 700 cm, 650 cm, 20 km
d) 28 m, 8500 cm, 7 km, 5 m

2 a) 4800 cm + 25 cm = 4825 cm
b) 200 cm - 48 cm = 152 cm
c) 48 dm · 5 = 240 dm
d) 36 dm : 9 = 4 dm

3 1782 km

4 240 km

5 a) 60 m   b) 168 m

6 a) 40 m   b) 112 m

7 a) 8000 dm², 2400 cm², 35 200 a
b) 56 a, 40 dm², 18 ha

8 a) 2940 m²   b) 625 m²

W1 $\frac{9}{14}$ $\frac{3}{8}$

W2 –

W3 a) $\frac{6}{7} = \frac{54}{63}$ b) $\frac{3}{4} = \frac{18}{24}$ c) $\frac{36}{72} = \frac{9}{18}$

W4 a) $\frac{1}{2}$ b) $\frac{3}{4}$ c) $\frac{8}{9}$ d) $\frac{7}{8}$

W5 a) $\frac{1}{2}, \frac{3}{4}, \frac{7}{8}$ b) $\frac{15}{32}, \frac{9}{16}, \frac{5}{8}, \frac{3}{4}$

zu Seite 221

1 6 Ballen

2 52 Zaunelemente werden benötigt.

3 a) 2400 cm, 7500 m, 0,063 km, 3,50 m
b) 72 ha, 455 mm², 2500 m², 5 ha

4 2,45 Hektar

5 Rechteck 1: a = 4 cm, b = 24 cm
Rechteck 2: a = 12 cm, b = 16 cm
Rechteck 3: a = 20 cm, b = 8 cm

6 a) a = 14 cm   b) andere Rechteckseite: 10 m

7 a) A = 576 m²   b) A = 144 m²

8 a) A = 11 m²   b) A = 32 m²

9 a) a = 9 m   b) a = 11 cm   c) a = 30 m
    u = 36 m   u = 44 cm   u = 120 m

W1 a) 0,3   b) 0,7   c) 0,9   d) 2,3   e) 1,1

W2 a) 0,49   b) 0,17   c) 0,08   d) 3,57   e) 25,09

W3 a) 0,407   b) 0,815   c) 0,077   d) 0,013   e) 6,009

W4 a) $\frac{9}{10}$ b) $\frac{1}{10}$ c) $1\frac{7}{10}$ d) $18\frac{3}{10}$ e) $\frac{77}{100}$ f) $\frac{13}{100}$ g) $\frac{9}{100}$
h) $4\frac{23}{100}$ i) $\frac{451}{1000}$ k) $\frac{73}{1000}$

W5 a) $\frac{8}{10} = \frac{4}{5}$ b) $\frac{2}{10} = \frac{1}{5}$ c) $\frac{6}{100} = \frac{3}{50}$ d) $\frac{25}{100} = \frac{1}{4}$
e) $1\frac{5}{10} = 1\frac{1}{2}$ f) $\frac{75}{100} = \frac{3}{4}$ g) $7\frac{4}{10} = 7\frac{2}{5}$
h) $\frac{500}{1000} = \frac{1}{2}$ i) $15\frac{125}{1000} = 15\frac{1}{8}$

W6 a) 0,25 b) 0,2 c) 0,5 d) 0,75 e) 0,8 f) 0,05 g) 0,02
h) 0,04 i) 0,65 k) 0,54 l) 0,44 m) 0,125

W7 a) 0,5 b) 0,25 c) 0,6 d) 0,12 e) 0,375

W8 a) A: $\frac{1}{6}$ B: $\frac{1}{2}$; 0,5   C: $\frac{4}{6} = \frac{2}{3}$ D: $1\frac{1}{6}$
b) A: $\frac{1}{4}$; 0,25   B: $\frac{3}{4}$; 0,75   C: $1\frac{1}{2}$; 1,5   D: $1\frac{3}{4}$; 1,75

zu Seite 234

1 a) 360 s   b) 497 min   c) 3600 s   d) 62 h
    12 h   324 s   72 h   150 min
    2 d   208 min   1440 min   2700 s

2 a) 108 Monate   b) 3 Jahre 4 Monate
    41 Monate   11 Jahre 8 Monate
    27 Monate   4 Jahre 5 Monate

3 a) 19 h 56 min   b) 13 h 22 min
    16 h 56 min   18 h 44 min
    11 h 54 min   11 h 13 min

Lösungen zu den Lernkontrollen

4 a) 1 h 9 min   b) 2 h 36 min
     7 min   2 h 10 min
     2 h 9 min   26 min

5 a) 5 h 10 min   b) 3 h 43 min   c) 3 h 13 min

6 2 h 31 min

7 12.41 Uhr

8 Fußgänger: 1560 m ; Pkw: 31,8 km ; Düsenflugzeug: 300 km

9 2448 km pro h

W1 a) 900 dm²   b) 34 ha
      1300 cm²   30 km²
      2500 m²   120 cm²

W2 a) 4,23 m   b) 10,44 m
      5,067 km   63 cm = 6,3 dm
      20,9 dm   83 cm = 8,3 dm

W3 a) u = 36 cm   b) u = 112 m
      A = 77 cm²   A = 768 m²

W4 a) u = 56 cm   b) u = 88 m
      A = 196 cm²   A = 484 m²

W5 a) a = 16 cm   b) b = 38 cm

W6 a) 88 m   b) 483 m²

zu Seite 235

1 a) 7.45 Uhr   b) 7.38 Uhr   c) 6.53 Uhr

2 9 h

3 5.55 Uhr am nächsten Morgen

W1 a) 912 dm²   b) 0,0348 ha
      30 cm²   5,75 km²
      250 m²   12,30 cm²

W3

	a)	b)	c)
Seitenlänge a	11 cm	9 dm	14 m
Seitenlänge b	17 cm	11 dm	16 m
Umfang	56 cm	40 dm	60 m
Flächeninhalt	187 cm²	99 dm²	224 m²

W4 1200 kg

W2

Anzahl Plättchen	4	9	16	25	36
Flächeninhalt (cm²)	64	144	256	400	576
Umfang (cm)	32	48	64	80	96

Register

Bildquellennachweis

akg-images GmbH, Berlin: 22, 28, 29, 149 (Herve Champollion);

alamy images, Abingdon/Oxfordshire: 22 (Ron Bull);

Arco Images GmbH, Lünen: 119 (R. Frank);

Bridgeman Images, Berlin: 159;

Deutsches Museum, München: 114;

Druwe & Polastri, Cremlingen/Weddel: 5 (4), 6 (3), 13, 20 (4), 23 (2), 33, 35, 57, 59, 60, 61, 78/79, 80, 81 (3), 86, 943.1, 94/95, 96, 97, 100, 102, 108, 111, 121 (2), 134 (2), 136 (4), 137 (5), 138 (3), 139, 141, 144, 154, 185, 187, 190, 191, 196 (2), 200 (3), 201, 202 (5), 203, 205, 206, 209 (2), 223, 224, 240;

ecopix Fotoagentur, Berlin: 22;

FC Schalke 04, Gelsenkirchen: 71;

fotolia.com, New York: 14 (farbkombinat), 14 (Werner Hilpert), 49 (Heiner Seidl), 73 (Jens Klingebiel), 90 (goldencow images), 91 (klickerminth), 203 (bigem-rg), 203 (the_builder), 203 (jean song), 222 (prinzesa), 222 (slocummedia), 228 (great photos);

G E S - Sportfoto / augenblick im sport, Dettenheim: 188;

Getty Images, München: 4 (Hany Rizk/EyeEm), 9 (Time & Life Pictures), 14 (Hany Rizk/EyeEm), 119 (Vincenzo Lombardo), 159 (Ralph A. Clevenger), 181 (Stu Forster);

imagetrust GmbH & Co. KG, Koblenz: Titel (Henning Bode);

Imago, Berlin: 15 (Manja Elsässer), 55 (Arnulf Hettrich), 179 (Sven Simon), 186 (Xinhua);

Interfoto, München: 9 (Sammlung Rauch), 9 (Mary Evans Picture Library), 201 (Joachim Opelka), 209 (imagebroker/Hans Blossey) (2);

iStockphoto.com, Calgary: 73 (William Bullimore), 90, 228;

juniors@wildlife Bildagentur GmbH, Hamburg: 135 (S.Stuewe);

K. und U. Schuster, Oberursel: 230;

Koepsell, Andreas, Hannover: 157, 158;

Kruszewski, Marek, Braunschweig: Titel;

Kuhlmann, Karl-Heinz, Bielefeld: 110 (2);

laif, Köln: 9 (Thomas Ernsting);

mauritius images GmbH, Mittenwald: 9 (dieKleinert), 13 (Hiroshi Higuchi), 18 (Photononstop), 40 (AGE), 71 (Josef Beck), 73 (Winfried Wisniewski), 73 (AGE), 74 (Steve Bloom Images) (3), 148 (imagebroker), 231;

mediacolor's Fotoproduktion, Zürich: 228 (Schunk);

Panther Media GmbH (panthermedia.net), München: 116 (Tim Heusinger von Waldegge), 124 (Stefan Dubil), 124 (Andrea Baumgartner);

Picture-Alliance GmbH, Frankfurt/M.: 6 (Keystone/Cabrice Coffrini), 8 (dieKLEINERT/E. Kleinert), 13 (dpa/Wolfgang Kumm), 14 (dpa/Stefan Hesse), 40 (ZB/Jens Wolf), 40 (GODONG/Pascal Deloche), 40 (dpa/Imaginechina), 47 (J-L Klein & M-L Hubert/OKAPIA) (2), 48 (B. Brossette/OKAPIA), 48 (J-L Klein & M-L Hubert/OKAPIA), 85 (ZB/Thermalbad Wiesenbad), 139 (ZB), 147 (Actionplus), 148 (dpa/Felix Heyder), 160 (Gerhart Dagner/OKAPIA), 160 (Helga Lade Fotoagentur), 172 (dpa/Gero Breloer), 175 (Fleischmann/dpa/gms), 178 (empics), 178 (augenklick/Laci Perenyi), 179 (dpa), 179 (DPPI Media), 179 (dpa/Hasse Persson), 201 (Bildarchiv Monheim), 202 (dpa/PTB_handout), 202 (Eibner-Presse);

Piet Hein Trading ApS & Piet Hein A/S, Middelfart: 110;

Pitopia, Karlsruhe: 149 (Matthias Orgle);

Stadt Köln, Köln: 62;

Superbild - Your Photo Today, Ottobrunn: 217 (Superbild/Schmidbauer);

Tierbildarchiv Angermayer, Holzkirchen: 63 (Pfletschinger) (4);

TopicMedia Service, Mehring-Öd: 238 (Nill);

vario images, Bonn: 201 (Martina Berg/McPHOTO);

Volkswagen Media Services, Wolfsburg: 37, 38, 49;

Wefringhaus, Klaus, Braunschweig: 4, 34, 152, 153, 171 (3), 205;

Weigl, Werner, Weinheim: 135.

Alle Illustrationen: Matthias Berghahn, Bielefeld
Technische Zeichnungen: Technische Grafik Westermann (Hannelore Wohlt), Braunschweig